BIM 智慧运维技术与应用

杨启亮　邢建春　孙晓波　著

科学出版社

北　京

内 容 简 介

建筑运维作为建筑全生命周期中持续时间最长的一个环节，对 BIM（建筑信息模型）有着更为巨大的应用需求和应用价值。本书系统地总结了作者团队近年来在 BIM 智慧运维研究、研发和应用方面的成果，阐述了 BIM 智慧运维的基本概念、模型机理、关键技术、支撑平台和典型应用。

本书可为广大 BIM 领域相关人员在科学研究、系统研发、工程设计、实践应用等方面提供参考。

图书在版编目(CIP)数据

BIM 智慧运维技术与应用 / 杨启亮，邢建春，孙晓波著 . —北京：科学出版社，2023. 3

ISBN 978-7-03-073818-9

Ⅰ. ①B… Ⅱ. ①杨… ②邢… ③孙… Ⅲ. ①建筑工程—项目管理—信息化建设—应用软件 Ⅳ. ①TU71-39

中国版本图书馆 CIP 数据核字(2022)第 220564 号

责任编辑：梁广平 / 责任校对：任苗苗
责任印制：吴兆东 / 封面设计：蓝正设计

科学出版社 出版
北京东黄城根北街 16 号
邮政编码：100717
http://www.sciencep.com
北京中石油彩色印刷有限责任公司 印刷
科学出版社发行 各地新华书店经销
*
2023 年 3 月第 一 版 开本：720×1000 1/16
2023 年 6 月第二次印刷 印张：15 3/4
字数：300 000

定价：118.00 元

（如有印装质量问题，我社负责调换）

序

BIM技术是当前土木建筑领域最重要的技术进展之一，为土木建筑行业的生产管理和运维过程带来了革命性的变化。BIM技术使建筑信息得以在建筑全生命周期中的规划、设计、施工、运维等各个阶段无损传递，使建筑过程的所有参与方都能够在数字化虚拟建筑模型中对建筑几何、物理和功能信息进行操作和处理，实现工程性能、质量、安全、进度和成本的集成化管理。

建筑运维阶段是建筑全生命周期中最主要的部分，基于BIM技术的建筑运维是保障建筑安全高效和低碳绿色运行最重要的技术手段。因此，BIM技术在建筑运维过程中得到越来越多的应用，BIM智慧运维已经成为当前学术界和产业界的关注热点。但是，目前还未看到对BIM智慧运维的理论、技术和应用进行系统总结、提炼和介绍的学术著作，这对其推广应用是极为不利的。《BIM智慧运维技术与应用》一书作者团队近年来一直从事BIM智慧运维方面的学术研究、技术研发和应用推广工作，取得了系列理论和应用成果，该书是这些理论和应用成果的总结。

该书内容丰富，覆盖了BIM智慧运维的基础理论、BIM运维模型运行管理、BIM智慧运维平台构建、人工智能在BIM运维中的应用等关键技术，还提供了BIM智慧运维平台在商业综合体、地下工程、工业园区等不同场景下的工程应用案例。相信该书的出版将填补国内BIM智慧运维方面学术专著的空白，并对推动BIM技术在建筑运维领域的大规模应用发挥重要作用。

特此作序，并致祝贺。

钱七虎

（国家最高科学技术奖获得者　钱七虎院士）

2022年6月1日

序

前　言

建筑是支撑人类社会运行发展的基石。运维作为建筑全生命周期中持续时间最长、投入资源最多的阶段，在土木建筑领域处于重要地位。高效、安全、可靠的运维方式始终是人们不懈的追求。在国家深入开展城镇化建设的大背景下，建筑结构空间和运维过程更加复杂，从而需要更加先进的运维技术手段来应对日益增长的建筑运维过程复杂性。

建筑信息模型(building information modeling，BIM)作为建筑领域新兴的革命性技术，是当前土木建筑工程领域研究和应用的热点。近年来，BIM已经在建筑全生命周期中得到大量应用。总体而言，BIM在建筑设计、建筑施工领域的技术应用已经较为成熟，正逐步向建筑运维领域渗透，为构建高效先进的运维手段、把握运维过程复杂性提供了可行技术路径。然而，什么是BIM智慧运维？智慧运维中的BIM有何特征？BIM智慧运维平台如何构建？这些问题在国内乃至国际上仍没有得到很好的回答，缺少系统性地介绍BIM运维概念内涵、理论技术、平台研发与工程应用等方面的学术著作。基于此，作者团队将多年来深耕于BIM智慧运维领域的研究成果和工程应用经验结集成本书。

本书系统地总结了作者团队近年来在BIM智慧运维研究、研发和应用方面的成果，共分为9章。第1章为绪论；第2章阐述BIM基本原理；第3章讨论BIM运维基础模型；第4章讨论BIM静态模型扩展；第5章讨论BIM过程模型扩展；第6章讨论BIM运维模型的动态运行关键技术；第7章讨论BIM智慧运维平台设计和实现；第8章讨论BIM运维平台人工智能技术应用；第9章介绍BIM智慧运维平台的典型应用。

承蒙国家最高科学技术奖获得者、中国工程院院士、陆军工程大学钱七虎教授在百忙之中为本书作序，谨在此表示真诚的谢意！

在撰写过程中，作者所在团队研究生丁梦莉、孔琳琳、邹荣伟、李苏亮等为部分章节的研究和成果梳理做出了重要贡献。

BIM智慧运维技术正在快速发展，本书内容必然仍需继续优化和完善，同时，限于作者水平，书中难免会有疏漏或不足之处，恳请广大读者给予指正。

作　者

2022年6月

目　　录

第1章　绪　　论

本章主要概述建筑运维、建筑信息模型(building information modeling,BIM)智慧运维的概念及其发展趋势,分析建筑智慧运维技术研究现状,讨论BIM在建筑运维中的主要应用维度,剖析建筑智慧运维的技术挑战与发展趋势。

1.1　建筑及其运维

1.建筑及其运维的重要性

1)建筑的概念与作用

建筑是支撑人类社会存在与运行的关键基础设施。其与人类的生活、工作密切相关,人类每天都在与建筑进行着各种形式的交互,如开门、开灯、开会、上课、学习、就餐、工作、休息等各种活动几乎都离不开建筑。那么建筑的概念与内涵是什么呢?一般认为,建筑是建筑物与构筑物的总称,是人们为了满足社会生活需要,利用所掌握的物质技术手段,运用一定的科学规律和美学法则创造的人工环境。供人们进行生产、生活或其他活动的房屋或场所称为建筑物,如住宅、医院、学校等;人们不能直接在其内进行生产、生活的建筑称为构筑物,如桥梁、堤坝、水塔、纪念碑等。从广义上讲,建筑既表示建筑工程的建造活动,又表示这种活动的成果。

从本质上看,直接或间接地服务于人是建筑的基本特征。建筑主要有如下功能作用。

(1)服务人的生理要求,如通风、采光、照明、保温、隔热、隔声、防潮、卫生等;

(2)服务人的安全要求,如抵御外界生物的入侵、保证必要的私密性、减少人为或自然灾害的影响等;

(3)服务人的社会活动要求,纷繁的社会生活使建筑功能和形式丰富多彩;

(4)服务人的精神需求,如特色民族建筑、宗教场所、纪念碑等。

2)建筑全生命周期及其运维

如同人一样,建筑也会经历从产生到消亡的过程,简单地说,建筑全生命周期就是指从材料与构件生产、规划与设计、建造与运输、运行与维护直到拆除与处理(废弃、再循环和再利用等)的全循环过程。其分为四个阶段,即规划阶段、设计阶段、施工阶段、运维阶段。

通俗地讲，建筑规划是指在建筑项目定位的基础上，为使其功能、风格符合其定位，而对其进行的比较具体的规划；建筑设计是指建筑在建造之前，设计者按照建设任务，把施工过程和使用过程中所存在的或可能发生的问题，事先作好通盘的设想，拟定好解决这些问题的办法、方案，用图纸和文件表达出来；建筑施工是在建设工程设计文件的要求下，对建设工程进行新建、改建、扩建的活动；建筑运维，又称建筑运行维护管理，是整合人员、设施、技术和管理流程，对人员工作和生活空间进行的规划、维护、维修、应急等管理。其目的是满足人员在建筑空间中的基本使用、安全和舒适需求。

从建筑全生命周期中的四个阶段所持续的时间来看，一般而言，规划阶段最短，常常几个月可以完成；设计阶段稍长，往往 1 年内可以完成；施工阶段更长，多持续几年；运维阶段最长，多达几十年乃至上百年。以公共建筑为例，常规公共建筑全生命周期大约为 50 年，其运维阶段一般长达 45～47 年。从成本角度来分析，建筑初始建设成本（规划、设计和施工阶段全部费用总和）与运维阶段成本比约为 1∶4，可见在建筑全生命周期中，运维阶段是时间跨度最长、总成本投入最大的一个阶段。

建筑运维需要消耗大量的资源且涉及人、财、物等管理的各个方面。随着城镇化的快速发展及对土地利用率要求的不断升高，建筑面积在十几万平方米甚至几十万或上百万平方米的群体建筑、城市综合体等广泛出现并快速扩展，建筑结构越来越复杂，应用的机械设备种类、数量不断增加。随之而来的是，对建筑运维的需求也越来越多，运维阶段的投入也越来越大。这对建筑运维的管理模式、管理技术和管理方法提出了更高的要求，也带动了建筑运维市场的爆发式增长。

2. 传统建筑运维存在的难点及问题

传统建筑运维管理的信息化和智能化程度相对落后，信息流转不畅，主动预测性较差，对隐患的预防措施关注不足，主要表现在以下几个方面[1]。

(1)传统建筑运维管理信息化程度低。传统建筑运维主要采用人工操作、手写记录的方式，此种方式不但容易出现错误，而且记录容易破损或丢失，运维人员的工作量高，工作效率低。在建筑日常经营活动中，特别是突发事件处理时，经常需要查找各类有用的信息，传统的方式基本是在档案室的大量图纸资料内手动寻找，既费时费力，又效率低下。另外，档案资料多以纸质形式记录，并由专业人员按一定的规则进行收集、整理，资料不能进行随意拆分组合，复用也存在困难。

(2)建筑运维管理信息流转难。随着科技的发展、电子化办公的普及，部分建筑运维管理已经开始向电子化过渡，专业的运维管理软件开始出现并被广泛应用，这在一定程度上提高了工作效率和精准度，但不同公司开发的软件往往格式各异，且不能兼容,形成的信息无法顺利互相传递,也不能得到很好的利用。另外,现行的建设模式决定了建筑各阶段的目标并不一致,而各阶段的参与方又多以本阶段目标为主,对其他阶段的目标考虑得相对较少,这就造成了各阶段形成的信息多只能在本阶段流动,难以完整有序地向后一阶段传递、共享和存储,同时各阶段存储格式不兼容的问题也加剧了流通过程中的信息损失,规划阶段、设计阶段和施工阶段形成的信息不能全面、完整、有序地传递到运维阶段,给建筑运维管理增加了难度。

(3)现有建筑运维管理预测性缺乏。现有公共建筑在使用过程中多数还达不到运维管理的层次,以物业管理为主,属于被动型、事后型管理,管理的目标是解决出现的问题,缺乏管理的预测性、主动性和应变性,对隐患的预防措施考虑得相对较少,应对突发事故能力较差,多为事故后处理等。

随着经济、社会的发展,大体量、复杂的大型公共建筑不断增多,现有建筑运维管理模式的各种问题导致管理效率不断降低,管理成本居高不下,管理难度越来越大。运维管理已经成为亟须改革的重要环节,引入新技术和新模式成为必然。

3. 建筑运维对BIM的迫切需求

运维阶段是建筑生命周期中最重要、占据时间最长的阶段,具有保障建筑设备安全、高效运行,按照实际需求及时发现和排除故障的作用。二维信息化运维平台能够实现对设备的监管、控制,对发挥工程运维效率起到了重要作用。

但是,随着建筑的不断复杂化,基于二维模型的运维信息管理平台已经越来越不能满足系统管理的需求,智能化技术的发展对建筑的运维管理提出了更高的要求,运维管理上的一系列问题暴露了出来,具体表现在:

(1)直观立体显示难。基于二维模型管理方式的建筑运维系统存在信息与模型分离、效率与可视化程度不高的问题,很难实现对建筑及设施设备的三维可视化管理,运行状态很难在运维平台上直观显示。

(2)信息整合难。建筑运维过程中会产生大量信息,既有设施设备的二维信息(如文件),也有运行动态信息(如水位高低、门的开关等),如何将这些信息有效地整合在一个平台上,是一个极难解决的问题。

另外,BIM作为近年来在建筑与土木工程领域出现的新技术,在建筑业产生了巨大的影响。BIM是一种整合了规划、设计、施工、运维过程,包含了建筑整个生命周期所有信息的三维模型。BIM能够整合建筑中的所有数据信息,通过数字仿真建立三维可视化的建筑信息模型,使工程各参与方和管理人员能够获得协调一致的信息模型,从而降低建设成本,提高建筑全生命周期各阶段的效率。

将BIM应用于建筑模型的三维渲染、可视化呈现、工程设计碰撞检测、虚拟施工、数据信息的快速获取与有效管理等方面,能够有效提高建筑质量和工程效率,实现以 BIM 为载体的建筑信息化管理。

将 BIM 应用于建筑运维管理中,能够解决现有运行系统的可视化管理和信息整合问题。实现具有直观可视化、易交互特点的基于 BIM 的建筑工程新型运维管理系统,可有效提高建筑运维保障能力和运行工作效率,降低运行成本,从而对建筑实现高效准确的全局综合管理。

4. 将 BIM 引入建筑运维面临的技术挑战

将 BIM 引入建筑运维管理,面临静态和动态模型扩展、BIM 虚拟模型与物理世界信息交互、BIM 三维模型动态呈现和运维平台设计构建等技术问题,具体表现在以下几方面:

(1)建筑特殊设施设备的 BIM 定义问题。现有的 BIM 中缺乏对建筑特殊设施设备的定义。地下建筑中的防护门等防护设备具有防电磁波和防核辐射等战时功能,此外,通风、给排水系统中的设备也被赋予了特殊的防护功能。但是,现有的 BIM 数据标准中缺乏对这些设备及其功能属性的定义,同时,关于地下建筑系统中的三防转换等特殊运行控制,缺乏 BIM 设备之间协作运行关系的定义,因此,无法直接应用 BIM 对建筑运维系统和系统中的设备运行协作交互关系进行建模,这就给 BIM 在建筑中的应用带来了障碍。

(2)静态 BIM 与物理世界数据信息动态交互问题。基于 BIM 的运维管理系统要求能够实时叠加物理世界建筑中设施设备的动态信息,但现有的 BIM 侧重对实体对象几何信息等静态属性的描述,缺乏能够实现 BIM 与物理世界动态交互的功能实体,因此,无法实时地向运维系统反馈其对应的建筑实体的变化从而实现快速、精准的建筑运维管理与决策。

(3)基于 BIM 的建筑运维平台三维呈现问题。自定义的扩展 BIM 在运维平台中的应用需要解决 BIM 数据解析和三维模型显示这两个问题。BIM 以工业基础类(industry foundation classes,IFC)文件的形式导入运维平台中,如何提取模型的几何信息和属性信息,将其转化为包含建筑设备信息的三维几何模型,是需要研究的问题。为了使 BIM 能够直观可视化地显示物理建筑及设施设备的状态,需要研究 BIM 的动态呈现方法,这要求建筑运维信息能够控制 BIM 状态的实时改变,并在运维平台中以动画形式呈现。

(4)基于 BIM 的建筑运维平台原型系统设计与构建问题。面对实际工程应用需求,融合上述技术来构建基于 BIM 的建筑运维平台,需要对运维平台构建技术进行研究,形成一般性方法。

针对将 BIM 应用于运维管理中面临的一系列技术挑战,本书围绕面向建筑运维的BIM扩展与实现技术，重点从建筑特殊设施设备的BIM静态模型扩展、具有动态交互需求的BIM动态模型扩展、扩展模型的解析与三维动态显示、运维平台原型系统设计构建等方面开展研究，以期为基于BIM的建筑运维平台、增强现实(augmented reality，AR)人机交互等工程化系统的综合应用研发奠定技术基础。

1.2　BIM与建筑智慧运维

1. 基本概念定义

首先，对建筑工程运维管理、BIM、基于BIM的运维的定义进行介绍。

定义1.1　建筑工程运维管理　建筑工程运维管理，是指运用多学科专业，集成人、场地、流程和技术来确保建筑良好运行的活动，主要是指对人员工作、生活空间进行规划、整合，对其中的设备进行维护、维修、监测、应急等管理。其目的是满足人员在建筑中的基本需求和对建筑设备的实时监测管理。

定义1.2　BIM　相关研究分别从BIM的三维信息模型属性和参数化建模功能两方面进行定义。

(1)作为建筑、工程和施工(architecture，engineering & construction，AEC)领域最具发展和应用潜力的一项技术，BIM是一种在设计阶段通过数字化技术建造的包含建筑信息的虚拟模型[7]，并将包含准确图元和数据的模型用于施工、运维等建筑全生命周期中。BIM能够促进更加集成化的设计和施工流程，解决建筑在设计、施工等不同阶段信息的互通性问题，达到降低成本、缩短工期、获得更高质量建筑的目的。

(2)BIM并不只是一种三维可视化的模型。与传统的三维构件以及二维和三维计算机辅助设计(computer aided design，CAD)相比，BIM是一种基于构件的参数化建模方法。参数化BIM构件由几何图形定义和关联的数据及规则构成。

定义1.3　基于BIM的运维　基于BIM的运维，是指以BIM为载体，将建筑运维阶段的各种设施设备属性信息和运维数据整合到三维可视化的模型中，形成对建筑空间和设施设备日常运维的可视化管理。

近年来，随着BIM运维管理实现了海量应用，基于BIM的运维管理在内容上也变得更加丰富，基于BIM的运维管理作为一种新型的三维管理方式，在以BIM为重要载体实现信息整合与展示的基础上，还能够实现建筑各方面信息的直观可视化显示和对设备运行的可视化控制，并有效提高运维管理效率和智能化管理水平。

2. 建筑运维方式的演进

建筑工程与设施设备的不断复杂化对运维管理方式不断提出新的要求，建筑工程运维管理方式也在不断进步和发展。本书将运维管理方式的演进概述为三个主要阶段：基于设计图纸的人工管理、基于二维平台的半自动化管理和基于BIM的全局综合管理。

(1)基于设计图纸的人工管理。信息技术普及前，对建筑及设备的管理方式是一种基于图纸的设计—招标—建造模式。这种方式在每个阶段交付时都会由于信息的丢失而产生价值的损失[8]，并且在运维阶段效率很低，只能依靠人工方式来进行设备和信息的管理。

(2)基于二维平台的半自动化管理。随着信息技术的发展，使用计算机进行设备管理的二维平台极大地提高了运维阶段的便利性，能够实现对某一所需功能的有效管理。但是该方法仍然存在信息与模型分离、效率与可视化程度不高的问题，并且在运维阶段需要解决与后台办公软件的整合问题。现有的二维平台之间存在信息的相互隔离，无法实现真正的建筑自动化管理。

(3)基于BIM的全局综合管理。建筑设施设备的不断复杂化和对运维系统效率及精度要求的不断提高对现阶段的运维管理系统提出了信息融合、直观可视化展示、易交互等一系列新需求。BIM与运维管理相结合的新型运维管理模式的出现为这些需求的实现提供了可能，BIM提供的三维模型和信息模型相结合的可视化管理方式，为实现更高效准确的系统全局综合管理提供了技术支撑。

3. 基于BIM的建筑智慧运维优势

近年来，随着BIM与运维管理的紧密结合，传统CAD管理的缺陷问题逐步得到解决。传统的管理模式应用于管理分散的数据时，需要手动输入，效率低、容易出错。BIM具有可视化和协调的能力，可以将数据信息与三维模型相结合，促进信息的交换和交互操作，并促进建筑静态属性信息与运维管理信息系统的集成和兼容，实现信息的集成共享和设备的可视化管理。

BIM在设计成本估算、可视化、虚拟模型、信息管理与维护、可维护性检查、能源分析和可持续发展等方面得到了有效的应用。通过三维可视化的BIM，可以实现对建筑部件的精确几何表示和对建筑构件的定位，形成易于修改的可视化组件，从而实现对空间的有效管理；可以快速生成运维管理数据库，实现更快、更有效的信息共享，节约时间和成本，并且可将数据用于运维管理中的维护、检修等各个方面；可以将BIM用于建筑性能的模拟和调试，预测能耗绩效和计算生命周期的成本；可以使用仿真工具对BIM进行处理，如对建筑模型中的管线进行碰撞检测，并将信息用于建筑模型的优化与改造;还具备一些新的功能,如有助于规划路线,用于维修人员的工作路径优化或者紧急撤离的智能指引等。

如图1-1所示,与基于设计图纸的人工管理方式相比,基于BIM的全局综合管理方式不仅提高了设计、施工和运维阶段的效率,而且降低了各阶段信息交付时的损失。BIM的三维模型可以直观可视化地显示建筑的几何信息,有助于施工和管理人员理解建筑设计。与基于二维平台的半自动化管理方式相比,基于BIM的全局综合管理方式降低了从设计阶段到运维阶段模型格式和信息的转换时间,其三维可视化的管理方式提高了运维管理的效率,具有准确的空间管理、高效运维管理信息数据库以及使用BIM数据进行预防性维护的优点。

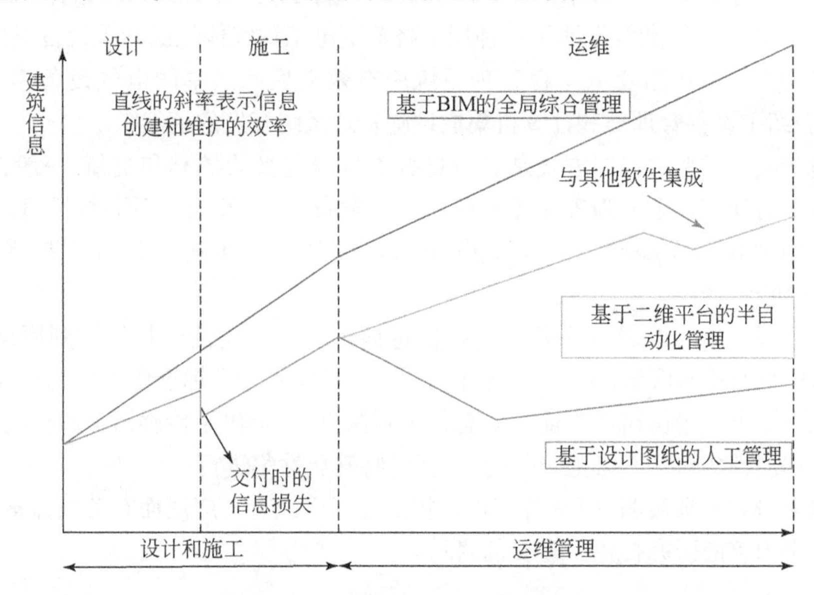

图1-1 各种运维管理方式比较

1.3 BIM运维相关技术研究现状

本节将基于BIM的建筑运维管理系统需要的核心技术归纳为三个方面:①面向运维管理的BIM;②虚拟BIM与动态交互技术;③运维平台设计与构造方法。

1. 面向运维管理的BIM

模型是构建运维管理系统的基础,如何构建BIM、模型应该满足什么要求、如何自定义扩展模型,都是需要实际考虑的问题。

邓雪原等提出模型对象要遵循范围适度、精度适度、信息适度的原则[9]。姚守俨等结合实际施工中的不同要求，提出对构件的工作集进行合理的统筹划分[10]。薛刚等认为模型还应满足参数参变特征，能够快速调整变化，模型不仅应该包含几何信息，还应该包含非几何信息[11]。

构建系统时，对缺少的模型需要进行自定义和扩展，对 BIM 的扩展需要基于 IFC 标准，主要有三种扩展方式：扩展 IfcProxy 实体、增加实体类型和扩展属性集[12]。

对 IfcProxy 实体的扩展是对 IFC 体系中未定义的 IfcProxy 实体信息进行的扩展。曹国等对 IFC 标准中的配筋属性架构进行了实用性的扩展，弥补了国内这方面的不足[13]。周亮等发明了一种用于将输变电工程气体绝缘开关设备根据 IFC 标准结构扩展为在输变电工程管理系统中有效交换和共享的电气设备模型[14]。Yu 等介绍了设备管理类和计算机集成设施管理系统开发的框架[15]。

基于实体类型的扩展方式是对 IFC 标准本身定义的扩充和更新，一般在 IFC 标准升级时使用。余芳强等整理了自 IFC2x 发布以来，各版本 IFC 标准升级时核心模块的变化与发展[16]。BuildingSMART 对 IFC 标准做了新的扩展，制定了 IFC4 标准[17]。

基于属性集的扩展方式是对具有信息描述功能的属性的扩展。刘照球等对 IFC 标准中的几何信息、属性信息进行了扩展，完善了 IFC 标准中对结构产品模型的定义[18]。Rio 等探讨了当前 IFC 标准的局限性，并提出了传感器类的扩展，在传感器通用属性集对的基础上，对各传感器的特殊属性集进行扩展[19]。

以上研究成果表明，BIM 静态模型扩展方面已经有了广泛而有益的探索，这些都为本书内容的研究提供了重要的启示。

2. *虚拟 BIM 与动态交互技术*

目前主流的 BIM 只支持对几何数据、空间位置和关系等静态属性信息的描述，缺乏能够与外部世界信息交互协作的 BIM 及技术支撑。这种封闭的静态 BIM 已经不能满足日益复杂的运维管理需求，如何实现 BIM 的静态信息模型与建筑实体模型之间的动态交互成为亟待解决的问题。

由于运维系统具有外部环境与对象和 BIM 平台交互集成的需求，研究人员开始考虑如何将信息物理融合技术、增强现实技术等与 BIM 结合。信息物理融合系统（cyber-physical systems，CPS）将数字图形作为连接物理和几何属性的介质，实现了数据附着于图形、图形蕴含数据。

Rio 等[19]在 BIM 中扩展了虚拟结构传感器实体，使 BIM 具有感知外界数据信息的能力，但仍然不能实现对 BIM 的控制。Akanmu 等通过射频识别（radio frequency identification，RFID）等技术将建筑中的各种设备运行状态信息汇总到运维平台进行监控，在监视设备实时运行状态的同时，可以进行远程管控。但这并没有从根本上解决问题[20-24]，仍存在通用性不强的问题。Chen 等研究了目前 BIM 与建筑运维信息同步和信息集成的方法，但是没有从根本上解决实现信息物理融合的 BIM 架构[25]。

从已有的研究成果可以看出，现有的研究方法不具有通用性，只侧重解决特定的问题，如物理建筑运维数据与 BIM 之间的单向数据传递问题，缺乏对通用性 BIM 的系统化研究，缺乏实现 BIM 实体与物理实体之间信息交互和动态展示的技术支持，因此，仍然需要进一步的深入研究。

3. 运维平台设计与构造方法

开发基于 BIM 的运维平台需要解决 BIM 与建筑设备数据的双向传递、三维模型的数据绑定、IFC 文件解析、三维模型显示等问题。此外，运维平台功能模块的设计需要满足用户实际需求，具有操作高效、便利等特点。

首先，在运维平台中应用 BIM 需要解决 IFC 文件解析与三维模型显示的问题。作为主流的 BIM 标准，模型的 IFC 标准信息读写是实现平台数据传输功能的基础。目前已经有一系列 IFC 解析工具，如 EDM、IFCsvr、IFC Engine DLL 等，各有优缺点。

实现运维平台的三维可视化需要三维图形模块的支持，将 IFC 格式的模型信息完整地转换为三维模型，并实现对各构件的位置和关系信息的可视化显示。现阶段运维平台对三维图形模块的开发主要有三种方式：①直接使用现有的软件产品；②基于现有软件组件进行二次开发；③完全自主研发图形可视化软件。AutoCAD、OpenGL、Direct3D 等软件都可以实现三维模型的显示，但是，商业软件价格昂贵，免费组件功能不够完善且使用方法学习困难，直接应用难度较大。自主开发软件虽然灵活性高，但费时费力，开发难度较大。

上述研究成果表明，目前已经有对基于 BIM 的运维平台研究和对开发技术的探索应用，但是对于物理世界和运维平台之间信息交互方面的研究较少，运维系统功能比较单一，不能满足信息物理融合的运维管理需求，仍然需要进一步的研究与探索。

1.4 BIM 在建筑运维中应用维度分析

运维管理系统的主要功能是实现建筑运维人机物全要素的管理，以满足核心业务和管理人员的需求。根据其管理对象和实现功能的不同，如图 1-2 所示，基于

BIM的运维管理系统分为空间管理、信息管理、设备监管、安全管理、能耗管理等类型。

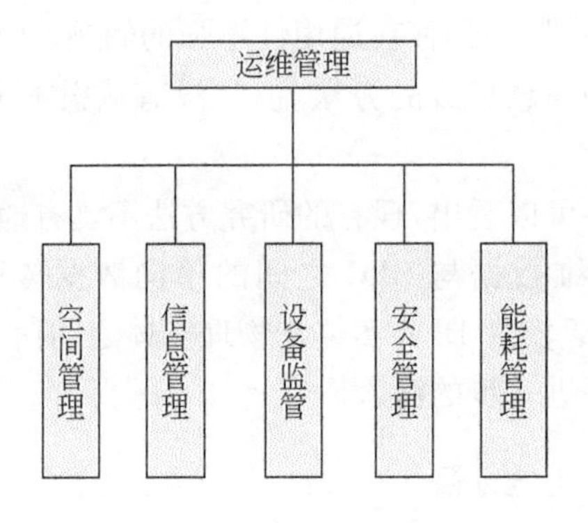

图1-2 运维管理功能分类

1. 空间管理

空间管理是对建筑空间和空间中的人员设备进行的管理，主要包括人员位置管理、空间规划分配、设备位置管理等几个具体应用功能。基于BIM的可视化空间管理，可以对人员、空间实现系统化、信息化的管理，已在城市轨道交通设计和楼宇的空间管理上得到了有效的应用。

人员位置管理能够对建筑中人员位置的变动进行实时监控管理，例如，校园管理系统可以通过视频监控实现对校园巡逻人员位置和时间的对应与跟踪，将信息实时显示在平台上。空间规划分配是对建筑中各功能模块、商户位置等的最优布局的规划，例如，在医院管理系统中使用直观的三维建筑信息模型可以合理分配各科室空间，实现医疗资源的最优化利用。设备位置管理能够实现对建筑中电梯、车辆等移动设备位置的监控，例如，立体车库管理系统将传感器采集的数据通过专家系统分析控制显示在Web端的三维可视化管理系统中，能够实现对车库中车辆位置和车位信息的实时监控。

2. 信息管理

信息管理是对建筑中的所有属性信息以及运维产生的数据信息的管理，主要包括资产管理和设备信息管理两个方面。

资产管理是对设备生产厂家等自有属性信息的归纳统计管理，通过在RFID的资产标签芯片中注入信息，结合三维虚拟BIM实现精确定位、快速查阅。例如，基于BIM的医院管理系统可以实现对诊疗设备等固定资产信息的可视化、自动化管理。

设备信息管理是对设备的检修周期、清洁周期、废物处理和回收利用、到期需要更换的设备部件信息的管理。例如,轨道交通设备维修系统改变了传统人员查看故障点、信息录入数据库的报修方式,系统中的报修平台分为巡检人员手持式移动设备报修和平台实时监控报修两种方式,巡检人员可以通过手机等设备将故障信息实时录入运维平台,减少了中间环节,提高了效率。

3. 设备监管

设备监管是对建筑中设备运行的监测和运行状态的控制调整,主要包括设备信息监管和设备实时控制两个方面。

设备信息监管集成了设备的搜索、查阅、定位等功能,能够实现对设备运行状态的监测,确保设备故障状态及时被发现,可以直观地显示设备的运行状态,实现虚实结合和增强现实的功能。构建基于BIM、虚拟现实技术、人机交互技术相结合的运维管理系统,主要分为BIM准备、AR实现、功能应用三个步骤,先构建系统运维模型,而后实现BIM虚拟设备实体与建筑物理实体的绑定与链接,最后根据需要具体设计和实现系统功能模块。

设备实时控制能够实现通过BIM运维平台对设备直观化的实时控制。国内外关于这方面的研究主要在实验和系统开发研制方面,在一些建筑的能耗、设备监管等方面开始尝试可视化模型的监控方式,但仍未实现功能完善、可实际应用的控制平台。

4. 安全管理

安全管理是指对建筑中的安全问题排查和紧急事故的反馈管理,主要包括安保管理、火灾消防管理和隐蔽工程管理三个方面。

安保管理是对系统中一切人、物和环境状态的管理和控制,可大致归纳为人员组织的安全管理、人员行为控制、场地与设施管理、安全技术管理四个方面。安保管理系统大部分应用在军事基地、重要设备机房、银行、校园、主干道路等对监测要求比较高的场所。

火灾消防管理能够及时发现故障,提高了运维效率,保障消防设备正常运行。基于BIM的建筑消防优化系统可以进行建筑防火性能设计优化和火灾风险评估,提高了建筑的安全性能。

隐蔽工程管理能够管理复杂的地下管网,如污水管、排水管、网线、电线以及相关管线等,并且能在模型中直观地显示其相对位置关系,有助于对管线安全问题的显示与排查。隐蔽工程管理可以将原本主要由人工巡检管理的隐蔽工程以三维可视化的形式直观地表示出来,将各种管线信息显示在三维模型中,通过点选模型,可以实现对管线属性和运行信息的查询。

5. 能耗管理

能耗管理能够对建筑中的用能系统提供实时的能耗查询、分析和远程控制服务，实现对建筑物的智能化节能管理。

电量监测系统通过安装具有传感功能的电表，在管理系统中收集用电信息，并对能耗情况进行自动统计分析，对用电情况与历史数据进行对比分析，及时发现异常。水量监测系统通过对水表的监测，可以在BIM运维平台上清楚显示建筑内水网位置信息，并对水平衡进行有效判断。许多大型建筑的能源管理系统都应用了BIM，如悉尼歌剧院的改造项目，能够实现能源使用状况分析与可持续的能源发展。

总体来看，建筑能耗管理系统将BIM与物联网、传感器、控制器等技术相融合，对建筑用能进行监测和分析，并可以控制用能设备运行，降低了传统运营管理下由建筑能耗大引起的成本增加。

1.5　BIM运维的技术挑战与发展趋势

BIM既是过程也是模型，但归根结底是信息。在建筑运维管理需求不断提高的情况下，如何更深层地实现信息的获取、交互、可视化呈现等，是BIM在未来需要关注的核心问题。

1. 面临的技术挑战

BIM的应用范围不断扩大，BIM的应用改变了设计、施工、运维使用的工具和技术，影响了企业生产、管理、经营的方式和流程，甚至改变了整个行业的产业链结构。然而，目前BIM的研究主要关注设计和施工阶段，在运维阶段的优势还不够明显。BIM为运维管理提供了新的协作方法，但是也产生了一些问题。

(1)BIM扩展模型难以与业界软件工具有效兼容。例如，BIM和运维管理系统软件工具的多样性和互操作问题。IFC标准对工程属性信息描述具有局限性，IFC标准不够完善，对许多设备缺乏定义，IFC标准的几种扩展方式各有优缺点，易用性、版本兼容性、类型安全、运行效率不能同时实现最优，扩展后的构件验证性问题需要解决，需要在不同平台进行可行性与适用性验证，总体扩展难度大。

(2)BIM与建筑物理系统的动态实时交互问题。现有的运维平台功能主要是对建筑和设备的监测，是信息的单向传递，是一种无法与物理世界交互的“聋哑模型”，缺少控制方面的应用。如何实现系统的监测控制一体化，实现信息的动态实时交互,是目前研究的难点。

(3)BIM对于动态信息的可视化呈现问题。目前的BIM动态信息监测主要在施工阶段用于对施工进度、施工质量、施工成本等信息的实时监测。对数据的采集主要有三种方式:使用摄像测量技术获取现场施工的图像数据;使用3D激光扫描仪获取建筑物建设情况的3D数据;应用RFID技术获取建筑及设备建设进度状态。对于运维阶段的设备实时监测应用,仍然局限于二维的数据库显示,无法实现信息的动态可视化展示。

(4)基于BIM的运维平台功能相对单一。缺乏实用可靠的运维管理平台。现有运维平台功能单一,一般只是针对单一功能,空间、资产、维护、能耗等方面的应用各自形成一个单点式的运维平台,在技术开发和具体工作流程方面差异较大,无法形成统一的协同合作系统。大部分平台只能用于建筑物的漫游和简单的信息查看,不能做到对设备的实时监控。自主研发平台难度大,研发周期和资金成本大,应用度不高。

(5)基于BIM的运维平台与现有建筑自动化系统的角色定位问题。建筑自动化(building automation,BA)系统作为目前主流的建筑运维管理系统已经得到了成熟且广泛的应用,使得现有大型建筑已经具有管理运维信息的软件平台,因此,BIM运维平台如何界定好与BA系统的角色和职能分工是需要处理的问题。

(6)基于BIM的地下建筑运维管理需求。地下工程由于其建造运行环境和战时保障要求的特殊性,是一项不可预见风险因素多的高风险技术密集型建设运维工程。目前地下工程的建设施工开始使用BIM来进行安全风险识别与危险预警,改变了以往专家和巡检人员依据经验管理的方式,提高了施工质量,但是地下建筑的管控仍然使用传统管理方式,信息化程度低,运维效率低。

(7)设计阶段与运维阶段的矛盾。现有的BIM冲突检测软件,如Navisworks,只能验证运维系统和设备之间在结构布局上的物理冲突,设备在运维阶段的实际安装运行和碰撞检查方面还存在问题。例如,可能出现这样的情况,在碰撞检查和实际安装时没有问题,但是由于设备之间出现运维信息相互干扰,维护人员的检查和判断受到影响,某些信息在维护阶段不可访问等。设计阶段和运维阶段的矛盾将导致运维阶段的信息不匹配和成本的增加。未来运维阶段需更多考虑人的需求和与设计阶段之间的协调。

2. 发展趋势展望

如今,BIM正呈现出如下发展趋势:

(1)由只针对单一运维领域向功能完善的运维管理系统的发展。运维管理平台不断得到开发,功能逐渐完善,逐步形成一个整体的建筑协同平台。

(2)数据信息的采集方式多样化。随着应用技术的不断进步,BIM与云平台大数据等技术相结合,基于BIM的运维平台数据存储和处理的效率得到提升。

(3)增强现实(AR)、虚拟现实(virtual reality,VR)、混合现实(mixed reality,MR)技术和地理信息系统(geographic information system,GIS)与BIM的融合。目前这些技术在施工现场已经有了初步的应用,实现了将BIM信息数据与现场实际环境进行实时交互。将AR等技术用于运维阶段,可以充分实现BIM信息的价值,实现信息的直观化、可视化。但是运维阶段BIM的主要应用还停留在模拟和效果展示上,仍然未能结合实际情景解决问题。

(4)BIM运维平台信息处理与大数据分析。BIM可视化监测平台产生了关于建筑和设备运行的大量数据,因而对搭载平台的计算机提出了大容量存储、快速处理、精确分析的要求,选择一种合适的方法来满足平台的需求成为BIM运维平台得到广泛应用的前提。运维平台的各种数据杂乱无章,需要对它们进行一定的计算分析,得出其中的规律,才能实现对一段时间内运维状况的系统性分析。云计算是能提供动态资源池、虚拟化和高可用性的计算平台。云计算的计算和存储能力可实现对BIM运维平台的移动终端配置,用户可以直接从云平台调取所需的数据。

(5)城市信息模型(city information modeling,CIM)。目前,基于BIM的运维管理技术仅用于单个建筑物的管理。随着社会的不断发展和城市建设的日益复杂化,智慧城市的信息管理模式也开始受到关注。CIM不是简单的城市元素系统的二维数字元素和三维模型的集合,而是一个综合的城市应用系统,是城市空间的延伸。CIM面临的挑战比孤立建筑的外部环境要求更为复杂。BIM作为未来的发展方向,为未来整体化的城市建设与管理奠定了基础。

第 2 章　BIM 基本原理

本章主要阐述和讨论 BIM 的基本原理，首先阐述基于 IFC 的 BIM 技术框架，而后介绍 BIM 的技术原理，包括 BIM 几何模型、数据模型、BIM 扩展技术等。

2.1　基于 IFC 的 BIM 技术框架

2.1.1　BIM 与 IFC 技术

BIM 这一概念源于美国佐治亚理工学院的 Chuck Eastman 教授于 1975 年提出的建筑描述系统（building description system）。BIM 概念一经提出，就对建筑业产生了巨大的影响。BIM 作为信息技术与传统土木工程的结合，在 AEC 和设施运维等方面，提供了多样性的可视化信息交换方法，是土木领域的热点研究问题。

BIM 应用的核心是信息的交换和共享。为了用户能够通过不同的 BIM 应用软件完成对项目信息的自动交换，需要开发一种支持面向项目全生命周期、涵盖所有信息的结构化数据标准。

IFC 标准是一种中立的、开放的、基于对象的标准，已经被 BIM 行业广泛认可，成为行业间的信息交换共享的互操作性标准，为信息模型之间的互操作性提供了中立且开放的媒介。

1997 年 1 月，IAI（International Alliance for Interoperability，后更名为 BuildingSMART）创建了首个 IFC 标准 IFC1. 0，并不断完善为 IFC1. 5、IFC1. 5. 1、IFC2. 0，直到 2000 年出现比较正式的具有稳定基础框架的可扩展的 IFC2x，并逐渐成为一个有效的国际标准（ISO/IS 16739）。从 IFC2x3 开始，IFC 标准真正应用于各种 BIM 软件，成为商业化的数据标准，2013 年制定的 IFC4 对各行业信息有了更详细化的表达。虽然不同的 BIM 软件使用不同的数据传输格式，但目前大多数 BIM 软件支持以 IFC 格式导出模型数据，因此本书基于以 IFC 数据形式存在的 BIM。

IFC 标准体系将 BIM 数据分为四个层次，从下向上依次是资源层（resource layer）、核心层（core layer）、交互层（interoperability layer）和领域层（domain layer）。每一层包含若干模块，每个模块又包含各种实体定义、对象类型、定义规则等部分。其体系架构如图 2-1 所示。

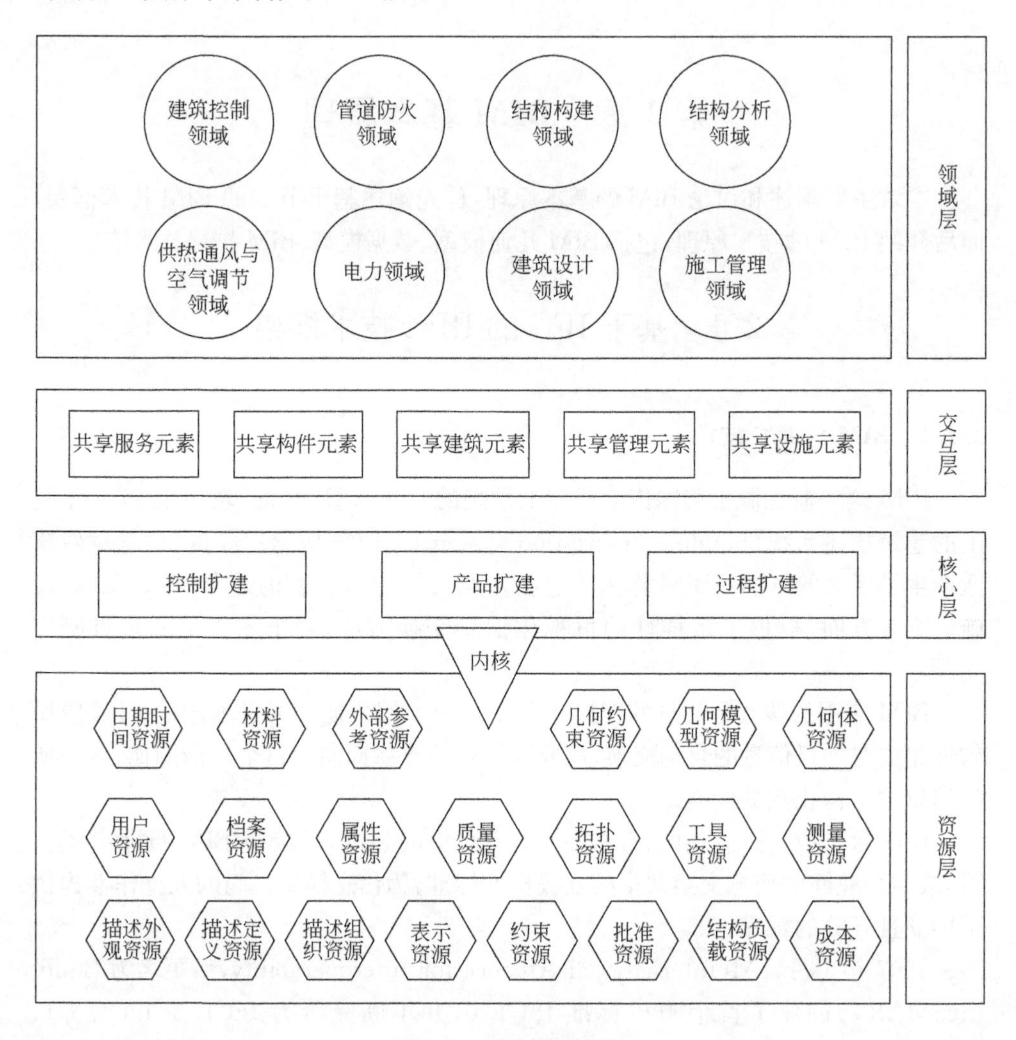

图 2-1 IFC 体系架构

领域层位于最高层,用于定义特定领域的专业实体对象,通常用于领域内的信息交换。交互层位于核心层之上,用于定义跨学科的一般实体,这些定义通常用于域间交换和施工信息共享。核心层位于资源层之上,是资源层信息的关联和整合,包含最基础的实体定义,在核心层或其以上各层所定义的实体都携带全局唯一标识符。资源层位于底层,具有所有包含资源定义的信息,如几何信息、材料信息等,这些定义信息不包含全局唯一标识符,不能独立地在更高层的定义中使用,可以被其他层实体调用,用于定义上层实体的特性。

2.1.2 基于IFC标准的BIM结构

IFC标准提供了将信息分解为类的方法和定义对象属性的正式规范,并定义了数据交换和共享的方法。但是,由于建筑领域和设备具有复杂多样性,IFC标准不能满足建筑领域内的所有需求。为此,IFC标准中提供了属性和类型对象的定义扩展机制(其中一部分在IfcKernel模式中,其余部分在IfcPropertyResource模式中),允许用户根据实际需求,定义、添加和使用可扩展的属性信息。

按照定义对象的不同,建筑属性分为预定义属性和自定义属性。其中,预定义属性包括以IFC Schema方式定义的静态属性和由IfcProperty方式定义的动态属性。而自定义属性是用户根据自身需求定义的动态属性。不同的属性均继承自基类型IfcProperty,它的Name和Description可以存储属性名称和描述说明,属性值则存储在IfcProperty的子类型中。

如图2-2所示,IfcRoot分为三个抽象概念:IfcObjectDefinition(对象的定义)、IfcRelationship(对象之间的关系)、IfcPropertyDefinition(动态可扩展的对象属性)。

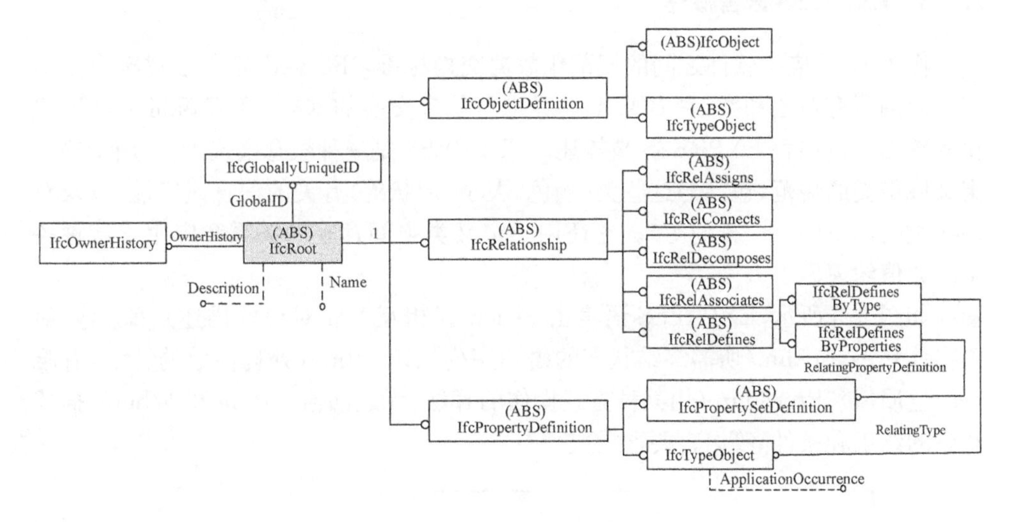

图2-2 IFC格式说明

其中,IfcObjectDefinition派生出对象(IfcObject)和对象类型(IfcTypeObject),分别代表实例化的对象和类型定义,并进一步细分为IfcActor、IfcControl、IfcGroup、IfcProduct、IfcProcess、IfcResource六个基本概念。IfcRelationship用于表示对象之间的关系,包括composition(组合)、assignment(分配)、connectivity(连接)、association(关联)、definition(定义)五种基本关系类型。IfcPropertyDefinition表

示可扩展的属性定义，允许用户根据需求自定义属性集。

通过将实体属性信息形成集合，建立共享的设备属性集，可以实现对建筑及内部设备的通用描述。通过 IfcPropertyDefinition 定义相关对象的一组共享属性，将 IfcTypeObject（通过 IfcRelDefinesByType 关系）分配给单个或多个对象。共享属性的值定义在一个属性集 IfcPropertySet（或 IfcPropertySetDefinition）中的多个实例（通过 IfcRelDefinesByProperties 关系）。

例如，在静态定义模型中有一个名为 IfcDoor 的类，然而，存在多种类型的门（防护门、防护密闭门等）不在静态定义的模型中，这些类型可以通过附属在 IfcDoor 类中的类型关系声明来表达。

为了对防护门的性能进行监控，可以预先为防护门的维护管理定义一个对应的具有已知值的标准性能范围，通过将 IfcPropertySet 的相同实例根据相同的 1∶*N*关系实例 IfcRelDefinesByProperties 附加到 IfcDoor 的所有类型，将这些属性应用于每个防护门。尽管这些特性被分配给每个防护门实体，但是在实际应用时还需要为每个实例的类在 IfcPropertySet 中定义不同属性值。

2.1.3 EXPRESS 语言概述

作为 BIM 应用软件之间的规范化数据交换标准，IFC 标准定义了建筑全生命周期内的所有对象和类，是 BIM 与外界进行信息交换的基础。IFC 标准使用形式化的数据规范语言 EXPRESS 来描述。EXPRESS 是一种概念模式语言，用于描述定义域中类的规范，包括与这些类（颜色、大小、形状等）有关的信息或属性，以及对这些类的约束（唯一、排他等）。它还用于定义类之间存在的关系和应用于这种关系的数值约束。

如图 2-3 所示，EXPRESS 语言由 Schema（相互关联对象的描述）、Entity（对象实体）、Algorithm（所需终结状态的语句序列）、Function（处理参数的算法，有唯一的返回值）、Procedure（用某种方式操作的算法，无返回值）、Rule 和 Where（描述对象的约束和条件）等语言要素构成。

```
Schema
    Entity Supertype, Subtype
    Algorithm
      Function
      Procedure
    Rule, Where
```

图 2-3　EXPRESS 语言基本架构

如表2-1所示，EXPRESS语言作为一种描述对象类型的概念模式语言，其数据类型包括简单数据类型、聚合数据类型、命名数据类型和构造数据类型四种。

表2-1　EXPRESS语言数据类型

名称	数据类型					
简单数据类型（不能再细分的标识元素）	整数型（INTEGER）	数值型（NUMBER）	逻辑型（LOGICAL）	实数型（REAL）	串型（STRING）	布尔型（BOOLEAN）
聚合数据类型（基本数据类型的集合）	数表（LIST）	数集（SET）	数组（ARRAY）	数袋（BAG）		
命名数据类型（由用户说明的数据类型）	实体数据类型（ENTITY）			用户定义数据类型（TYPE）		
构造数据类型（数据类型各域的并）	枚举数据类型（ENUMERATION OF）			选择数据类型（SELECT）		

自定义的实体、类型和属性信息，需要通过修改IFC文件将其加入其父级对象下，并修改类型和约束等属性信息。EXPRESS语言的可读性差，对EXPRESS文件的手动修改不仅烦琐且易出现错误。EXPRESS-G视图作为EXPRESS语言的图形化表现形式，通过预定义的图形符号组成的树状图表示，可以直观地表示新增的实体类型的属性信息。

EXPRESS语言和EXPRESS-G视图都是IFC Schema使用的数据建模语言，是读取IFC文件的基础。如图2-4所示，可以使用ISO 10303-21的STEP(stand for the exchange of product model data，产品模型数据交互规范)物理文件编码或

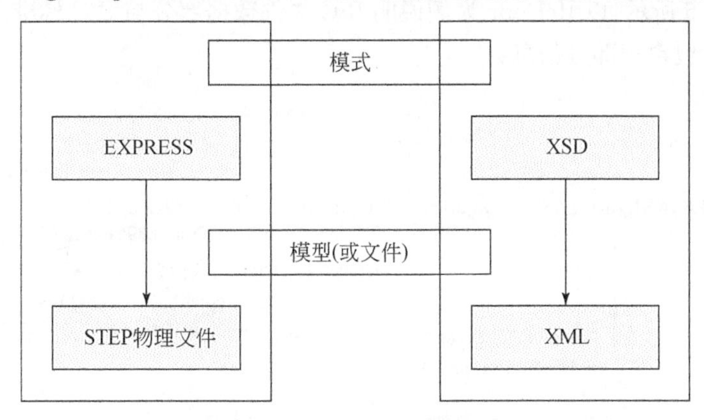

图2-4　STEP与XML的区分

XML(extensible markup language,可扩展标记语言)文档结构(XSD 为可扩展标记语言模式定义(XML schema definition))用于交换和共享 IFC 模型,目前,STEP 物理文件编码是 IFC 模型数据交换的首选文件结构。

2.1.4　基于 EXPRESS 的 IFC 实体定义方法

IFC 文件分为标题(HEADER)和数据(DATA)两部分,如图 2-5 所示。标题部分包含使用的 IFC 标准的版本、文件名称、文件导出的日期和时间、公司和授权人员以及导出文件的应用程序等信息。

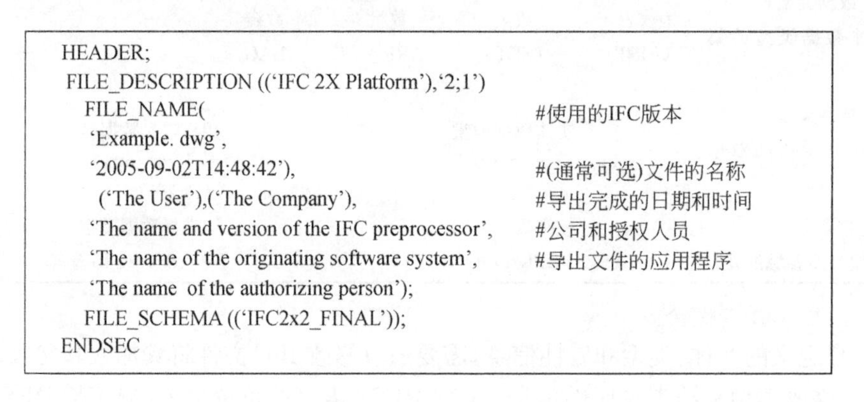

HEADER;
FILE_DESCRIPTION ((‘IFC 2X Platform’),‘2;1’)
FILE_NAME(
#使用的IFC版本
‘Example. dwg’,
‘2005-09-02T14:48:42’),
#(通常可选)文件的名称
(‘The User’),(‘The Company’),
#导出完成的日期和时间
‘The name and version of the IFC preprocessor’,
#公司和授权人员
‘The name of the originating software system’,
#导出文件的应用程序
‘The name of the authorizing person’);
FILE_SCHEMA ((‘IFC2x2_FINAL’));
ENDSEC

图 2-5　IFC 文件结构

数据部分包含 IFC 规范实体的所有实例,这些实例具有唯一的(在文件范围内)STEP ID、实体类型名称和显式属性列表。STEP ID 仅对单个交换有效,如果第二次导出相同的用户项目,这些 ID 将发生变化。数据部分中实例的顺序并不重要。

如图 2-6 所示,以 IfcDoor 为例说明 IFC 文件数据部分与 IFC 标准之间的对应关系。主要包含三部分信息:

图 2-6　IFC 文件数据部分与 IFC 标准对应关系

(1)IfcRoot 中的 GlobalID(唯一识别的标识符)、OwnerHistory、Name(名称)和 Description(描述)。

(2)IfcObject 中的 ObjectType(对象类型)。

(3)IfcProduct 中的 ObjectPlacement(对象位置信息)、Representation(表示信息)和 Tag(标签信息)。

2.2 BIM几何模型

建筑物的三维几何结构是建筑物信息建模的重要前提。本节给出用计算机表示几何图形所涉及的原理,包括用于描述体积模型的显式方法和隐式方法,创建具有较强灵活性、适应性的参数化模型的基本原则,还讨论了自由曲线、曲面及其基本数学描述。

2.2.1 BIM中的几何建模

BIM 包含建筑物的规划、施工和运维所需的所有相关信息。建筑物几何形状的三维描述是最重要的方面之一,没有它,许多 BIM 应用将无法实现。与传统绘制的平面图相比,实用的三维(3D)模型具有如下明显的优势。

建筑物的规划和施工可以使用 3D 模型而不是单独的平面图和剖面图。从 3D 模型生成图纸,确保了各个独立的图纸始终对应并保持一致。这几乎消除了常见的错误源,尤其是当图纸被修改时。建筑图通常以符号形式或简化形式表示,不能仅从 3D 几何图形生成,因此还需要提供更多的语义信息,如指明建筑类型或材料。

使用 3D 模型,可以进行碰撞分析以确定模型的各个部分或模型内的建筑元素是否重叠,从而有利于发现平面图中存在的错误或疏漏。此类碰撞分析对于协调不同行业的工作尤为重要,如在规划水暖管道、通风管道和其他技术装置的墙壁开口和穿透时[26]。

由于可以直接从模型元素的体积和表面积计算出相应的数值,3D 模型便于轻松地提取数量。为了符合标准,通常仍然需要进一步的特殊规则,如简化的数量近似值。

建筑物 3D 模型的可用性对于相关的计算和仿真方法至关重要。必要的机械或物理模型通常可以从几何模型直接生成,从而避免了在并行系统中费力地重新输入几何数据的需求以及相关的输入错误风险。但是,许多仿真方法为了有效发挥作用,要求简化模型或模型转换,例如,通常使用降维模型来进行结构分析。

3D 模型使计算包括阴影和表面反射在内的建筑设计(渲染)的逼真可视化成

为可能。这对于与客户的沟通尤为重要,有助于建筑师评估设计的空间质量和照明条件。为了实现逼真的可视化,除了 3D 几何图形外,还需要有关材料及其表面特性的信息。

建筑设计的三维几何图形的数字表示是建筑信息建模的最基本内容之一。为了正确地理解建模工具和交换格式的功能,需要了解计算机辅助几何建模的基本原理。作为灵活创建几何结构的一种方法,参数化建模可以轻松地适应新的边界条件。

BIM 建模工具功能的关键决定因素是所使用的几何建模内核的质量。这是一个软件组件,为表示和处理几何信息的基本数据结构和操作提供支持。相同的几何建模内核通常被用于几个相关的软件包,有时甚至被许可供其他软件供应商使用。常用的几何建模内核主要为 ACIS 和 ParaSolid。

2.2.2　实体建模

对三维物体的几何形状建模有两种根本不同的方法:根据表面描述空间的显式建模,通常也称为边界表示(BRep)。相比之下,隐式建模采用一系列构造步骤来描述空间物体,因此通常称为过程化方法。这两种方法都在 BIM 软件中使用,以相应的数据交换格式使用,并且都是 IFC 标准的一部分。以下分别进行介绍。

1. 显式建模

1)边界表示法

边界表示法是使用计算机描述三维物体的最普遍、最广泛的方法。基本原理涉及定义边界元素的层次结构。通常,这种层次结构包括体、面、边和点。每个元素都由下一级的元素来描述,体由面描述,面由边描述,边由起点和终点描述。这种关系体系定义了建模主体的拓扑,并且可以借助点-边-面(vertex-edge-face,vef)图(图 2-7)进行描述。

然后,必须使用几何尺寸来扩充此拓扑信息,以完全描述体。如果几何体仅含有直线边和平面,则仅需要节点的几何信息,即点的坐标。如果几何内核包含弯曲的边缘和曲面,则还需要描述其形状或曲率的几何信息。用于描述拓扑信息的数据结构通常采用可变长度列表的形式。体对应包围它的面,面对应连接它的边,每条边对应它的起点和终点。

但是,此数据结构仅适用于描述没有切口或开口的简单体。为了描述更复杂的体,必须扩展数据模型。图 2-8 显示了 ACIS 建模内核的面向对象的数据模型,已经被许多 CAD 和 BIM 软件所使用。使用此数据模型,主体可以由几个彼此不连

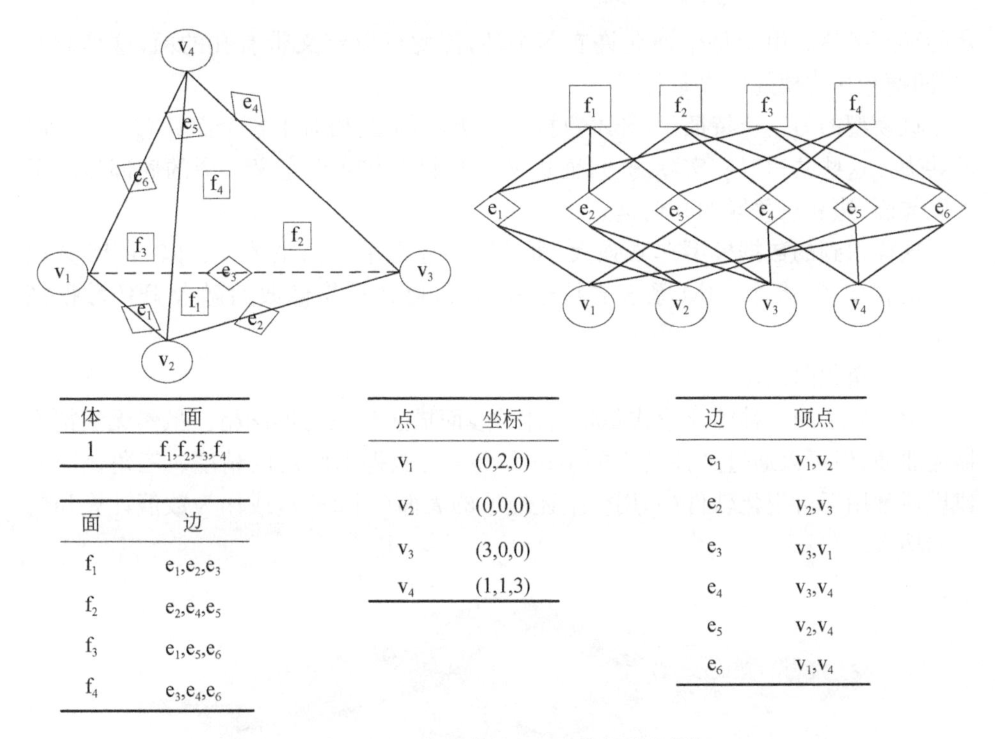

体	面
1	f_1,f_2,f_3,f_4

面	边
f_1	e_1,e_2,e_3
f_2	e_2,e_4,e_5
f_3	e_1,e_5,e_6
f_4	e_3,e_4,e_6

点	坐标
v_1	(0,2,0)
v_2	(0,0,0)
v_3	(3,0,0)
v_4	(1,1,3)

边	顶点
e_1	v_1,v_2
e_2	v_2,v_3
e_3	v_3,v_1
e_4	v_3,v_4
e_5	v_2,v_4
e_6	v_1,v_4

图 2-7　一个简单的 BRep 数据结构[26]
（其中包含描述角锥所需的信息）

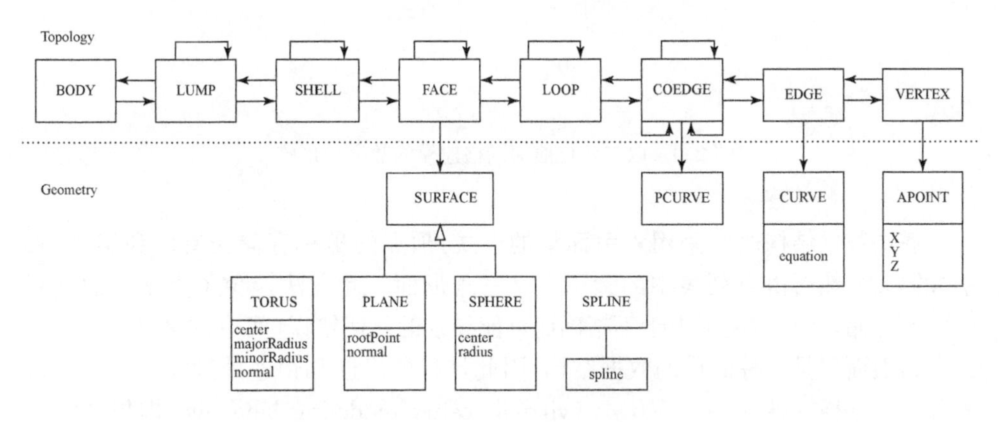

图 2-8　ACIS 几何建模内核的数据模型[26]

接的块组成。这些块由几个壳依次描述，这使得具有一个或多个开口或切口的体成为可能。壳可以由任意数量的面组成，而这些面又由一个或多个和这些面相绑定的环来描述。由于每个面允许有多个环,因此可以定义带有孔的面,这是对开口、凹槽和孔建模的先决条件。

该模型的另一个特征是,环不直接对应边,而是指相对于各个面具有一致方向的共边。这些共边对应实际的边,而边又由其起点和终点定义。图的底部显示了可以与面、边和点关联的几何信息。

这样得到的数据模型非常强大,可用于描述几乎任何主体。它以 ACIS 数据交换格式实现,多个 BIM 系统支持这种格式,可在稍作修改后融入 IFC 数据模型中。

2)三角化曲面建模

边界表示的一种简化形式是将物体的表面描述为三角形网格。虽然无法精确描述曲面,但可以通过选择更细的网格大小来近似得出所需的精度。三角化曲面建模通常用于可视化软件中,用于描述地形的表面(图 2-9),或作为数值计算和仿真的输入。

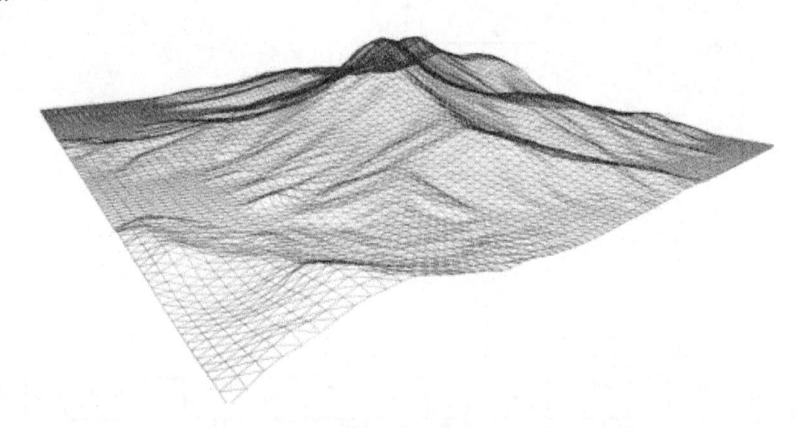

图 2-9　以三角化曲面网格建模的数字地形[26]

底层数据结构通常采用索引面集的形式:顶点的坐标存储为有序和编号(索引)的列表,然后由点列表中的索引定义三角形面。此方法避免了点坐标的重复(冗余)存储,并且避免了由于不精确而可能导致的几何错误(间隙、重叠)。

索引面集是一种简单的数据结构,因此具有鲁棒性和快速处理能力。它以多种几何数据格式被应用于 VRML(virtual reality modeling language,虚拟现实建模语言)、X3D(extensible three-dimensional,可扩展三维)、JT(Jupiter tessellation,木星镶嵌,一种 3D 数据文件格式),以及 BIM IFC 等数据结构。常用的 STL(stereolithography language,立体光刻语言)几何格式同样基于物体的三角描述,但与索引面集不同,它存储每个独立的三角形的显式坐标。这导致数据集更大,并且,缺少STL格式的拓扑信息意味着得到的几何体可能包含错误,如面之间的间隙或各个三角形的重叠部分。

2. 隐式建模

几何建模的隐式方法用于存储创建3D实体模型的历史记录,因此隐式方法被称为过程化方法。隐式方法是显式方法的一种替代方法,显式方法仅存储漫长而复杂的建模过程的结果。

在CAD和BIM系统中,通常使用一种混合方法,在该方法中,既为用户记录构造过程的各个建模步骤,又为所得的几何图形的显式描述制作快照,以缩短模型渲染加载呈现时间。

1)构造实体几何

构造3D几何的过程描述的经典方法是构造实体几何(constructive solid geometry,CSG)方法。该方法使用预定义的基本对象,即图元(如立方体、圆柱体或三角锥等),并使用布尔运算符(如并、交、求差等)将它们组合在一起以创建更复杂的对象。这种组合过程产生了一个描述3D物体生成的构造树(图2-10)。基体的尺寸通常是参数化的,以便可以轻松地适用于各自的应用。

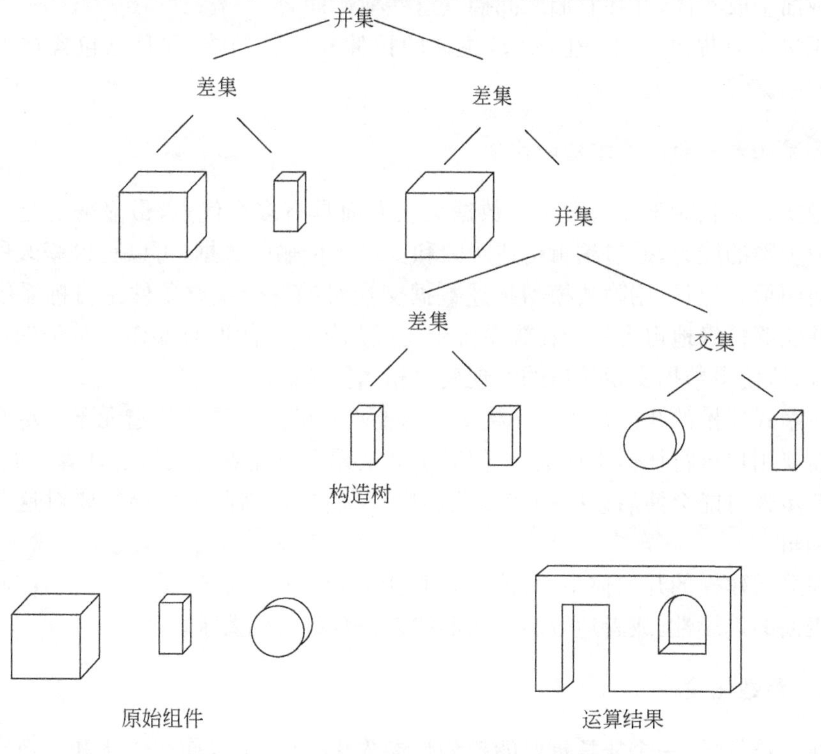

图2-10 CSG方法基于使用布尔运算符并集、交集的实体组合[26]

尽管较大范围的实体可以使用CSG构造，但是使用较少数量的简单对象通常过于局限。因此，尽管IFC数据模型和其他出于数据交换目的的系统支持CSG方法，但也很少单独使用CSG方法。

许多3D CAD和BIM系统都采用布尔运算符的规则，并通过将其应用于任何先前建模的3D对象而显著扩展其功能。这提供了一种直观的对复杂的三维对象建模的强大方法。

2)拉伸和旋转

许多CAD和BIM系统都具有通过拉伸或旋转生成3D几何形状的能力。使用这些方法，沿着用户定义的路径或3D曲线移动2D几何形状(通常表面闭合)以创建3D实体。

当绘制形状的路径为直线时，称为拉伸，当路径为曲线时，称为扫描。使用专用设置，用户可以定义2D轮廓是否保持平行于其原始平面，或者是否在整个路径长度上旋转方向始终垂直于路径。拉伸方法用于在建筑结构中生成具有恒定或可变轮廓的梁。旋转类似于拉伸，不同之处在于2D曲面围绕用户定义的轴旋转。

放样是上述方法的一种变形，其中定义了多个横截面，并且在空间上一个接一个地定位。这些横截面的尺寸和形状可以彼此不同。CAD或BIM系统会根据这些横截面生成实体，并在它们之间插入这些横截面。

BIM工具提供了用于生成3D主体的拉伸和旋转功能，并且已包含在IFC数据格式中。

3. 显式方法和隐式方法的比较

隐式方法相对于显式方法在数据交换方面具有多个优点，最显著的是具有跟踪建模步骤的能力，通过编辑构造步骤和少量要传输的数据，可以轻松修改所传输的几何图形。但是，用隐式模型描述数据交换时的一个主要条件是目标系统必须支持并能够精确地再现用于在源系统中生成几何模型的所有操作。对于软件生产者来说，这使得数据交换接口的实现变得相当复杂。

在隐式建模的几何体中编辑构造步骤要求能够自动重建构造元素。尽管这几乎不需要用户进行任何手动交互，但对于复杂元素可能需要大量的计算。此外，编辑构造步骤可能会使后续的构造步骤难以正确执行，因此也可能需要对这些步骤进行编辑。

在显式建模的几何体中，只能进行直接编辑。可以通过操纵特定的控制点来确保表面的连续性，或者适应曲面的形状以符合各自的要求。

2.2.3 参数化建模

在建筑领域，一个非常重要的趋势是参数化建模，可以使用依赖和约束定义模型。这将得到可以快速轻松地适应新的条件不断变化的灵活模型。

参数可以是简单的几何尺寸,如长方体的高度、宽度、长度、位置和方向等。参数之间的关系(即依赖关系)可以使用用户自定义的方程定义。这可以用于确保同一层的所有墙都具有相同的层高。如果层高发生变化,则所有墙的高度都会相应发生变化。

参数化 CAD 系统的概念起源于机械工程领域,自 1990 年以来一直在使用。这些系统使用了基于参数化草图的方法。用户创建一个 2D 绘图(草图),包含所有所需的几何元素,其比例大致对应于最终对象。这些几何元素以几何约束或尺寸约束的形式被分配约束。几何约束常见的例子如,两条线必须在末端相交或彼此垂直(平行)。另外,尺寸约束仅定义尺寸值,如长度、距离或角度。可以用方程式来定义不同参数之间的关系。然后,该参数化的草图在下一步中用作生成最终参数化的三维实体的拉伸或旋转操作的基础。然后可以使用 CSG 操作将这样的实体彼此组合。特征(如倒角或钻孔)也可以添加到最终实体中。这些特征包括一系列几何运算,每个几何运算可通过自己的参数进行控制。

参数化草图和过程的几何描述的组合是定义灵活的 3D 模型的极其强大的机制,可为用户提供高度的自由度以及对生成模型的精确控制。

当前的 BIM 产品不支持这种形式的参数化建模。只有单纯的 3D 建模工具(如 SolidWorks、CATIA 和 Siemens NX)提供此功能,但不支持语义建模。一个例外是 Gehry Technologies 的 Digital Project,它包括一个完全参数化的建模内核,该内核添加了详细描述其语义结构的与建筑物相关的构造元素的目录。

当前,BIM 工具以有限的灵活性实现参数化建模的概念。参数定义应用于两个不同的级别:参数化的建筑元素类型的创建以及特定建筑模型中建筑元素的方向和位置。

为了创建参数化的对象类型(通常称为族),首先要定义参考平面和/或轴,并借助距离参数来指定其位置。在这里,参数之间的关系也可以借助方程式定义。生成的实体边缘或表面相对于参考平面对齐。

创建建筑模型时,用户无法创造新的参数,而只能指定已在族或其他项目中定义的值。但是在对齐建筑元素时可以定义以下约束。

(1)方向:构造元素排列时必须平行或垂直于彼此或参考平面。

(2)正交:构造元素保持彼此垂直。

(3)平行:构造元素保持彼此平行。

(4)连接:两个构造元素始终相连。

(5)距离:两个构造元素之间的距离保持不变。

(6)尺寸相同:用户指定的两个尺寸必须相同。

尽管与定义建筑物的几何形状相比，参数化系统的实现受到更多限制，但它仍可以提供足够高的灵活性，同时保持模型依赖性的可管理性。

支持这种参数化建模的 BIM 产品包括 Autodesk Revit、Nemetschek Allplan、Graphisoft Archicad 和 Tekla Structure。

2.3　BIM 数据模型

当使用计算机对建筑物和基础设施系统进行建模时，仅查看几何数据是不够的，还必须考虑语义数据。例如，有关建造方法、材料和房间功能等的数据都属于语义数据。为了正确地描述和构造这类语义数据信息，有多种数据建模的概念和方法得到应用。本节介绍最基本的数据建模符号和概念，如实体和对象、实体类型和类、属性、关系和关联、聚合和组成以及专门化和泛化（继承），并讨论与 AEC/FM(facilities management，设施管理)领域内的数据建模相关的当前和未来挑战。

2.3.1　数据建模概述

在计算机科学中，语义一词描述了数据或信息的含义。一方面，整数的随机序列可以包含丰富的信息内容，但既不包含含义也不包含语义。另一方面，经验丰富的建筑师或工程师可能会知道，施工图中的虚线通常表示建筑组件的隐藏边缘。这类信息或符号的含义或语义是明确定义的并且是众所周知的。

在对建筑数据进行建模时，缺少基本的语义数据如有关使用的构造方法、使用材料、房间和空间的功能以及维护程序的数据来全面描述它，因此，除了几何形状外，建筑和基础设施组件的语义还起着重要的作用。

真正的建筑工程设施设计、建造和运行涉及复杂的信息和关系，需要将这些信息和关系构造并存储在计算机中才能解决某些问题。考虑到这一点，数字建筑模型是基于计算机的对实际设施的抽象，重点是简化和减少所有可用信息的整个集合的提取。复杂的设计、施工和维护任务的数字支持的实际优势是能够专注于某些选定方面：数字建筑模型允许对非常复杂且难以管理的系统进行适当的概述。借助数字建筑模型，可以对信息进行数字化收集、结构化存储、分析汇总和比较评估，以支持实际设施的设计、规划、施工和运维。

通常，有几种不同类型的数字模型。首先，有复制模型，如地理学（数字地形模型、数字地图）、生物学和医学（数字人体和解剖模型）、经济学（数字经济活动模型）和社会学（群体动力学数字模型）都在尝试创建现有现实的数字副本。其次，有原型模型，这些模型实际上代表了尚未实现的未来现实的期望部分。除了手机、汽车、飞机和轮船的数字设计外，还包括建筑、工程、建造和设施管理中的数字模型，即数字建筑模型或建筑信息模型。此外，还有混合模型，如在软件工程和开发领域中的应用程序模型、数据模型、过程模型。关于 BIM，数字建筑模型在计算机辅助设计和工程软件以及数据交换格式的背景下发挥着重要作用。

2.3.2　数据建模工作流程

数据建模的工作流程分为两个连续的步骤：概念化和实现，形成从现实概念到数据模型再到计算机可存储数据的转换过程，即"现实—数据模型—数据"过程(图 2-11)。

第一步，概念化。将现实的一部分抽象为概念性数据模型(如建筑数据模型)，该模型通过表示出重要项的类型(实体类型、类)、它们之间的属性以及关系(关联)来对域进行范围划分和结构化。

第二步，实现。针对特定情况(如特定的建筑模型)实现第一步的概念性数据模型，以存储在物理文件或数据库中的实际数据(如表格、数字、文本等)的形式定义现实世界的特定实例(实体、对象)。

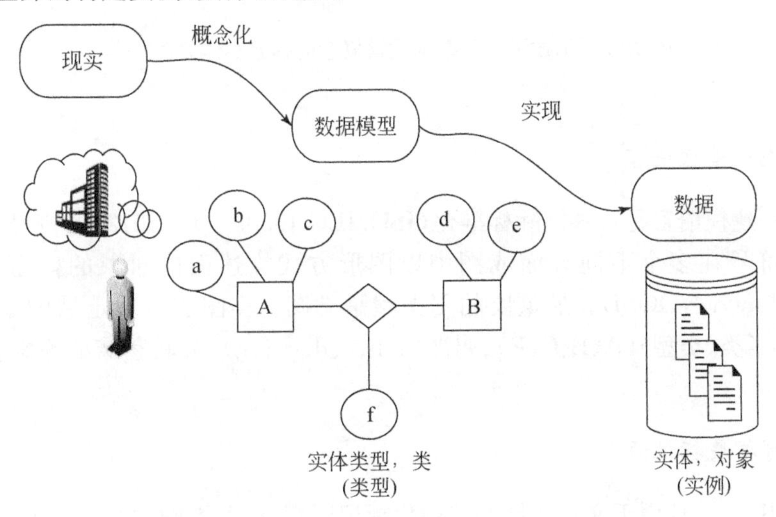

图 2-11　数据建模的过程：现实—数据模型—数据[26]

2.3.3　数据建模符号和语言

对概念数据建模有几种表示法。本节介绍实体关系图(entity relationship diagram，ERD)、统一建模语言(unified modeling language，UML)和可扩展标记语言(extensible markup language，XML)。

1. 实体关系图

实体关系图以图形方式描述了最初引入的实体关系模型(entity relationship model,ERM)[27]。ERM基于关系理论,可以直接在关系数据库中实现[28]。它们根据实体类型(事物的分类)和这些类型的实例之间的关系来表示特定领域。几个不同的符号用于描述实体类型(A、B)、属性(a、b、c、d、e、f)和关系(R)的概念(图2-12)。

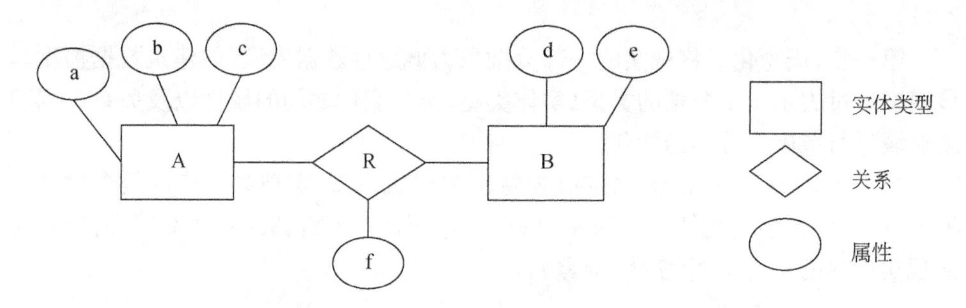

图2-12 描述了主要数据建模概念的抽象实体关系图[26]

2. 统一建模语言

统一建模语言是一种国际标准化(ISO/IEC 19505—1—2012)的符号,它使用文本和符号在多个不同方面或图中以图形方式描述面向对象的模型(object-oriented model,OOM)。最重要的图类型是类图。类图表示特定域的结构化视图,描述了类(类型)(A、B、C、R)、属性(a、b、c、d、e、f、g)、关联和继承等概念(图2-13)。

3. 可扩展标记语言

XML是一种用于文本文档的结构化标记语言,由万维网联盟(www.w3.org)标准化。XML文档是人类可读且机器可读的。关于数据建模,XML可以用于定义数据模型(XML模式文件)和保存实际数据(XML数据文件)。图2-14展示了如何在XML中以数据模型(图2-14(a))和数据(图2-14(b))来实现常见的数据建模概念。XML规范定义了XML文档必须遵循的语法。XML文档中的元素由一对标签(开始和结束标签)界定,类似于超文本标记语言(hyper text markup language,HTML)文档中的标记,并且可以分层构造。与具有一组固定的预定义

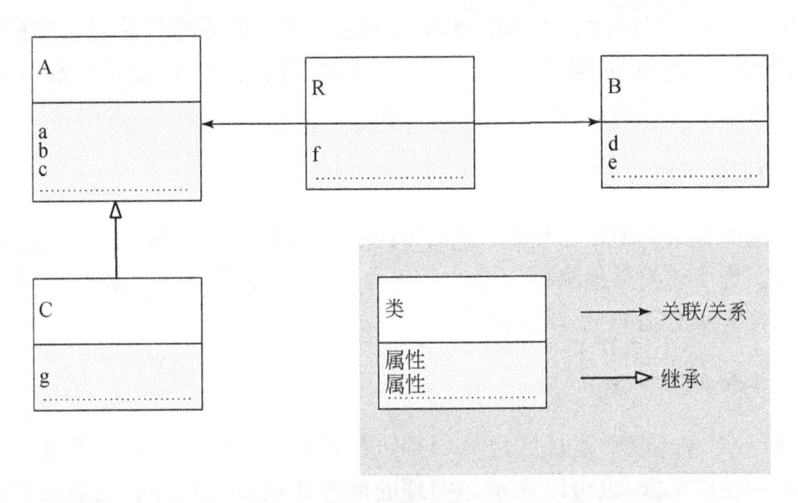

图 2-13　描述主要数据建模概念的抽象 UML 类图[26]

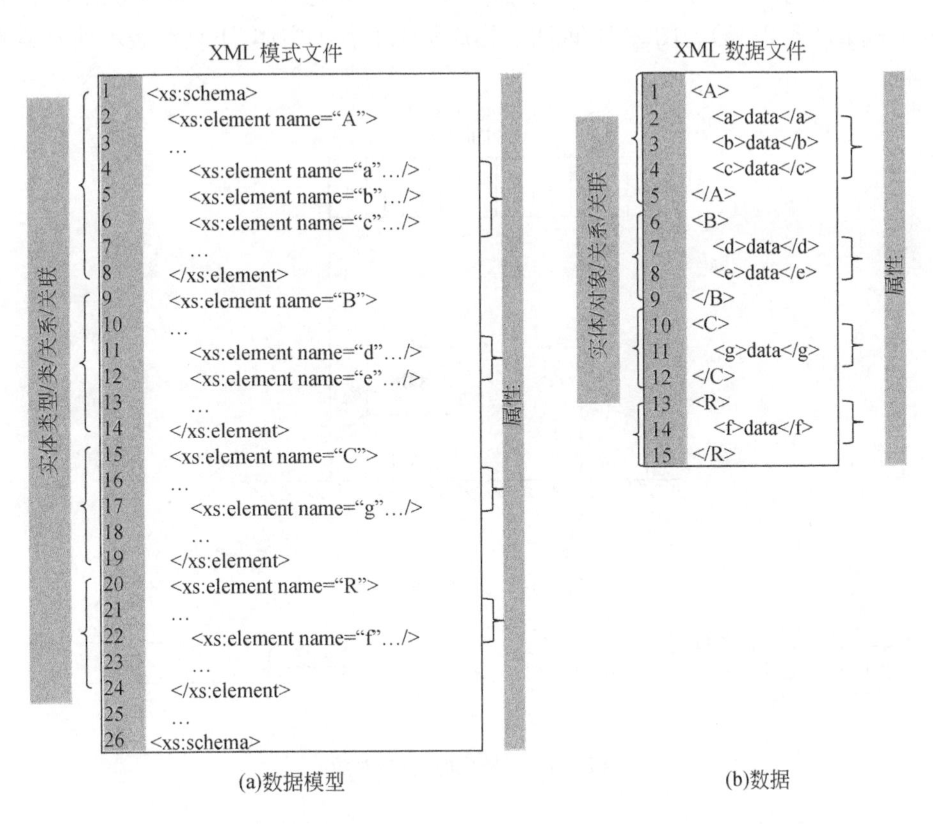

图 2-14　描述主要数据建模概念的抽象 XML 模式文件和数据文件[26]

标签(如〈H1〉…〈/H1〉)的 HTML 相反,XML 允许按照需要创建元素和相应的标签以构造数据。例如,元素〈Wall〉…〈/Wall〉可以用于描述墙,而子元素〈width〉…〈/width〉可以定义墙的宽度。

2.3.4 数据建模概念

下面的简化示例说明了使用三种不同符号(ERD、UML 和 XML)的主要数据建模概念。为了建模并最终确定墙的承载力,创建一个简化的数据模型:带有两个开口的墙位于实心地面上,承受荷载。

1. 实体和实体类型

实体(或对象、实例)是现实世界中特定数据项。它可以是物理的或有形的项目,如墙、圆柱或平板,也可以表示非物理的概念性项目,如房间、负载或任务。每个实体都由其身份及其条件或状态定义。

在下面的示例中,以下实体用于抽象现实:墙 W1、开口 O1、开口 O2、支撑 S1 和荷载 L1(图 2-15)。图 2-16 说明了构成示例的各个实体,下划线表示抽象类的实例。

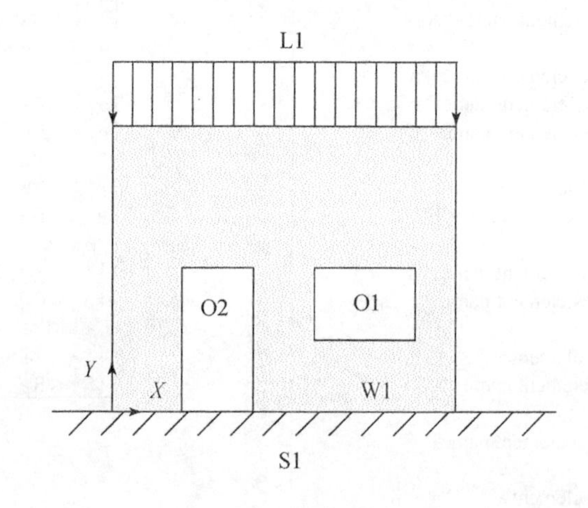

图 2-15 示例墙模型[26]

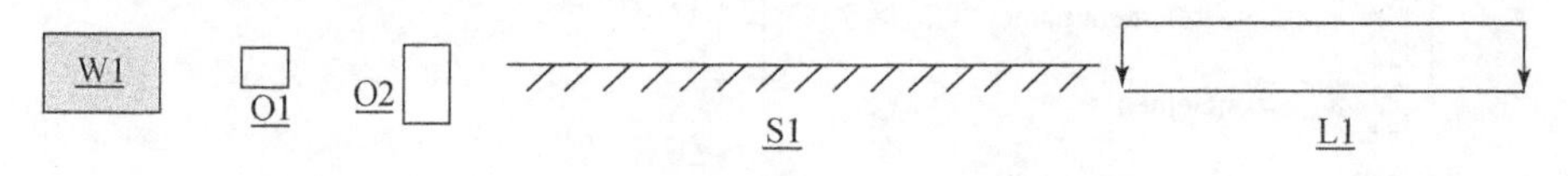

图 2-16 符号化的实体(对象)

实体类型(或类)对具有相同结构和特征(如形状、外观、目的)的实体进行分类和分组。它代表用于创建特定实体的模板。因此,实体是实体类型的实例。

这里需要以下四种实体类型来对问题进行建模:墙、开口、支撑和荷载。例如,实体 W1 是实体类型 Wall 的实例,而实体 O1 和 O2 都源自实体类型 Opening。相应的 ERD 和 UML 图以及 XML 模式文件如图 2-17 所示。

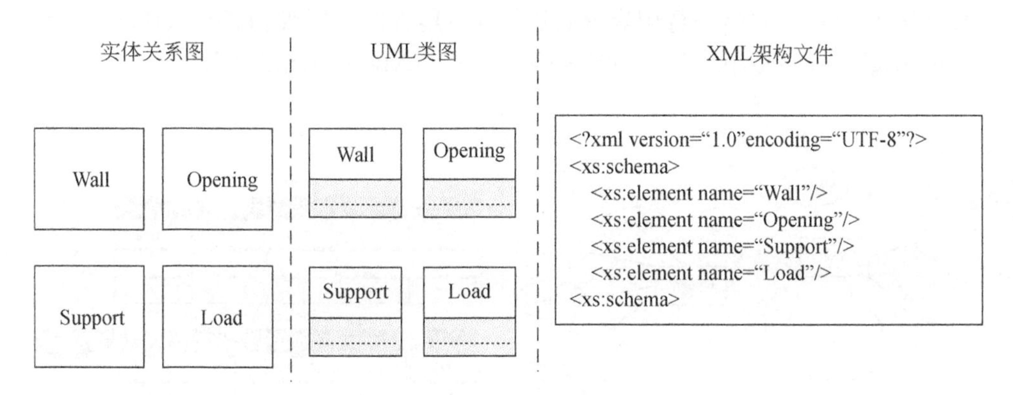

图 2-17　实体关系建模中的实体类型[26]

2. 属性

如前所述,实体的特征在于其标识符或标识(id)及其属性。属性可对实体的属性以及与之关联的实际信息和数据进行建模。相同实体类型的实体共享相同的属性,但是在各个独有属性值方面有所不同。因此,属性是在实体类型内定义的,并具有名称和数据类型。数据类型指定要存储的信息的种类和相应值的范围。数据类型通常包括基本(原子)类型、复合类型和数据结构。

基本类型通常包括整数、实数(浮点数)、布尔值或逻辑值、字符。

复合类型是基本数据类型的组合体,例如,由一系列字符组成的文本,或具有相同基本类型的值的数组(如整数数组)。与数组相反,枚举定义了相同基本数据类型的不同值。

数据结构将几种不同的数据类型捕获为一项。依次使用的数据类型可以是基本类型或复合类型或其他数据结构。

对于前文给出的示例,可为其中的实体类型(类)定义若干属性,并给这些类的实例(对象)分配特定的属性值。以下分别采用 ERD、UML、XML 三种方式说明上述实例化属性赋值过程。

1)关系建模

图 2-18(a)所示的实体关系图描述了数据模型。除了实体类型 Wall、

Opening、Support 和 Load，还定义了几个相应的属性。例如，实体类型 Opening 定义属性 id、width、height、posX、posY 和 type。属性的数据类型通常没有明确指定。图 2-18(b)显示了实现示例中五个实体的数据的数据表。这些数据表可以存储在关系数据库中。每种实体类型都由一个数据表表示。每个数据表中的列表示相应实体类型的属性，每个数据表中的行表示示例模型中的特定实体。例如，开口 O1 在表 Opening 的第一行中定义，相应列中具有以下属性值：id＝O1，width＝1. 26，height＝1. 385，posX＝2. 99，posY＝0. 874，type＝“Window”。

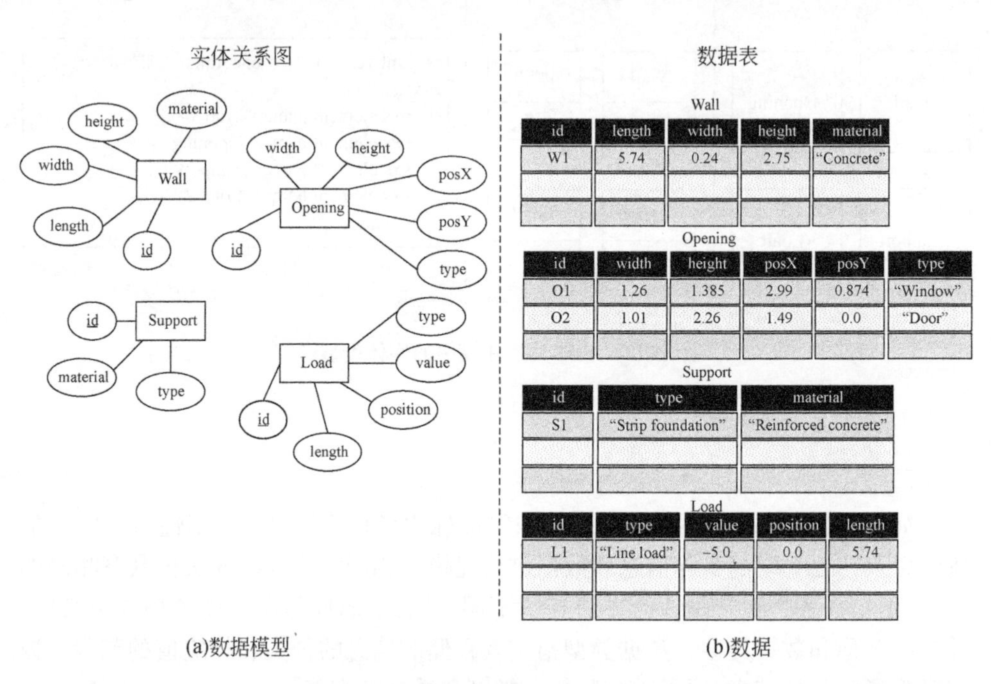

Wall

id	length	width	height	material
W1	5.74	0.24	2.75	“Concrete”

Opening

id	width	height	posX	posY	type
O1	1.26	1.385	2.99	0.874	“Window”
O2	1.01	2.26	1.49	0.0	“Door”

Support

id	type	material
S1	“Strip foundation”	“Reinforced concrete”

Load

id	type	value	position	length
L1	“Line load”	−5.0	0.0	5.74

图 2-18　实体关系建模中的属性[26]

2）面向对象的建模

与实体关系建模相似，图 2-19 使用面向对象的建模方法描绘了 UML 类图（数据模型）和 UML 对象图（数据）。与实体类型一样，数据模型中的类是 Wall、Opening、Support 和 Load。UML 类图还显示了相应的属性及其数据类型。例如，Opening 类定义以下属性：width、height、posX、posY（均使用 double 型数据类型）和 type（数据类型字符串）。图 2-20(b)显示了在示例中包含数据的 UML 对象图（类似于图 2-19(b)所示的数据表）和这些对象的属性值。例如，窗口对象 O1 的特征是 width ＝ 1. 26，height ＝ 1. 385，posX ＝ 2. 99，posY ＝ 0. 874，type ＝“Window”。

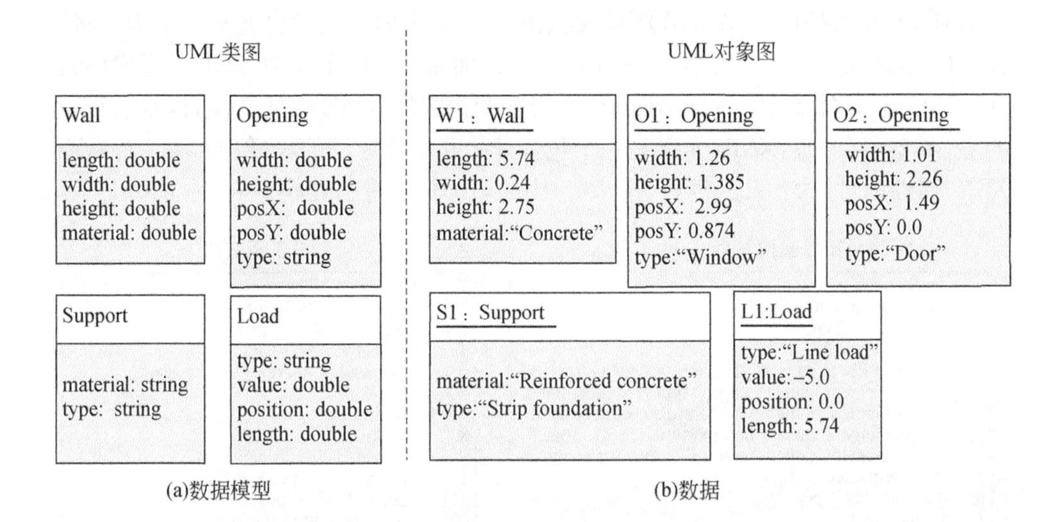

图 2-19　面向对象建模中的属性[26]

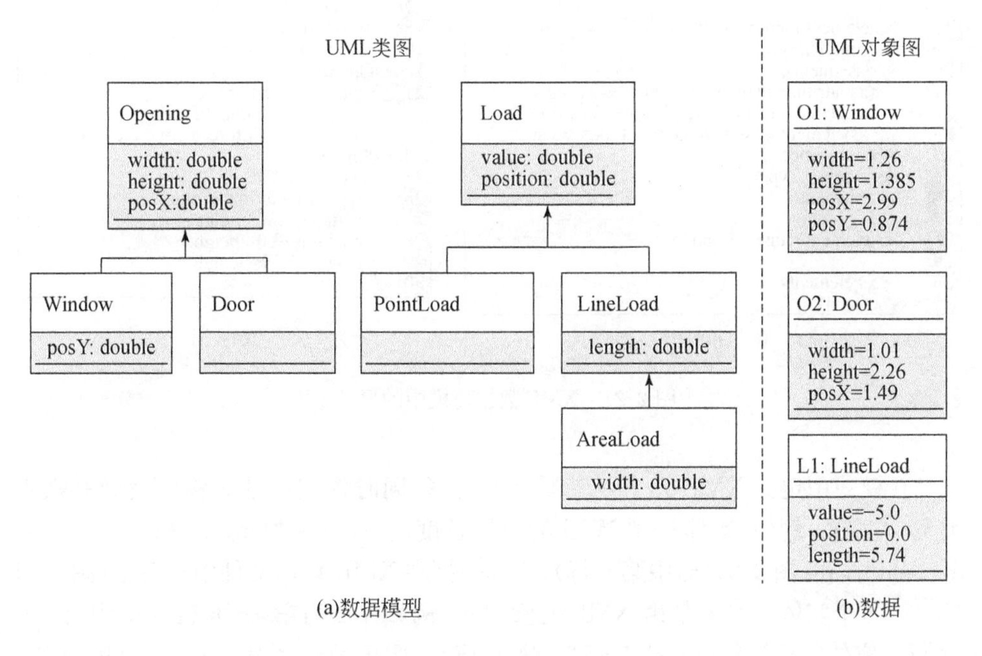

图 2-20　面向对象建模中的继承

3)XML 数据建模

在 XML 中,示例的数据模型以 XML 模式(图 2-21(a))指定,而实际数据存储在 XML 数据文件(图 2-21(b))中。数据模型中的实体类型(类)通常表示为 XML 元素(参见图 2-21(a)中的第 2、14、18、28 行),而属性可以定义为 XML 子元素(xs:element)或 XML 属性(xs:attribute)。当查看相应的 XML 数据文件时,差别变得明显(图 2-21(b))。XML 元素是一个包含开始和结束标记的块(例如,第 2 行),而 XML 属性则对开始标记(例如,第 1 行)中的附加信息进行建模。

XML架构文件

```
1  <xs:schema>
2    <xs:element name="Wall">
3    <xs:complexType>
4     <xs:sequence>
5       <xs:attribute name="id" type="xs:string"/>
6       <xs:element name="length" type="xs:decimal"/>
7       <xs:element name="width" type="xs:decimal"/>
8       <xs:element name="heigth" type="xs:decimal"/>
9       <xs:element name="material" type="xs:string"/>
10    </xs:sequence>
11   <xs:complexType>
12   <xs:element>
13
14   <xs:element name="Opening">
15   …
16   <xs:element>
17
18   <xs:element name="Support">
19   <xs:complexType>
20    </xs:sequence>
21      <xs:attribute name="id" type="xs:string"/>
22      <xs:element name="type" type="xs:string"/>
23      <xs:element name="material" type="xs:string"/>
24    </xs:sequence>
25   <xs:complexType>
26   </xs:element>
27
28   <xs:element name="Load">
29   …
30     <xs:element>
31 <xs:schema>
```

(a)数据模型

XML数据文件

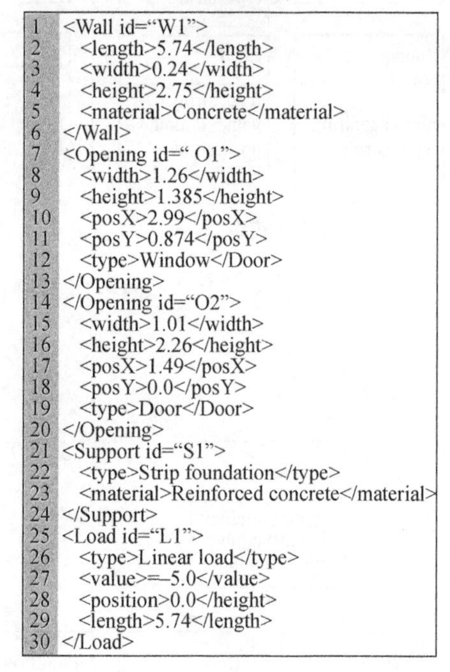

```
1  <Wall id="W1">
2    <length>5.74</length>
3    <width>0.24</width>
4    <height>2.75</height>
5    <material>Concrete</material>
6  </Wall>
7  <Opening id=" O1">
8    <width>1.26</width>
9    <height>1.385</height>
10   <posX>2.99</posX>
11   <posY>0.874</posY>
12   <type>Window</Door>
13 </Opening>
14 </Opening id="O2">
15   <width>1.01</width>
16   <height>2.26</height>
17   <posX>1.49</posX>
18   <posY>0.0</posY>
19   <type>Door</Door>
20 </Opening>
21 <Support id="S1">
22   <type>Strip foundation</type>
23   <material>Reinforced concrete</material>
24 </Support>
25 <Load id="L1">
26   <type>Linear load</type>
27   <value>=-5.0</value>
28   <position>0.0</height>
29   <length>5.74</length>
30 </Load>
```

(b)数据

图 2-21 XML 数据建模中的属性[26]

在模式中定义 XML 元素及其属性时,必须同时指定属性名称(名称)和数据类型(类型)。例如,实体类型 Wall 的属性长度由 name="length"和 type="xs:decimal"描述(图 2-21(a)中第 6 行),实际数据在 XML 数据文件中实现了(图 2-21(b))。每个实体或对象都由 XML 元素表示,例如 W1 为第 1～6 行,O1 为第 7～13 行。实体的标识符(id)被编码为 XML 属性,实体的属性被编码为 XML 元素,例如,在第 7～13 行中定义的窗口实体 O1 具有 id=O1(第 7 行),width=1.26(第 8 行),height=1.385(第 9 行)等。

3. 关系和关联

关系和关联是描述实体和对象之间的关系与关联的建模概念。例如，如果一个实体携带另一实体所需的信息（数据相关性），则需要对关系和关联进行建模。

最常见的是，二进制关系被认为可以对两个实体（对象）之间的关系进行建模。在这种情况下，基数（或多重性）决定了一侧有多少实体（对象）与另一侧的实体（对象）相关。此外，还可以区分定向（或单向）关联和非定向（或双向）关联。定向（或单向）关联意味着只有一个实体（对象）“知道”另一个实体，而非定向（或双向）关联意味着这两个实体（对象）彼此互相“知道”。

1）实体关系建模

在实体关系建模中，关系的显式建模是通过使用实体关系图中的菱形符号定义关系的。与实体类型相似，关系可以具有属性以进一步指定和描述该关系。在示例中，墙体类型的实体与以下类型的其他实体相关：开口、支撑和荷载。图 2-22(a)通过介绍包含、承载和安置的关系来描述这一点。

基数是在实体类型处指定和描述的，可以具有精确值（如 1）或一定范围的潜在值（最小值、最大值）。例如，图 2-22(a)中，恰好是一(1)面墙（墙体类型的实体）包含任意数量(0..*)的开口，反之则没有多个(0..*)开口可以恰好容纳在一(1)面墙中。值得注意的是，包含关系定义了任何开口只能被精确地容纳在一个壁中。此外，图 2-22 中的实体关系图显示，一(1)面墙恰好位于一(1)个支撑上，并且可以承载数个(0..*)载荷，反之亦然，正好一(1)个支撑承载一(1)面墙，并且任何数量(0..*)的荷载都作用在恰好一(1)面墙上。

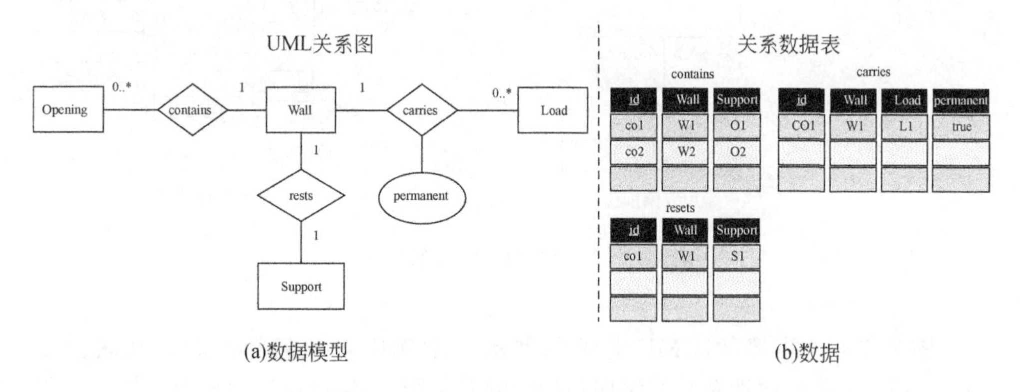

图 2-22　实体关系建模中的关联[26]

在实体关系建模中，可以通过为关系添加属性来添加更多语义信息。例如，图 2-22(a)的实体关系图显示了永久分配给该关系的属性，用于指示某个荷载是永久的还是临时的。

图 2-22(b)所示的数据表显示了示例关系的实现方式。该表中的包含关系揭示了两个实例(co1,co2),这两个实例描述了示例中的两个“墙-开口”关系,尤其是墙实体 W1 和开口实体 O1 之间的关系,以及墙实体 W1 和开口实体 O2 之间的关系。该表中的承载关系表明,墙实体 W1 承载了荷载实体 L1,它是由属性值 true 指示的永久荷载。

2)面向对象的建模

在使用 UML 的面向对象的建模中,对象之间的关联是通过属性定义的,也可以通过直接引用关联对象的类或通过引用关联类来实现。关联类明确地描述了该关系,类似于实体关系模型中的关系,允许附加其他信息,如其他属性。

在示例中,墙体(Wall)对象与开口(Opening)、荷载(Load)和支撑(Support)类的其他对象相关联。图 2-23(a)中的 UML 类图对此进行了说明。类之间的实线表示关联。与实体关系图类似,相应的基数和说明显示在各行的末尾。例如,恰好一(1)面墙对象与任意数量(0..*)的开口相关联。此关联在墙(Wall)类中定义为属性开口,其类型为 List〈Opening〉,以将关联的开口存储在列表中。类似地,定义了墙(Wall)和荷载(Load)类之间的关联。如图 2-23(a)所示,Wall-Support 关联是通过支撑(Support)类型的属性建模的。

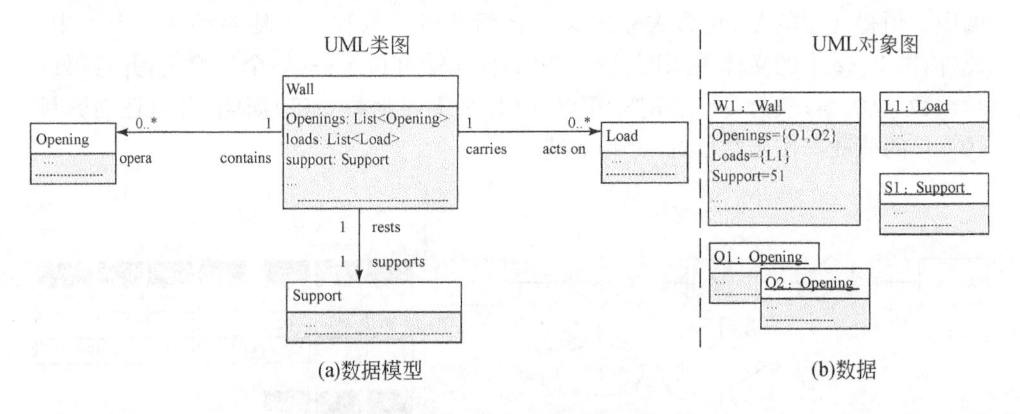

图 2-23　面向对象建模中的关联[26]

图 2-23(b)描述的 UML 对象图展示了示例中对象之间关联的实现。在图 2-23中,将附加属性及其值添加到相应的对象图中,例如墙壁对象 W1 与通过属性值[O1,O2]实现的两个开口对象 O1 和 O2 相关联。

在图 2-24(a)中,专用的关联类“承载”用于对墙对象和负载对象之间的关联进行显式建模,以便为该关系添加附加信息(语义)。使用布尔类型数据将此信息建模为永久属性。它决定加载行为是永久性(true)还是临时性(false)。为了将数据模型的这一部分用到面向对象的软件中，需要解决关联类。这意味着墙(Wall)和荷载(Load)之间的初始关联在新类承载(Carries)中解析，Wall-Carries 和 Carries-Load 这两个关联包括相应的新属性，如图 2-24(b)所示。

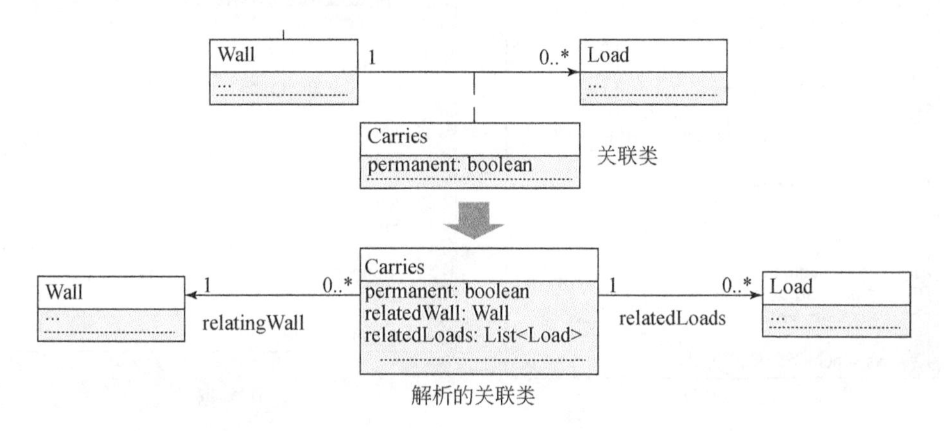

图 2-24 面向对象建模中的关联类及其分辨率[26]

3)XML 数据建模

在 XML 数据建模中，通常使用属性来对关联(关系)进行建模，这种属性存储着对关联实体的引用。对于这里的示例，可以将关联 Wall-Opening、Wall-Load 和 Wall-Support 建模为实体类型 Wall 的新属性(XML 元素)，即 relatedOpenings、relatedLoads 和 relatedSupport(图 2-25(a))。由于墙实体可以与几个(0..*)开口实体和荷载实体相关联，因此 relatedOpenings 和 relatedLoads 的数据类型设置为文本项列表(stringList)，以存储实体标识符(id)的列表。因此，XML 模式需要将新类型 stringList 定义为文本项(xs:string，图 2-25(a)中第 10 行)的列表(xs:list，图 2-25(a)中第 10 行)。

图 2-25(b)描绘了对关联进行建模的实际数据。它显示了墙实体 W1 具有两个相关的开口实体 O1 和 O2(第 2 行)，一个相关的荷载实体 L1 和一个相关的支撑实体 S1。为了指定实体的标识符，XML 数据文件使用 XML 属性，如第 7 行中的〈Opening id="O1"〉。

4. 聚合和组成

聚合和组成是特殊类型的关联。与(简单的)一般的关联不同，聚合和组成为实体或对象之间的整体关系建模。这样的依赖性可以通过关系“isPartOf”或“consistsOf”来描述。一个实体或对象表示整体(集合)，聚合的实体或对象表示整体的一部分。在这种情况下，组合定义了一种“强”聚合，其中整体的一部分不能没

XML架构文件

```
1  <xs:schema>
2    <xs:element name=“Wall”>
3    <xs:complexType>
4     <xs:sequence>
5       <xs:element name=“relatedOpenings”
6                   type=“stringList”/>
7       <xs:element name=“relatedLoads”
8                   type=“stringList”/>
9       <xs:simpleType name=“stringList”>
10        <xs:list itemType=“xs:string”/>
11      </xs:simpleType>
12      <xs:element name=“relatedSupport”
13                  type=“Support”/>
14      …
15    </xs:sequence>
16   <xs:complexType>
17   </xs:element>
18   …
19 <xs:schema>
```

(a)数据模型

XML文件

```
1  <Wall id=“W1”>
2   <relatedOpenings>O1 O2</relatedOpenings>
3   <relatedLoads>L1</relatedLoads>
4   <relatedSupport>S1</relatedSupport>
5   …
6  </Wall>
7  <Opening id=“O1”>
8   …
9  </Opening>
10 <Opening id=“O2”>
11  …
12 </Opening>
13 <Support id=“S1”>
14  …
15 </Support>
16 <Load id=“L1”>
17  …
18 </Load>
```

(b)数据

图 2-25　XML 数据建模中的关联[26]

有整体而存在。通常,实体关系建模不提供明确定义聚合和组成的方法。另外,在面向对象的建模中,UML 类图中存在专用的概念和符号,这些概念和符号支持聚合和组成的定义。

例如,考虑到建筑公司与其员工之间的关系,员工可以独立于公司而存在。在这种情况下,公司与员工的关联最好建模为聚合。图 2-26 所示的 UML 类图显示,公司由至少一(1)个或多(*)个员工组成,并且该员工是至少一(1)个或几(*)个公司的一部分。UML 类图中的聚合是在末尾使用整体的空白菱形符号来表示的。就实际数据而言,聚合的实现等效于简单聚合的实现。

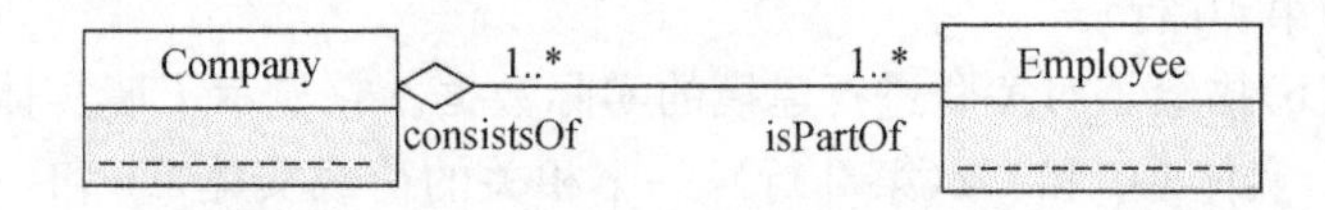

图 2-26　面向对象建模中的聚合:一个公司(聚合)由员工(各部分)组成[26]

在前面的墙示例中,假定墙由多个但至少一个(1..*)墙壁层组成。可以合理地将此聚合建模为组成,因为没有整个墙壁,就不可能存在单独的墙壁层(如隔热层)。这在图 2-27 中描述的 UML 类图中进行了说明。构图在整个末尾使用完整的(实心)菱形符号表示,在本例中为墙。此外,WallLayer 类定义了代表每个图层的厚度和材料的属性。

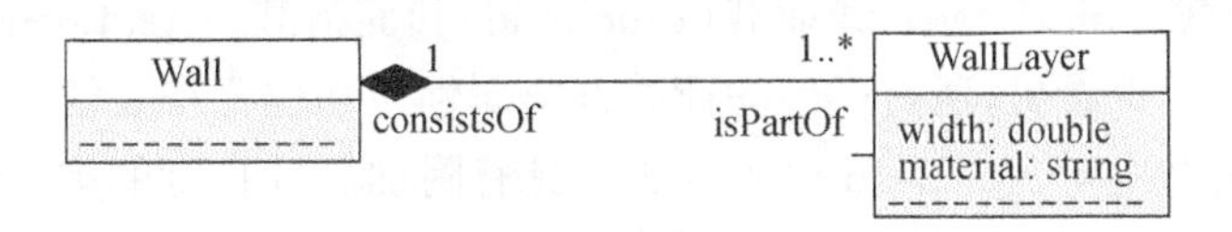

图 2-27　面向对象建模中的组合[26]

5. 专业化和继承(泛化)

实体类型或类之间的关系在描述数据模型的语义方面起着重要作用。在这种情况下,还有另一个称为继承的基本数据建模概念。有时也将此概念称为特化和泛化。继承允许数据模型定义专门的实体类型/类(子类,子类)和广义的实体类型/类(超类,父类)。子类可以继承与之关联的超类的属性,同时定义其他属性以创建超类的专业化。反之亦然,超类代表相关子类的概括。该概念允许在数据模型内创建分层分类系统(分类法)。

在实体关系建模中,通常无法对实体类型之间的继承关系进行建模。另外,在面向对象的建模和 XML 数据建模中,继承的概念可用于创建分层的分类结构。

在面向对象的建模中,继承可以分为单继承或多继承。单继承意味着每个子类都与一个超类相关联。在这种情况下,继承图变成树形结构。相反,多继承允许一个子类具有多个关联的超类。显然这种情况会带来问题,因为当子类从多个超类继承相同名称的属性时会发生冲突。在对软件工具进行编程时,必须考虑此问题。

回到前面的墙壁示例,对象 O1 和 O2 具有相同的属性,但是在开口类型方面有所不同。到目前为止,这种差异已经通过开口(Opening)类中的属性类型进行了建模(图 2-19)。但是,通过这种解决方案,只有对象本身才知道它代表的是窗户还是门;数据模型不会显示此语义信息。继承概念提供了更合适的开口分类方法。在这种情况下,开口表示门窗的概括。因此,通过继承,引入了两个新类:窗(Window)和门(Door),它们都是超类 Opening 的特化。这样就不再需要属性类型。同样,假设门始终位于墙的底部(posY=0),则仅在 Window 类中指定属性 posY,而在 Door 类中可以忽略该属性,这一过程的 UML 类图如图 2-21 所示。继承关系是使用指向超类的(如 Opening),并且强调泛化是用空心箭头来表示的。相应的 UML 对象图将实际数据对象 O1 和 O2 分别描述为子类 Window 和 Door 的实例。

另一个例子是荷载的建模和分类。关于极限状态设计,荷载分为不同的类型。例如,一种分类标准可以是荷载的几何范围。点荷载通常作用于结构上的单个点,而线荷载和面荷载分别影响沿线或跨区域的结构。例如,在前面示例中的荷载

(Load)、点荷载(PointLoad)、线荷载(LineLoad)和面荷载(AreaLoad)类之间的分层分类结构。可以看出,所有类型的荷载都由属性值和位置来表征,这些属性值和位置在超类荷载中定义。Load 类的专业是具有附加属性长度的类 LineLoad 和具有附加属性宽度的类 AreaLoad。这意味着,例如,类 AreaLoad 继承了类 Load 的属性 value 和 position 以及类 LineLoad 的属性 length,它本身定义了第四个属性宽度。在前面的墙示例中,荷载对象 L1 实际上是 LineLoad 类的实例,并且分别具有三个属性值,分别是值、位置和长度。

2.3.5 建筑中数据建模的挑战

在为 AEC/FM 行业开发数据模型时,降低现实世界现象的复杂性至关重要。在这一方面,与命令式、声明式和功能性建模范例相比,针对实体关系建模,面向对象的建模和 XML 数据建模提供的数据建模概念显示出显著的优势。但是,AEC/FM 中的许多用例都需要非常详细的模型,例如,创建建筑物或基础结构系统的实时可视化图像。在这种情况下,确定多细节层次或信息层次可能会非常具有挑战性。例如,确定建筑物或基础设施组件需要分解到何种程度才能以数字方式支持特定任务是个具有挑战性的事情,是否足以通过其框架和叶子来代表一扇门,或者是否有必要对门外壳、门框、锁和门把手的详细信息进行建模?同样,必须在数据模型中指定关系的详细程度。例如,应确定有必要在数据模型中引入新的子类以改善整体模型结构。总之,随着数据模型的复杂性迅速增加,其包含更多的细节,必须慎重且谨慎地做出此类决策进行建模。

另一个重要的挑战涉及对同一个对象的不同视图或视角进行建模。例如,建筑师在评估建筑物的美学特性时会关心钢筋混凝土墙的最终颜色,但是,对于结构工程师而言,颜色是无关紧要的,而材料特性(如杨氏模量)更为重要。在这种情况下,必须确定是创建一个能够捕获所有不同方面和视图的整体数据模型更明智,还是创建单独的局部数据模型然后连接在一起更明智和更方便。

2.4 BIM 扩展技术

IAI 创建的 IFC 标准中,BIM 基本模型包含的对象实体是有限的。虽然 IFC 标准在不断发展完善,但是,由于建筑业具有对象多样性和信息复杂性的特点,IFC 标准信息的表达还不能满足所有行业的要求。因此,需要根据实际需求完善 IFC 标准在各领域中的定义。

为了在不同领域中更加直接有效地应用 BIM 技术,国内外学者针对 BIM 的属性集和对象集扩展问题进行了探索,在 BIM 扩展方面已经形成了可借鉴的系统性研究理论。

目前关于 BIM 扩展的研究主要有如下四个方向。

(1)针对某一所需设备实体的 BIM 扩展。对 BIM 实体的扩展方法分为三种:扩展 IFCProxy 实体、增加实体类型、扩展实体属性集。

(2)针对某一领域中的一类设备实体对象,结合国内建筑设备要求,进行基于 IFC 标准的扩展。一方面,IFC 标准在某些具体应用领域不能做到详细、完善;另一方面,针对不同国家和地区,领域内实体属性定义有所差别。因此,在实际应用时,需要结合国内对建筑领域的要求,对设备模型属性信息进行自定义和扩展。

(3)对 BIM 扩展方法的系统性总结研究。例如,对 IFC 标准领域层实体扩展方法的研究,基于 IFC 标准的 BIM 数据库构建方法研究,以及对 IFC 技术标准的研究等。

(4)对 BIM 扩展模型验证方法的研究。对 BIM 扩展模型的验证主要有两种:第一种是基于现有的软件,验证其几何属性和功能属性信息;第二种是通过自主研发的 BIM 平台,有针对性地对扩展 BIM 属性进行验证。

第3章　BIM运维基础模型

本章主要讨论BIM运维基础模型，首先分析建筑运维的信息物理融合本质特征，而后讨论面向建筑运维的BIM基础模型总体框架、BIM运维模型的形式化建模与验证等，最后给出BIM运维感知器、控制器、执行器、动画等要素实体的定义与构建方法。

3.1　建筑运维的信息物理融合本质特征

3.1.1　信息物理融合系统的概念与特征

CPS(cyber-physical systems)一般译为机物系统或信息物理融合系统。就像互联网改变了人与人交互的方式一样，CPS的出现将改变人与物理世界交互的方式。截至目前，对CPS仍没有统一的、一致的定义，不同学者对CPS都给出了自己的理解。

Lee A E教授的定义[29]突出了计算与物理过程的相互作用：

定义3.1　CPS是嵌入式计算机和网络监视和控制物理过程，并采用反馈机制实现物理过程和计算进程的相互作用。

Sastry教授的定义[30]则强调了CPS的可信性、安全性和实时性等特征：

定义3.2　CPS集成了计算、通信和存储能力以监视和控制物理世界实体，并须以可信、防危、安全、高效和实时的方式进行。

而Lee I教授的定义[31]强调了CPS的计算(computation)、通信(communication)、控制(control)的3C融合特征：

定义3.3　CPS是指其运行操作受到计算和通信内核的监视、协调、控制和集成的这样一类物理和工程系统。

一般而言，CPS主要指信息世界和物理世界深度耦合交互的智能系统，其是深度融合了计算、通信和控制能力的网络化物理设备系统，它通过计算进程和物理进程相互影响的反馈循环实现深度融合和实时交互来增加或扩展新的功能，以安全、可靠、高效和实时的方式监测或者控制一个物理实体，其最终目标是实现信息世界和物理世界的完全融合。

未来 CPS 将广泛应用于土木建筑基础设施监控、工业 4.0、武器装备、环境监控、智能家居等诸多领域。有专家预言,CPS 的影响将会远远超越 20 世纪的 IT 革命。西方发达国家很早就将 CPS 列为国家战略。例如,在 2006 年 2 月,由美国科学院发布的《美国竞争力计划》将 CPS 列为重要的研究项目。在 2007 年美国总统科技顾问委员会提交的《挑战下的领先——竞争世界中的信息技术研发》报告中,则将 CPS 列为信息技术领域的 8 个重要领域之首。

3.1.2　建筑运维过程的信息物理融合交互

1. CPS 的原型结构

CPS 原型结构的一般性描述,如图 3-1 所示。

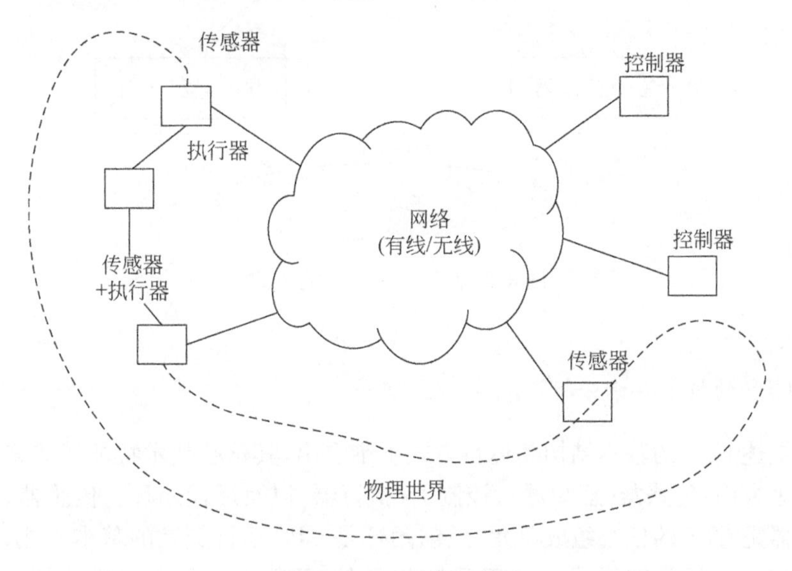

图 3-1　CPS 的原型结构

由图 3-1 可以看出,CPS 的基本组成单元包括传感器(感知器)、控制器和执行器三个要素,它们之间通过无线和有线的网络相互连接。传感器和执行器位于物理世界与信息世界的交界,传感器、控制器和执行器构成了一个反馈闭环,通过这个反馈闭环实现信息世界与物理世界的相互作用。

显然,这种扁平化的系统架构与传统的计算机分布式控制系统有很多不同,即 CPS 的网络环境是扁平的、异构的,能同时涵盖不同属性的网络,并且信息通信范围不受限制,而计算机控制系统往往是层次化的、同构的。CPS 与无线传感网络相比也存在较大不同,即 CPS 中不但包含传感器节点(sensor),还包含执行器或驱动器节点(actuator),并同时具有传感与执行能力的一部分节点(sensor+actuator)。

2. CPS的运行方式

CPS运行方式的核心体现在“信息”(cyber)与“物理”(physical)两种不同世界的动态交互上。借鉴Bestavros等的观点[32],这种动态运行方式可用图3-2来进行刻画。信息(虚拟)世界通过传感器感知物理现实世界的信息,而后基于感知而来的信息通过控制器进行决策推理,最后将决策推理结果通过执行器施加到物理世界的设备或系统上。这种动态交互体现了信息世界实体与物理世界实体的闭环反馈作用的过程。

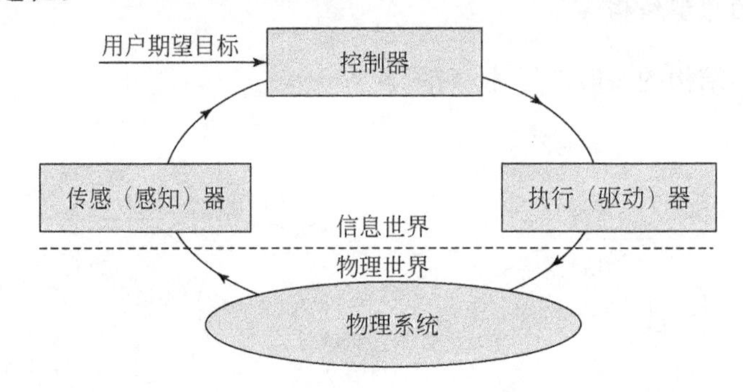

图3-2 CPS的动态运行方式

3. CPS的技术要素分析

从上述CPS的基本结构和运行方式不难看出,其核心技术特征或要素主要体现在四个方面:传感器(感知器)、控制器、执行器,以及反馈闭环。传感器、控制器和执行器是CPS的核心组成单元,反馈闭环是CPS运行交互的基本方式,是实现信息物理融合的基础手段。基于反馈闭环的CPS技术要素构成特征如图3-3所示。

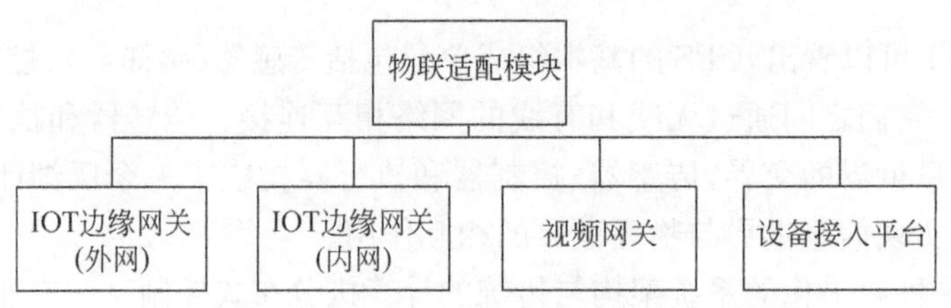

图3-3 基于反馈闭环的CPS技术要素构成特征

上述分析给我们的启发是:为了实现某一问题领域的“信息”与“物理”的融合、构建 CPS,通过合理设计与问题领域密切相关的感知器、控制器和执行器等要素实体,形成反馈闭环,将是一种行之有效的技术手段。

3.2　面向建筑运维的 BIM 基础模型总体框架

3.2.1　基于 BIM 的建筑实体信息物理融合的基本实现思路

BIM 在本质上是基于面向对象思想对建筑物理世界的一种相对严格的信息描述,也就是说 BIM 空间中的虚拟实体是建筑物理空间中的物理实体的对偶映射,如图 3-4 所示。

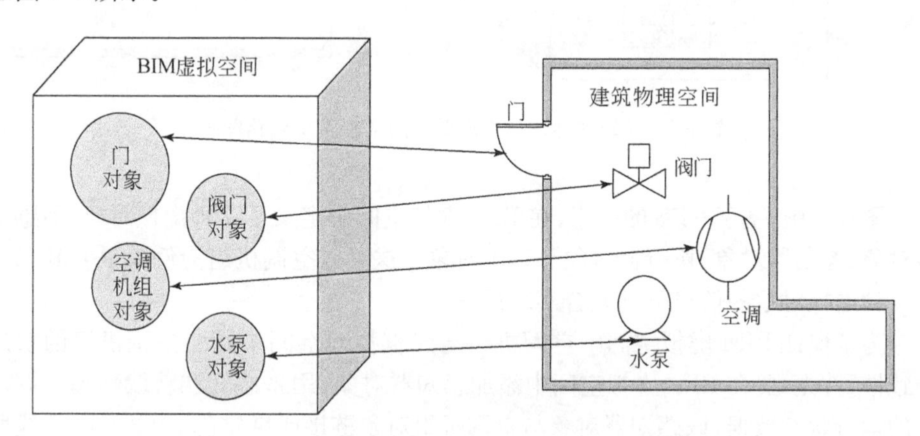

图 3-4　BIM 虚拟空间与建筑物理空间的对偶映射

但现阶段的 BIM 框架所支持的这种映射,只是一种建筑实体静态属性(如尺寸、安装位置、形状等)的映射,缺乏对建筑实体参数和行为(如旋转、平移等)动态变化的映射支持,BIM 空间中的虚拟实体难以真实、实时反映建筑空间物理实体动态变化。实现建筑实体对象信息物理融合的目的在于,确保 BIM 空间虚拟实体和建筑空间物理实体参数和行为动态变化的一致性,使 BIM 虚拟空间能真实反映建筑物理空间的运动状态。

为了实现这种建筑实体在虚拟空间和物理空间的状态一致性,本书借鉴 CPS 的技术思想来开展研究。

基于前面讨论的 CPS 技术特征可知,实现 BIM 空间和建筑物理空间信息物理融合,即状态一致性和动态交互的关键在于在二者之间引入和构造双向作用的反馈控制环,这个反馈控制环由感知器、控制器和执行器三个基本要素构成。然而,仅有这个反馈控制环及其三个要素示例只能实现 BIM 虚拟实体与建筑物理实体的双向信息传递和交互,在虚拟空间中仍然无法描述和呈现现实物理实体的运行状态,如旋转、移动、数据实时显示等动态变化。因此,还需要专门定义描述建筑物理实体运行的动画对象。上述建筑实体信息物理融合的基本实现思路如图 3-5 所示。

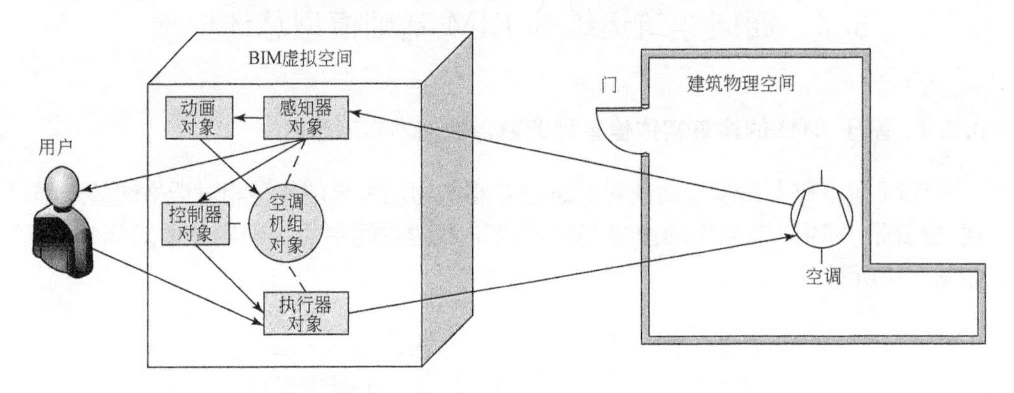

图 3-5　建筑实体信息物理融合的基本实现思路图示

图 3-5 中,基于 CPS 的思想,在 BIM 虚拟空间中定义了 4 种虚拟对象,即感知器对象、控制器对象、执行器对象和动画对象。这里以空调机组为例来说明其采用这 4 种虚拟对象的信息物理融合实现过程。

为了保证 BIM 虚拟空间中空调机组与建筑物理空间中真实空调机组的状态一致性,首先,要在 BIM 虚拟空间中添加感知器对象,用来感知和获取物理空调机组的运行状态数据,该感知器对象与空调机组对象链接或绑定(如图 3-5 中虚线所示),用于描述这个感知器对象采集的实时数据是属于空调机组而非其他对象。通过感知器对象完成从物理世界到信息世界的信息传递过程,原本静态的 BIM 虚拟实体(如空调机组对象)变成了具有实时感知能力的虚拟实体,为实现 BIM 虚拟实体与建筑物理实体状态一致性奠定了数据基础。

其次,在 BIM 虚拟空间中添加执行器对象,用来执行(用户或控制器对象)施加到 BIM 虚拟实体上的控制动作(如启动、停止、参数设定等),进而驱动建筑物理实体运行状态的改变。该对象与常规 BIM 虚拟实体(如空调机组对象)相绑定链接(如图 3-5 中虚线所示),用于标识该执行器对象服务于特定的 BIM 虚拟对象(如空调机组对象)。通过引入和定义执行器对象完成信息(或控制指令)从 BIM 虚拟空间到建筑物理空间的传递,原本静态的 BIM 虚拟实体(如空调机组对象)演变成具有受控能力的虚拟实体,为实现建筑物理实体与 BIM 虚拟实体状态一致性提供了技术设施。

然后，在BIM虚拟空间中添加控制器对象，用来自动基于感知器传来的信息进行决策推理，并将决策结果(控制指令)传递给执行器对象，由执行器对象驱动建筑物理实体改变其运行状态。控制器对象与常规BIM虚拟实体(如空调机组对象)相绑定(如图3-5中虚线所示)，用于标识该控制器对象服务于特定的BIM虚拟对象(如空调机组对象)。引入和定义控制器对象，使得BIM虚拟实体具有自我控制能力，从而在BIM虚拟空间与建筑物理空间之间形成了反馈控制闭环。另外，需要说明的是，BIM虚拟空间与建筑物理空间之间的反馈控制闭环的形成，不完全依靠引入控制器对象，也可以基于"人在环中"(human in the loop)的思想构建，即可由用户充当控制器对象的角色，基于感知器的信息进行决策，而后通过执行器对建筑实体实施控制。

最后，在BIM虚拟空间中添加动画对象，用来在BIM虚拟空间中动态展示与建筑物理世界中建筑实体的运行状态，实现虚拟实体与物理实体在运行状态上的一致性呈现。动画对象是对建筑实体运行状态的直观描述，由于建筑实体的运行状态存在多种形式，因此需要定义多种动画对象来描述建筑实体的运行状态。一般而言，建筑实体运行状态主要有旋转(机电设备)、填充(水池、液位)、移动、数据实时显示等类型，所以动画对象在具体实现时也可以按照这些类型分别进行定义。

上述4种对象对于构造基于BIM的建筑信息物理融合系统并非缺一不可，可以根据具体应用场景有选择地组合。例如，如果只需要在BIM虚拟空间中动态监视建筑实体的运行状态，则只需要添加感知器对象和动画对象即可；如果在BIM虚拟空间中既需要监视又需要由用户远程控制建筑实体，即需要使BIM虚拟实体同时具有感知能力和受控能力，则需要同时添加感知器对象、执行器对象和动画对象；如果需要使BIM虚拟实体具有自我调控能力，则需要同时添加感知器对象、控制器对象、执行器对象和动画对象。

3.2.2 面向信息物理融合的建筑运维BIM基础模型框架

BIM技术的核心是信息描述、共享与转换，而IFC标准则是实现BIM信息描述、共享与转换的一种事实上的BIM通用标准。尽管IFC标准在不断发展完善，但IFC标准框架不可能覆盖所有建筑过程。前已讨论，基于IFC的BIM框架目前只支持对建筑对象的静态属性描述，缺少支持信息物理能力的动态参数和行为的描述，因此，本书在IFC的标准框架下扩展前面所述的CPS感知器、控制器、执行器等相关要素实体，从而使得BIM虚拟对象能够具有信息物理融合能力。

本书采用重新定义新实体的方式在BIM的领域层进行信息物理融合对象扩展。

1)总体框架

在现有基于 IFC 的 BIM 框架内,新建与定义信息物理融合感知器对象 IfcCPSSensor、信息物理融合控制器对象 IfcCPSController、信息物理融合执行器对象 IfcCPSActuator、信息物理融合动画对象 IfcCPSAnimation 这 4 个对象。这些对象之间的交互协作关系如图 3-6 所示。

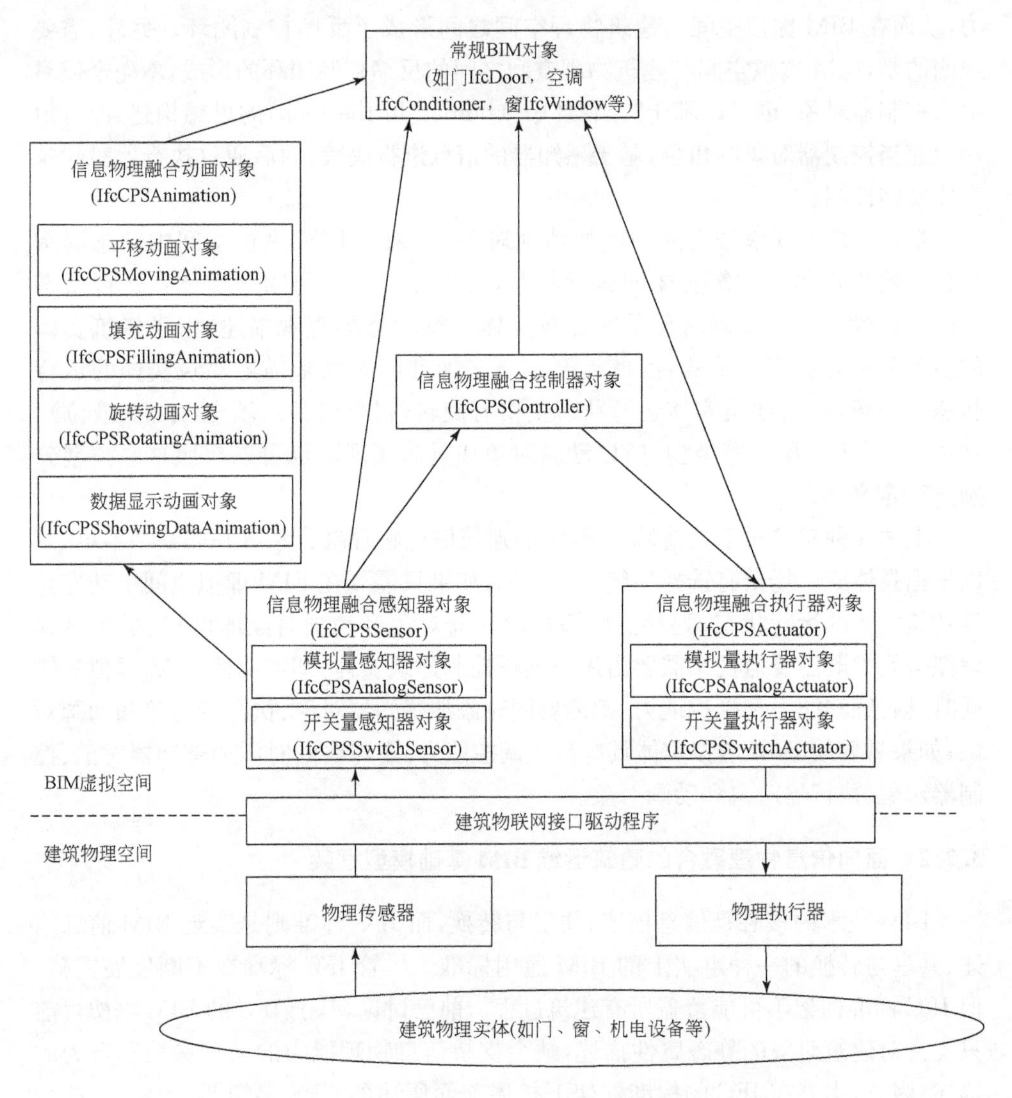

图 3-6　基于 IFC 扩展的信息物理融合对象交互关系

信息物理融合感知器对象 IfcCPSSensor 用于实时感知信息。其通过建筑物联网驱动程序接口与物理传感器相连接，实时获取建筑空间中建筑物理实体的运行信息；其通过 IFC 内部绑定机制与常规 BIM 对象（如门（IfcDoor）等）相连接，使常规 BIM 虚拟对象具有获取其所对应的建筑物理实体动态信息的能力。

信息物理融合控制器对象 IfcCPSController 用于封装控制策略，其通过 IFC 内部绑定机制分别与信息物理融合感知器对象 IfcCPSSensor 和信息物理融合执行器对象 IfcCPSActuator 相连接，基于信息物理融合感知器对象 IfcCPSSensor 感知的信息，实现自主推理决策功能，并将决策结果传输至信息物理融合执行器对象 IfcCPSActuator；其通过 IFC 内部绑定机制与常规 BIM 对象相连接，使常规 BIM 对象及其所对应的建筑物理实体具有基于动态信息的自主决策和自适应能力。

信息物理融合执行器对象 IfcCPSActuator 用于实现控制信息的输出。其通过 IFC 内部绑定机制与信息物理融合控制器对象 IfcCPSController，接收信息物理融合控制器对象 IfcCPSController 的决策推理结果；其通过建筑物联网驱动程序接口与物理执行器相连接，将该控制器决策结果通过建筑物联网驱动程序接口发送至物理执行器，进而实现调控现实世界中的建筑物理实体；其通过 IFC 内部绑定机制与常规 BIM 对象相连接，使常规 BIM 对象具有自我调控能力。

信息物理融合动画对象 IfcCPSAnimation 用于实现常规 BIM 对象在虚拟空间中的动画显示（如旋转、移动、填充、数据实时显示等）能力。其通过 IFC 内部绑定机制与信息物理融合感知器对象 IfcCPSSensor 相连接，获取真实建筑物理实体的动态信息，并与常规 BIM 对象相连接，驱动常规 BIM 对象在虚拟空间中依据建筑物理实体真实运行状态进行动画显示。

2）与常规 BIM 对象绑定的实现机制

本书所定义的四种信息物理融合对象都需要与常规 BIM 对象进行链接绑定。这种绑定机制采用 IFC 框架中的物理关系连接实体 IfcRelConnectsElements 来实现。基于 IfcRelConnectsElements 的 CPS 对象与常规 BIM 对象的绑定原理如图 3-7所示。

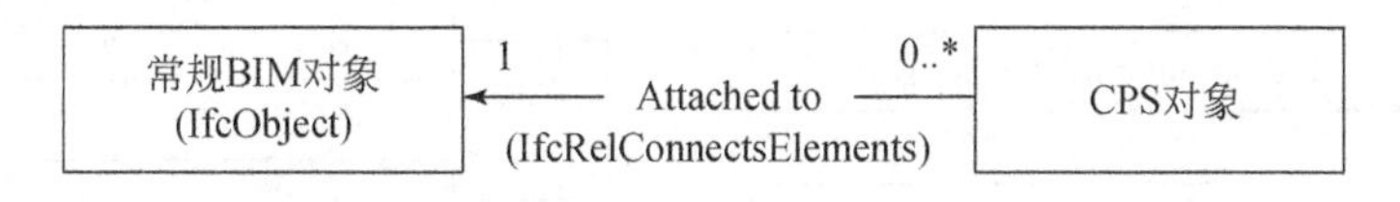

图 3-7　基于 IfcRelConnectsElements 实体的绑定机制

通过这种绑定机制，可以实现前面定义的四种 CPS 对象与常规 BIM 对象的绑定，如图 3-8 所示。

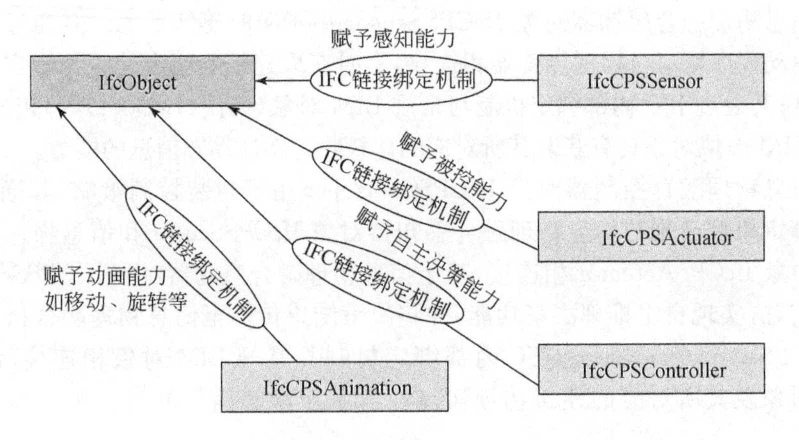

图 3-8　CPS 四种对象与常规 BIM 对象实体的绑定示意图

3)BIM 信息物理融合扩展实体在 IFC 框架中的位置

前面扩展的四种信息物理融合实体可通过以 IFC 主体框架中的分布式控制元素对象 IfcDistributionControlElement 为基类进行构建,即信息物理融合感知器对象 IfcCPSSensor、信息物理融合执行器对象 IfcCPSController、信息物理融合执行器对象 IfcCPSActuator、信息物理融合动画对象 IfcCPSAnimation 这四种对象均继承 IfcDistributionControlElement 的属性。新扩展的四种信息物理融合对象实体在 IFC 主体框架中的继承位置如图 3-9 所示。

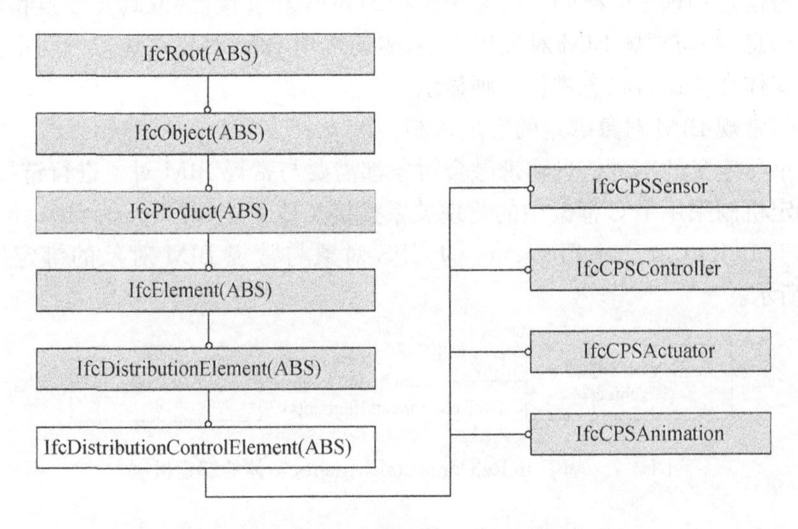

图 3-9　四种信息物理融合对象在 IFC 主体框架中的继承位置

3.3　BIM 运维过程建模与形式化验证

为了实现 BIM 对象的信息物理融合能力，在 BIM 空间中添加了 4 种信息物理融合实体，即信息物理融合感知器对象 IfcCPSSensor、信息物理融合控制器对象 IfcCPSController、信息物理融合执行器对象 IfcCPSActuator、信息物理融合动画对象 IfcCPSAnimation。BIM 对象信息物理融合能力的实现，是通过这些对象与常规 BIM 对象之间的交互协作来完成的。为了更为清晰地刻画这种交互，依据 BIM 融合了面向对象思想这一事实，在面向对象软件分析与设计领域常用 UML 建模工具来对 BIM 信息物理融合对象的交互关系进行建模。

3.3.1　BIM 运维过程 UML 建模

1. 基于 UML 的 BIM 信息物理融合对象协作关系类图

类图是面向对象系统建模中最常见的图，其显示了一组类、接口、协作以及它们之间的关系。类图一般用于描述对象系统的静态连接关系。图 3-10 为 BIM 信息物理融合对象、常规 BIM 对象(如门窗)以及物理空间中的建筑实体等之间的交互类图。

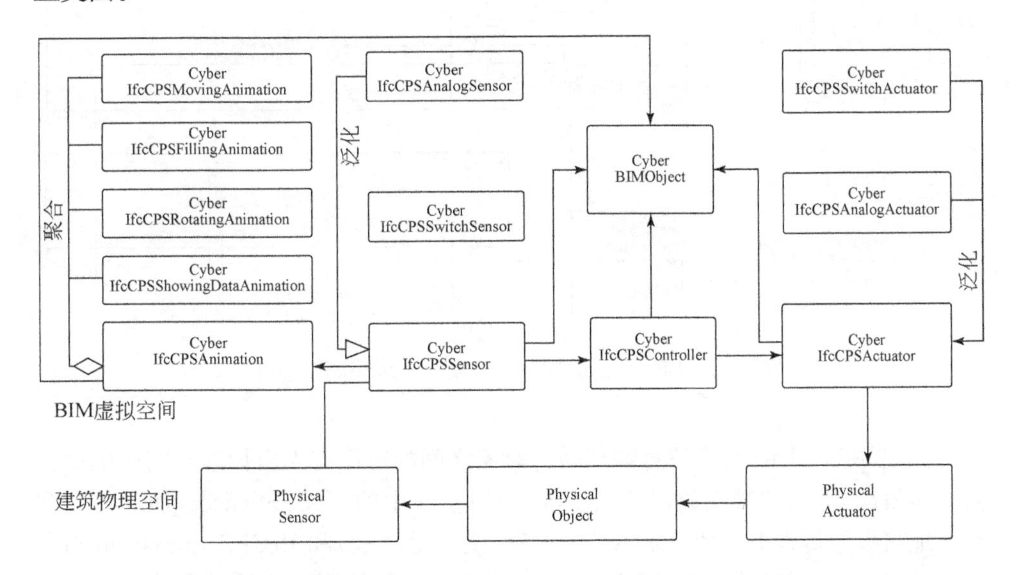

图 3-10　BIM 信息物理融合对象连接关系的 UML 类图

从图 3-10 中可以看出信息物理融合感知器类 IfcCPSSensor、信息物理融合控制器类 IfcCPSController、信息物理融合执行器类 IfcCPSActuator 构成了一个反馈闭环，这个环与常规 BIM 对象相连接，构成了特定的绑定关系。

另外，信息物理融合动画类 IfcCPSAnimation 有四个子类：移动动画类 IfcCPSMovingAnimation、填充动画类 IfcCPSFillingAnimation、旋转动画类 IfcCPSRotatingAnimation、数据显示动画类 IfcCPSShowingDataAnimation。信息物理融合感知器类 IfcCPSSensor 有两个子类：模拟量感知器类 IfcCPSAnalogSensor、开关量感知器类 IfcCPSSwitchSensor。信息物理融合执行器类 IfcCPSActuator 也包含了两个子类：模拟量执行器类 IfcCPSAnalogActuator、开关量执行器类 IfcCPSSwitchActuator。

2. 基于 UML 的 BIM 信息物理融合对象协作交互图

交互图又称顺序图，是面向对象系统建模中刻画对象之间动态行为的工具。顺序图按照时间顺序对控制流建模。图 3-11 为 BIM 信息物理融合对象之间的协作交互关系，清晰地给出了对象之间的交互控制流及其发生顺序。

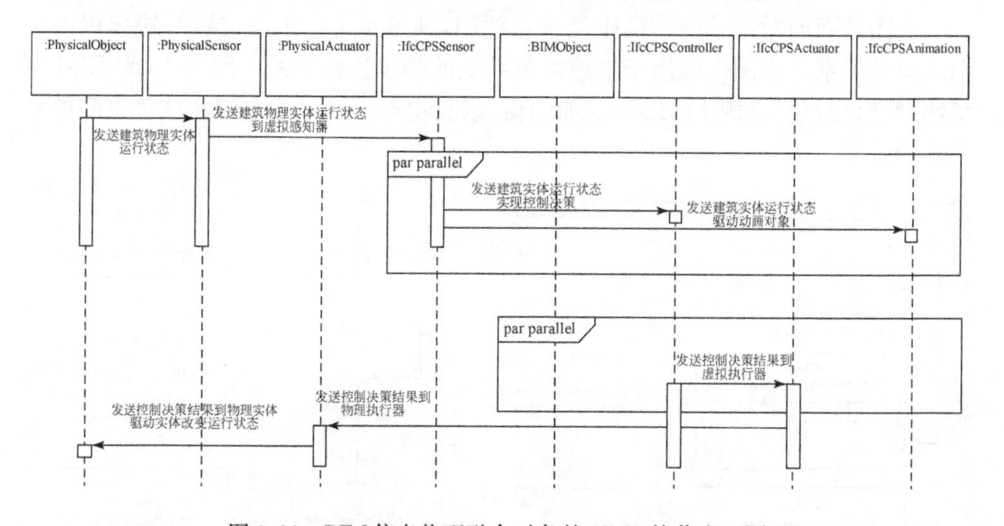

图 3-11 BIM 信息物理融合对象的 UML 协作交互图

如图 3-11 所示，每次信息物理融合对象之间的协作首先由物理空间中的感知器实体发起，将物理对象数据传入 BIM 虚拟空间中的 IfcCPSSensor，而后该对象顺序地将数据传入 IfcCPSController 对象（供自动决策）和 IfcCPSAnimation 对象（供动画显示），同时并发地（图中 par parallel 表示），控制器决策结果传递给执行器对象 IfcCPSActuator，进而该 BIM 对象将数据输出到物理空间中的物理执行器实体，最后物理执行器驱动物理对象改变运行状态，从而完成一个信息物理融合闭环的交互过程。

3.3.2 BIM 运维过程形式化验证

面向信息物理融合的 BIM 扩展框架新定义了感知器对象、控制器对象、执行器对象、动画对象等多种实体，这些实体除了自身之间需要交互协作之外，它们还需要与常规 BIM 实体、物理传感器、物理执行器进行交互，从而构成相对复杂的交互协作关系。如何保证面向信息物理融合的 BIM 扩展框架中实现上述实体之间可靠交互、无交互访问冲突等，是需要考虑的一个重要问题。

本节提出了 BIM 信息物理融合实体的交互关系形式化建模与验证的方法。基于时间自动机网络（timed automata network，TAN）数学工具来严格地对信息物理融合实体、BIM 常规对象实体、物理感知器与执行器等对象之间交互关系进行建模，进而可以形式化地验证和分析出交互关系的正确性、有无访问冲突等性质，为及时发现交互关系存在的隐患提供方法。

1. 形式化建模与验证方法与工具

形式化方法（在软件工程中亦称软件可靠性方法）是一系列用于描述和分析系统的符号表示法和技术。它们以数学理论为基础，如逻辑学、自动机和图论等。形式化方法致力于提高系统的质量，包括形式化描述方法和形式化验证方法两大类。

时间自动机（timed automata，TA）是为解决实时系统建模和验证问题而对自动机理论所做的扩展，它提供了一种简单而有效的方法以描述带有时间因素的系统，为实时系统的行为建模和性能分析提供了形式化模型。为实现自动化地模拟和分析实时系统的行为特性，国内外学者基于时间自动机理论开发了一系列模型检测工具，如 UPPAAL、SPIN 等。考虑到信息物理融合 BIM 的领域特征，本书选择 UPPAAL 作为模型检验工具。

模型检测工具 UPPAAL 采用带有整型变量的时间自动机网络模拟实时系统的行为，采用定时计算树逻辑（timed computation tree logic，TCTL）刻画系统的性质，然后将二者载入验证器 verifier 中，通过有限状态搜索验证系统是否具备所期望的性质。用时间自动机网络表示系统的行为 S，用时序逻辑描述系统的性质 F，将系统是否满足所期望的性质转化为数学问题 $S|=F$?。

下面简单介绍 UPPAAL 中关于时间自动机的概念和定义。

（1）Chan：所有通道名的集合，可分为常规通道 chan、紧急通道 urgent chan 和广播通道 broadcast chan。

（2）Location：所有位置名的集合，可分为常规位置 location、紧迫位置 urgent location 和约束位置 committed location。

(3)Clock 和 Var:所有时钟变量的集合和所有数据变量的集合,UPPAAL 支持整型和布尔型的变量。

(4)Guard:所有约束条件的集合,在时钟变量 c 和数据变量 v 上建立的约束条件 $c \bowtie n$、$v \bowtie n$ 统称为卫式 Guard,记为 $G(c,v)$,其中,$c \in \text{Clock}$,$v \in \text{Var}$,$\bowtie \in \{<, \leqslant, =, \geqslant, >\}$,$n \in \mathbf{N}$。

(5)Update:所有赋值操作的集合,包括时钟重置 $c:=0$ 和变量赋值 $v:=v_1 \bowtie v_n$,赋值操作记为 $U(c,v)$,其中,$c \in \text{Clock}$,$v \in \text{Var}$,$\bowtie \in \{\wedge, \vee, \neg, +, -, *, /\}$,$n \in \mathbf{N}$。

定义 3.4　时间自动机　时间自动机可表示为一个六元组 $\text{TA}:=(L, l_0, S, A, E, I)$,其中:

(1)L 是有限位置的集合,$L \subseteq \text{Location}$;

(2)$l_0 \in L$ 表示初始位置 initial location;

(3)S 是边 E 上约束的集合,$S \subseteq \text{Guard}$;

(4)A 是所有动作的集合,包括输入、输出和内部三类动作,$A=\{a! \mid a \in \text{Chan}\} \cup \{a? \mid a \in \text{Chan}\} \cup \{\tau\}$;

(5)E 是有向边的集合,$E \subseteq L \times A \times G(c,v) \times U(c,v) \times L$,$(l,a,g,u,l')$ 表示从位置 l 到位置 l' 的迁移,迁移过程伴有卫式约束 g、赋值操作 u 和动作 a;

(6)I 是不变式 invariant 的集合,$I \subseteq \text{Guard}$ 用以约束位置的状态。

由多个并发时间自动机构成的网络称为时间自动机网络,记为 $\text{TAN} \equiv \text{TA}_1 \parallel \text{TA}_2 \parallel \cdots \parallel \text{TA}_n$,在 UPPAAL 中每个自动机称为一个模板 Template。

此外,UPPAAL 用 TCTL 定义性质验证规范语言。TCTL 是对计算树逻辑 CTL 在时间维度上的扩展,其查询语言由状态公式和路径公式构成。其中,状态公式用于描述系统的内部状态特征,路径公式用于刻画模型中的迹(亦称路径)。其语法为

$\text{Prop}::=A[\,]p \mid E\langle\rangle p \mid E[\,]p \mid A\langle\rangle p \mid p \rightarrow q$,其中:

(1)$E\langle\rangle p$ 表示 Possible,代表某些路径中有状态满足 p,$E\langle\rangle p$ 为真,当且仅当转换系统中存在一个从开始状态 s_0 出发的序列 $s_0 \rightarrow s_1 \rightarrow \cdots \rightarrow p$。

(2)$A[\,]p$ 表示 Invariantly,代表对所有路径的所有状态都满足 p,等价于 $E\langle\rangle \text{not}p$;

(3)$E[\,]p$ 表示 Potentially always,在一个转换系统中,$E[\,]p$ 为真,当且仅当存在一个序列 $s_0 \rightarrow \cdots s_i \rightarrow \cdots$,使得 p 在所有状态 s_i 中有效;

(4)$A\langle\rangle p$ 表示 Eventurally,代表所有路径中都有状态满足 p,等价于 $E[\,]\text{not}p$;

(5)$p \rightarrow q$ 表示 Lead to,$p \rightarrow q$ 为真,当且仅当存在一个序列,使得 $p \rightarrow \cdots \rightarrow q$

为真。

本书将以时间自动机网络为工具建立 BIM 信息物理融合实体交互关系的形式化模型，用时序逻辑 TCTL 定义模型的关键特性，借助模型检测工具 UPPAAL 验证性质。

2. 基于时间自动机的交互关系建模与验证

1)建模与验证的总体思路

本书以地下人防工程中常用的防护密闭门的基于 BIM 的运行自动控制为例，建立了 BIM 信息物理融合实体交互关系的形式化模型，总体思路如图 3-12 所示。

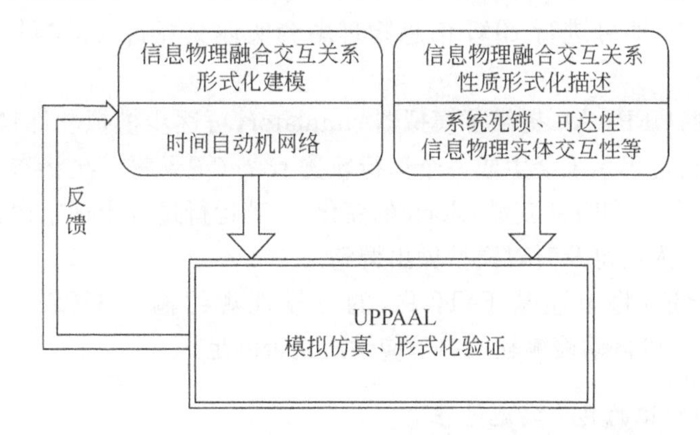

图 3-12　BIM 信息物理融合实体交互关系的形式化模型

2)建模的技术思路

以时间自动机网络描述其动态行为及交互关系，分别利用单个时间自动机描述信息物理空间的每个 BIM 空间虚拟实体和建筑空间物理实体，并利用时间自动机网络的交互功能有机融合各信息实体和物理实体形成完整的信息物理融合系统。

3)关键性质的形式化描述的技术思路

以定时计算树逻辑描述其规约 specification，分析验证系统的性质。针对 BIM 信息物理融合实体的反馈交互协作关系的特征，主要验证如下性质。

(1)实体之间交互有无访问冲突和死锁。自适应软件不同于传统软件，其对系统持续运行能力要求更高，为确保软件在运行过程中不会进入错误的状态，能够提供持续而不间断的服务，需要保证所设计的自适应软件系统不会进入死锁状态，可描述为 $A[\,]$not deadlock。

(2)实体协作交互路径是否可达。可达性用于检查所设计模型的动作是否都能得到执行，验证上述反馈交互动作是否都有可能得到执行，是否存在重复或冗余。用时序逻辑 TCTL 描述该性质：$E<>$Effecting1，$E<>$Effecting2。

(3)信息物理融合实体的实体交互一致性。基于反馈控制环的 BIM 信息物理融合实体交互存在较为严格的顺序关系，并且要求相应实体具有能在规定时间内快速响应的能力，因此需要对是否按照规定时间顺利进行交互的一致性进行验证。可描述为 $E<>\text{Effecting1}<T_n$。

4)模拟仿真与形式化验证的技术思路

将前面已经完成的基于时间自动机网络的信息物理融合实体交互模型和已完成的基于时序逻辑 TCTL 对交互关系性质的规范化描述，同时加载到模型检测工具 UPPAAL 中，即可进行 BIM 信息物理融合实体交互行为的模拟和关键性质验证。

行为模拟：UPPAAL 提供了模拟器 simulator，可逐步模拟软件自适应的交互过程，整个运行过程系统会生成一个运行轨迹 trace(记录每一次状态迁移过程、对应的数据变量 Var 和时钟变量 Clock 的变化)。若运行过程出现错误，系统会显示反馈信息，建模人员可及时对模型做出调整。

形式化验证：将上述基于 TCTL 的可靠性规约输入 UPPAAL 的验证器 verifier 后，系统可自动检测软件自适应性质是否满足。

3. 建模与验证的具体实现过程

这里以人防工程防护密闭门监控为例，讨论 BIM 信息物理融合实体反馈协作交互关系的形式化建模与验证过程。

1)形式化建模

基于自动机网络的以防护密闭门为监控对象的信息物理融合实体交互模型如图 3-13 所示。

人防工程中的密闭防护门监控信息物理融合系统的自动机网络模型为

TAN≡PhysicalObject ||PhysicalSensor ||IfcCPSSensor ||IfcCPSController ||
IfcCPSActuator||BIMObject ||IfcCPSAnimation ||PhysicalActuator

其中，参考图 3-13，使防护门在时刻 30 以一定的角度([0,90]的一个随机数，单位为度)打开，并模拟毒气 gas 的产生(gas=1 表示产生毒气，gas=0 表示没有毒气)；自动机 PhysicalSensor 定期(周期 $T=5$)探测防护门的状态(以 angle 表示防护门打开的角度)，并将该状态实时传递给自动机 IfcCPSSensor；自动机 IfcCPSSensor 分别将防护门的状态传递给自动机 IfcCPSController 和 IfcCPSAnimation；自动机 IfcCPSAnimation 通过调用函数 Rotating 使防护门旋转并与实际开度一致，同时调用 BIMObject 更新(通过函数 update()实现)防护门状态数据；自动机 IfcCPS-

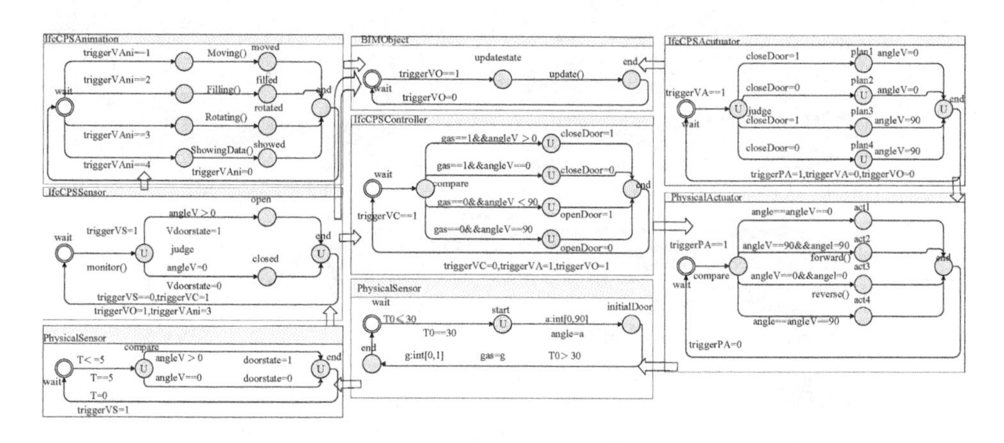

图 3-13　基于自动机网络的防护密闭门 BIM 监控的信息物理融合实体交互模型

Controller 根据防护门的状态和毒气的有无做出控制决策，执行打开/关闭防护门(若出现毒气 gas＝1，则关闭防护门 angle＝0；若无毒气及敌情 gas＝0，则打开防护门通风 angle＝90)；自动机 IfcCPSController 调用自动机 IfcCPSActuator 执行控制策略；同时，IfcCPSAnimation、IfcCPSController 及 IfcCPSActuator 实时更新 BIMObject 的状态(即信息域门的开度 angleV)；自动机 IfcCPSActuator 调用 PhysicalActuator 实施控制策略(将信息域门的开度 angleV 传递给物理域门的开度 angle)，将防护门打开(通过函数 forward()实现)或关闭(通过函数 reverse()实现)。

2)模拟仿真与形式化验证

将模型载入模拟器 simulator 中，可清晰地展示 BIM 信息物理融合实体的行为交互，便于建模人员进一步分析系统的行为。如图 3-14 所示，通过单击左侧“随机”按钮，系统会给变量 gas 随机赋值(0 或 1)，并触发系统的后续行为。模拟一段时间后，建模人员只需单击“前进”或“后退”按钮，即可通过 trace 清晰地分析系统每个状态下各变量的取值、系统状态的迁移，系统各模块的行为的交互。

通过行为模拟可发现系统早期模型中的错误及不合理之处。在最初的设计中，自动机 PhysicalObject 状态 end 到 wait 的变迁中添加了赋值操作 T0＝0，使 PhysicalObject 定期产生随机变量触发后续操作。然而，通过模拟仿真发现，PhysicalObject 中对 angle 的频繁改变会扰乱后续各模块的行为，使 PhysicalCPSActuator 来不及动作。为此，删除了赋值操作 T0＝0，PhysicalObject 只在最初模型中对 gas 和 angle 变量随机赋初值。

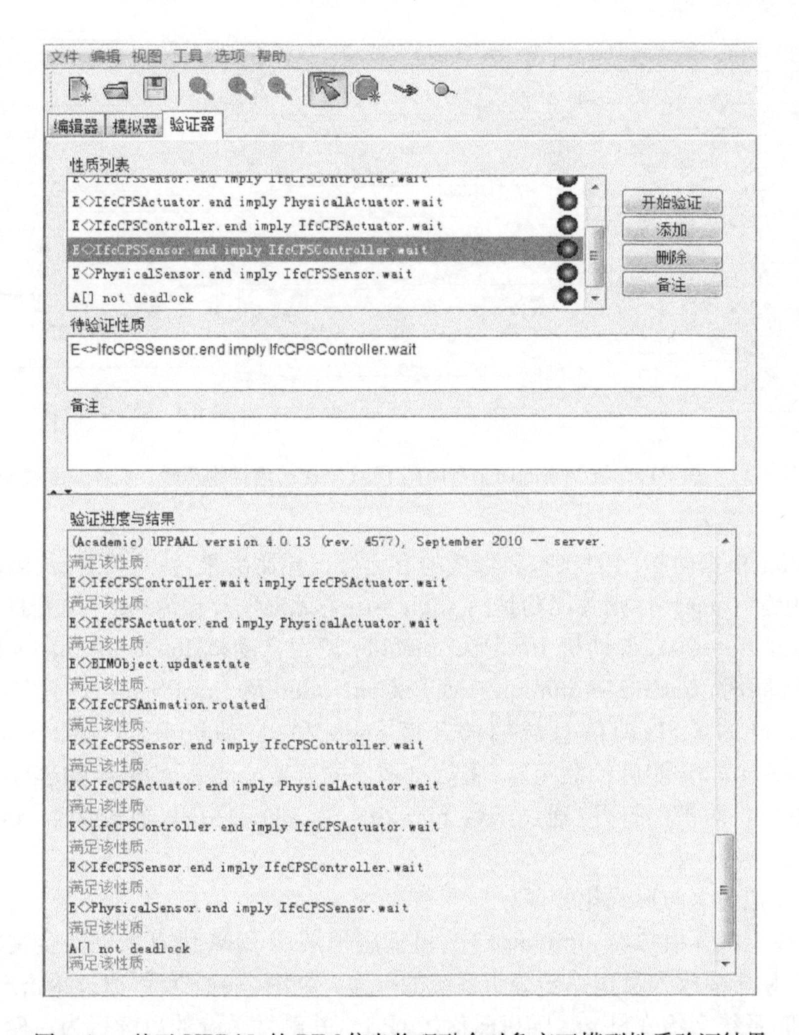

图 3-14　基于 UPPAL 的 BIM 信息物理融合对象交互模型性质验证结果

对于上述交互模型的描述，本书主要进行如下性质验证：

(1)BIM 对象访问冲突或死锁验证；

(2)可达性验证，即验证信息物理融合反馈控制结果及动画输出是否可达；

(3)一致性验证，即验证 BIM 信息物理融合多种对象之间交互顺序的一致性。

可以采用 TCTL 来描述上述需要验证的三个性质规约，具体如表 3-1 所示。

基于表 3-1 定义的性质规约，采用 UPPAAL 工具进行性质验证，验证结果如图 3-14 所示。由图可知，上述三个性质均没有发现异常，从而说明本书提出的 BIM 信息物理融合扩展对象之间的交互关系是正确、可靠的。

表 3-1　基于 TCTL 的 BIM 信息物理融合对象形式化验证性质规约

性质分类	性质规约	性质描述
死锁验证	A[]not deadlock	验证系统有无死锁
可达性验证	E<>BIMObject. updatestate E<>IfcCPSAnimation. rotated	验证 BIM 对象的更新操作是否可达 验证动画的旋转操作是否可达
自动机交互一致性验证	E<>IfcCPSSensor. end imply IfcCPSController. wait E<>IfcCPSActuator. end imply PhysicalActuator. wait E<>IfcCPSController. end imply IfcCPSActuator. wait E<>PhysicalSensor. end imply IfcCPSController. wait	验证 BIM 信息物理融合对象间交互顺序的一致性

如何保证面向信息物理融合的 BIM 扩展框架中上述实体之间交互是否可靠、有无交互访问冲突，是需要考虑的一个重要问题。本节采用时间自动机网络等形式化工具对提出的 BIM 信息物理融合扩展实体交互关系进行了形式化建模，并分别对访问冲突及死锁、可达性、交互一致性等性质进行了验证分析，在理论上证明了本书提出的信息物理融合实体扩展交互关系模型的正确性和可靠性。

3.4　BIM 运维感知器实体定义与构建

3.4.1　感知器的基本特征与功能

感知器或传感器是指能感受规定的被测量并按照一定的规律转换成可用信号的器件或装置，通常由敏感元件、转换元件、转换电路组成。感知器的一般组成原理如图 3-15 所示。

图 3-15　感知器的一般组成原理

敏感元件用来直接感受被测量，并输出与被测量成确定关系的某一物理量的元件。

转换元件是用敏感元件的输出作为其输入，并将输入转换为电路参数。

转换电路将转换元件转换的电路参数接入转换电路，变成标准的电量输出。在工业过程测量中，标准的电量主要为 4～20mA 电流和 1～5V 电压。

在实际工程中，还存在二次变换，即将这些无实际工程意义的电压、电流变换为具有工程意义的物理量单位，如温度、压力、流量等。进一步地，为了实现基于计算机的采集，目前的多数感知器还加有 A/D 转换电路，即将模拟量值转换为计算机世界的二进制值。

被测量通常分为两类：一类是模拟量信号，即信号是连续变化的，如房间温度等；另一类是开关量信号，即信号只有断开(0)或闭合(1)两个状态值。根据被测量信号类型不同，感知器通常分为两类：模拟量感知器和开关量感知器。

3.4.2 BIM 运维感知器对象的定义与描述

BIM 空间的虚拟实体是建筑空间物理实体的一种映射，因此基于物理世界感知器的一般原理来定义和描述 BIM 空间中的信息物理融合感知器对象 IfcCPSSensor。正如物理世界的感知器一般分为模拟量感知器和开关量感知器两种，将 BIM 中的信息物理融合感知器分为两类：信息物理融合模拟量感知器和信息物理融合开关量感知器。下面分别讨论这两种感知器的具体定义。

1)信息物理融合模拟量感知器

在基于 IFC 的 BIM 空间中，将信息物理融合模拟量感知器命名为 IfcCPS AnalogSensor，实现对建筑物理实体的连续变化的模拟量值(如温度、湿度、照度等)进行感知和采集。其基类为 IfcDistributionControlElement，如图 3-16 所示，在该基类的下方添加了新的实体 IfcCPSAnalogSensor、IfcCPSSwitchSensor)及其对应的类型 IfcCPSAnalogSensorType、IfcCPSSwitchSensorType。当然，在定义这些实体时，可以事先提供一些预定义，用于特定场合(predefinedType)的感知器实体(如防护门开度感知器)，采用 IfcCPSAnalogSensorTypedNum 和 IfcCPSSwitch-SensorTypedNum 表达。

IfcCPSAnalogSensor 对象继承了 IfcDistributionControlElement 类作为分布式元素的基本属性，获取 GlobalID、Name 等标识属性以及 Connected to 等连接属性，另外新定义了反映信息物理传感器特征的系列属性。基于 EXPRESS 的 Ifc-CPSAnalogSensor 实体具体定义如图 3-17 所示。主要属性包括实时工程测量值(RTEngineeringValue)、实时原始测量值(RTOriginalValue)、工程测量值报警上限(AlarmUpLimit)、工程测量值报警下限(AlarmLowLimit)、工程单位(EngineeringUnit)等。图 3-18 为 IfcCPSAnalogSensor 实体基于 EXPRESS-G 的更为直观的描述模型。

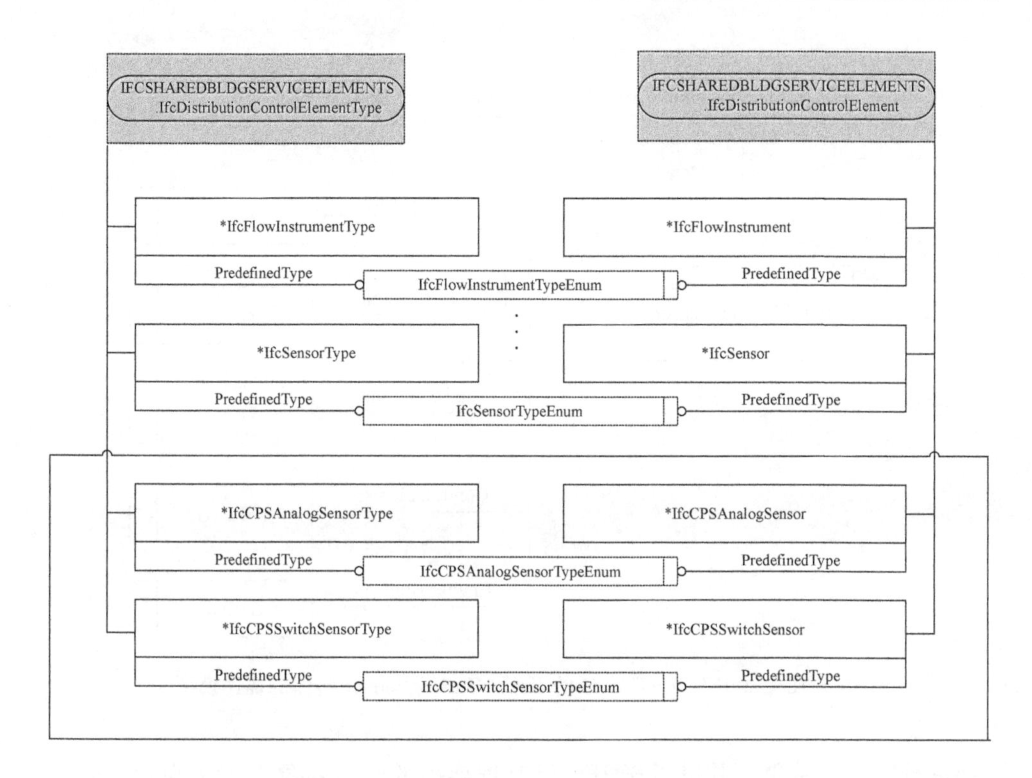

图 3-16　信息物理融合感知器在 IFC 框架中的位置

```
ENTITY IfcCPSAnalogSensor
    SUBTYPE of (IfcDistributionControlElement) ;
    RTEngineeringValue: REAL ;
    RTOriginalValue: REAL;
    AlarmUpLimit: REAL;
    AlarmLowLimit: REAL;
    ControlAddress: STRIING;
    Engineering Unit: STRING;
END_ENTITY
```

图 3-17　基于 EXPRESS 的 IfcCPSAnalogSensor 实体的具体定义

2)信息物理融合开关量感知器

开关量感知器对象 IfcCPSSwitchSensor 是一种对开关量类型信息进行感知的 BIM 抽象实体,实现对建筑物理实体的开关型状态值(门的开闭、设备运行的启停

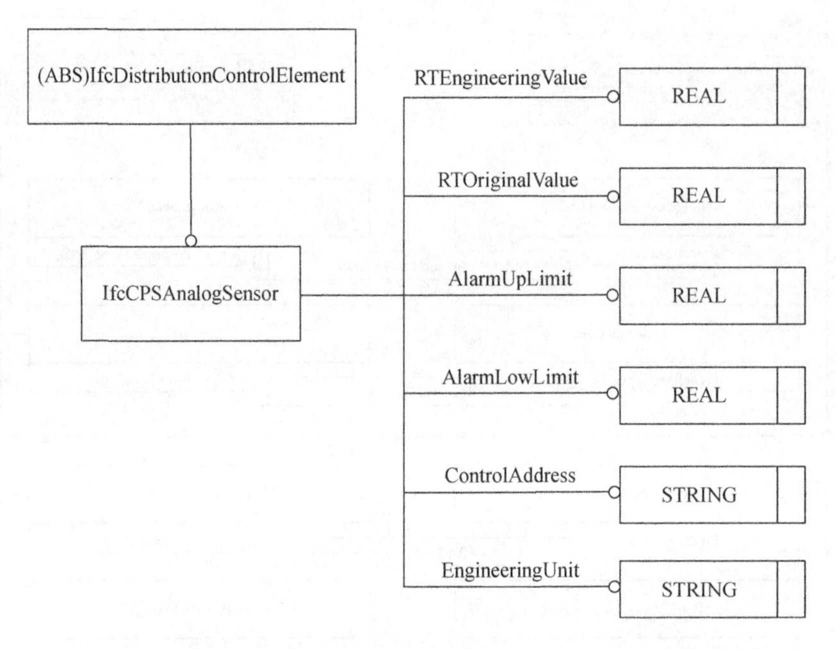

图 3-18　基于 EXPRESS-G 的 IfcCPSAnalogSensor 实体的描述模型

等)进行感知和采集。其继承于 IFC 已有框架中的元素对象 IfcDistributionControlElement,获取 GlobalID、Name 等标识属性以及 Connected to 等连接属性,参见图 3-19。

```
ENTITY IfcCPSSwitchSensor
   SUBTYPE of (IfcDistributionControlElement);
   RTOnOffValue : BOOLEAN;
   ControlAddress :STRING;
END_ENTITY
```

图 3-19　基于 EXPRESS 的 IfcCPSSwitchSensor 实体的具体定义

采用 EXPRESS 语言定义和描述的信息物理融合开关量感知器对象如图 3-20 所示,其新定义了反映信息物理开关量传感器特征的关键属性,其属性主要为实时开关量值(RTOnOffValue)。

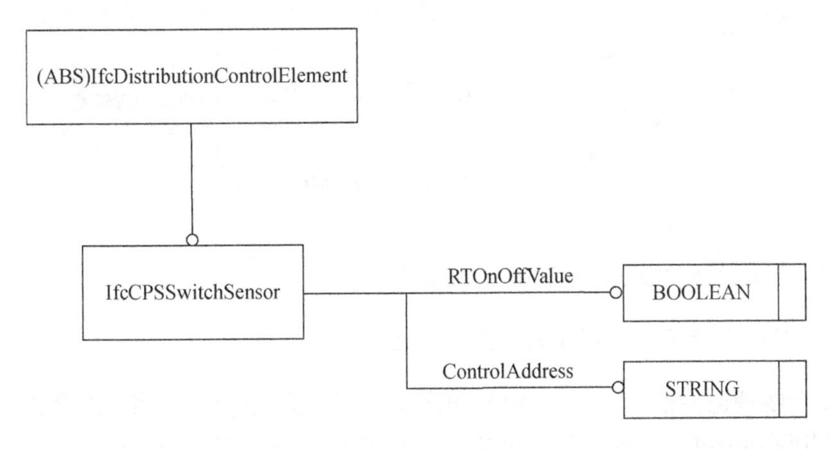

图3-20 基于EXPRESS-G的IfcCPSSwitchSensor实体的描述模型

3.4.3 BIM运维感知器对象与其他对象的交互关系

在整个面向信息物理融合的BIM扩展框架中，信息物理融合感知器实体对象需要与其他三种对象建立两种不同的关系。

第一种是基于数据接口交互的连接关系，即信息物理融合感知器对象要分别与信息物理融合控制器对象和动画对象连接，建立数据层面上的接口连接关系，为这两种对象提供感知来的数据，由于这种连接关系存在实际的数据传输，采用IfcConnectPorts对象建立这种关系。

第二种是依附关系，即信息物理融合感知器对象与被感知的常规BIM实体(如空调机组)建立一种组合，说明该感知器对象是专属于这个常规BIM实体的，可以理解为感知器对象是依附于常规BIM对象的一个组件，因此采用IfcRelConnectsElements对象来构建这种关系。

3.5 BIM运维控制器实体定义与构建

3.5.1 控制器的基本特征与功能

控制器是自动控制系统中用于控制决策推理的核心部件，其封装有控制算法或控制策略，控制算法基于感知器输出值与用户设定值的比较结果进行运算推理，运算结果作为控制器的输出，通过执行器施加到被控物理对象上，改变对象运行状态。控制器的一般结构原理如图3-21所示。

从控制器的结构原理可知，构成控制器的核心要素是控制算法、输入值(用户

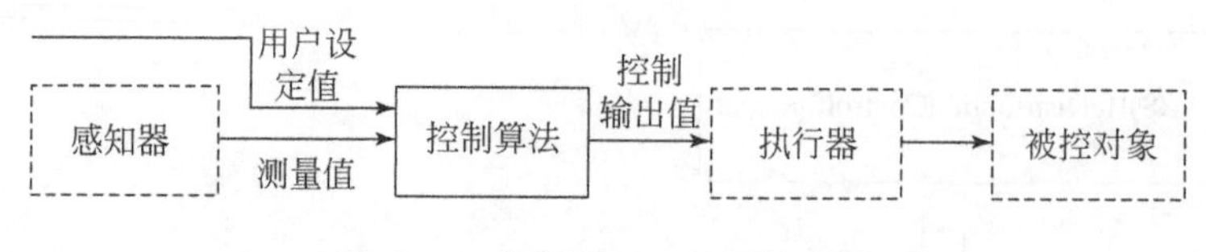

图 3-21　控制器的一般结构原理

设定值、感知器测量值)和输出值(控制输出)。

3.5.2　BIM 运维控制器对象的定义与描述

基于物理世界控制器原理,定义和描述 BIM 空间中的信息物理融合控制器对象 IfcCPSController。该控制器对象包括控制算法、控制输入输出参数等属性要素,实现基于感知器输入信息的控制决策,并将决策结果通过执行器对象施加到建筑空间的物理对象上。与 BIM 信息物理融合感知器对象相同,控制器对象的基类也为 IfcDistributionControlElement,如图 3-22 所示,在该基类的下方添加了新的实体 IfcCPSController 及其对应的类型 IfcCPSControllerType。同样地,在定义这些实体时,可以事先提供一些预定义、用于特定场合(predefinedType)的控制器实体(如防护门控制器),采用 IfcCPSControllerTypedNum 表达。

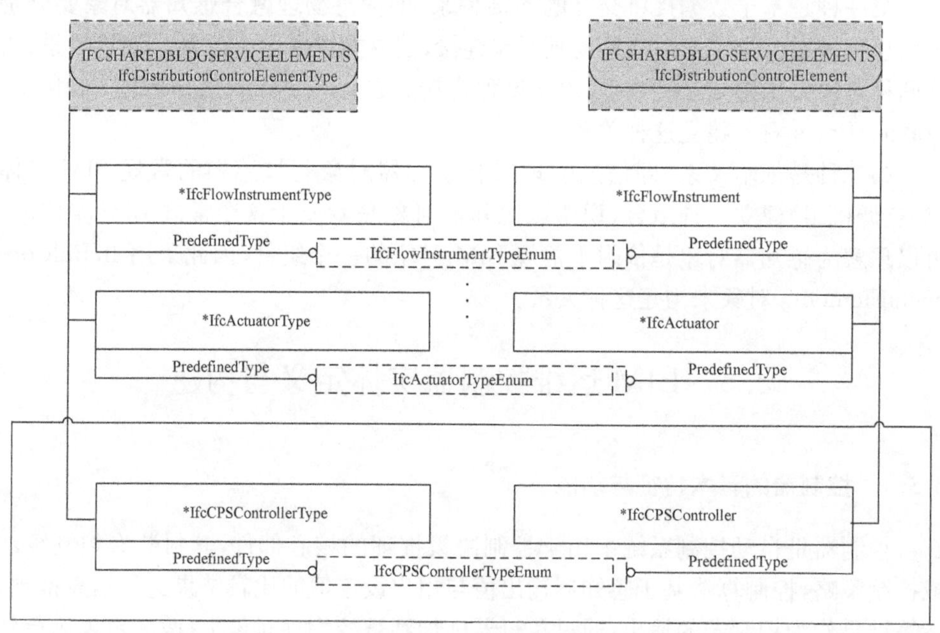

图 3-22　信息物理融合控制器在 IFC 框架中的位置

采用 EXPRESS 语言定义和描述的信息物理融合控制器对象 IfcCPSController 如图 3-23 所示。其继承于 IFC 已有框架中的元素对象 IfcDistributionControlElement，获取 GlobalID、Name 等标识属性以及 Connected to 等连接属性，并新定义了反映控制器特征的关键属性，主要包括控制参数 ControlParameter 属性、控制策略 ControlStrategies 属性。控制参数 ControlParameter 定义为 IfcPropertySet 类型，主要包括从传感器 IfcCPSSensor 来的输入参数、控制器的决策输出结果参数（输出到执行器对象 IfcCPSActuator 上）等。控制策略 ControlStrategies 定义为 IfcText 类型，实现用户对控制策略按照策略定义语言格式（如 If-Then 或类 C 语言）进行自定义，策略交由独立的解释引擎进行解释执行。

```
ENTITY IfcCPSController
  SUBTYPE of (Ifc DistributionControlElement);
  ControlParameter : IfcPropertySet;
  ControlStrategies : IfcText;
END_ENTITY
```

图 3-23　基于 EXPRESS 的 IfcCPSController 实体的具体定义

图 3-24 为 IfcCPSController 实体基于 EXPRESS-G 的更为直观的描述模型。

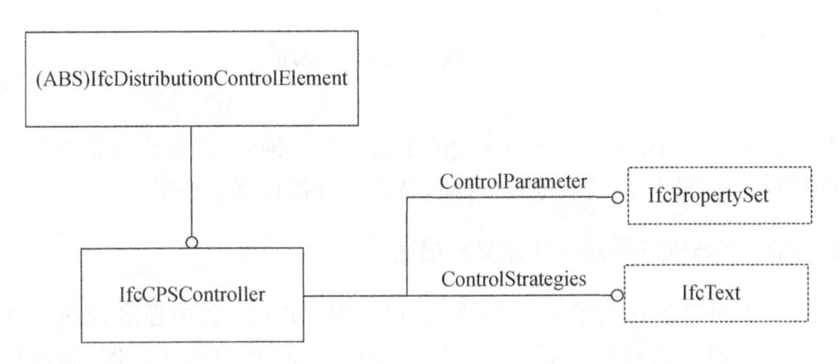

图 3-24　IfcCPSController 实体基于 EXPRESS-G 的直观描述模型

3.5.3　BIM 运维控制器对象与其他对象的交互关系

在整个面向信息物理融合的 BIM 扩展框架中，信息物理融合控制器实体对象需要与其他三种对象建立两种不同的关系。

第一种是基于数据接口交互的连接关系，即信息物理融合控制器对象要分别与信息物理融合感知器对象和执行器对象连接，建立数据层面上的接口连接关系，即接收感知器对象的数据输入,并将控制算法的决策结果输出到执行器对象上,由于存在实际的数据传输,采用 IfcConnectPorts 对象建立这种关系。

第二种是依附关系,即信息物理融合控制器对象与被调控的常规 BIM 实体(如空调机组)建立一种组合,说明该控制器对象是专属于这个常规 BIM 实体的,可以理解为控制器对象是依附于常规 BIM 对象的一个组件,因此采用 IfcRelConnectsElements 对象来构建这种关系。

3.6 BIM运维交互执行器实体定义与构建

3.6.1 执行器的基本特征与功能

执行器是自动化控制技术工具中接收控制信号并对受控对象施加控制运行作用的装置。执行器由执行机构和调节机构两部分组成。执行机构是执行器的推动部分,按照控制器输出的信号大小产生推力或位移。调节机构是根据执行机构输出信号去改变能量或物料输送量的装置(如调节阀)。其构成原理如图 3-25 所示。

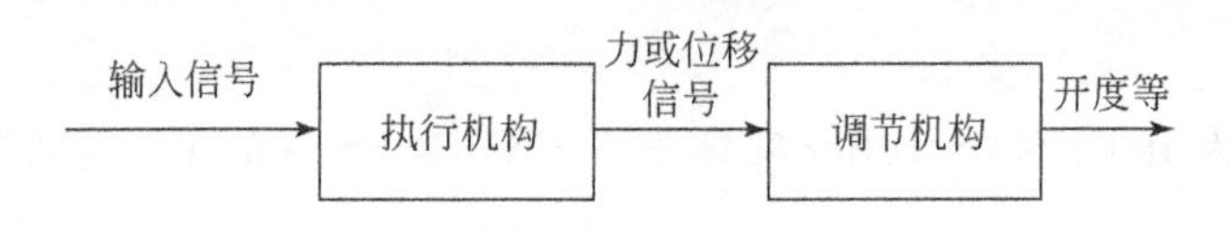

图 3-25 执行器的构成原理

根据输入信号,执行器常分为连续的电流(电压)信号(即模拟量信号)执行器、电接点通断信号(即开关量信号)执行器、脉冲信号执行器等种类。

3.6.2 BIM运维执行器对象的定义与描述

依据前面讨论的执行器的一般原理,可以对 BIM 信息物理融合执行器对象进行定义和构建。物理执行器常分为模拟量执行器、开关量执行器、脉冲执行器等种类,但脉冲执行器在建筑领域应用较少,因此将 BIM 信息物理融合执行器分为信息物理融合开关量执行器对象和信息物理融合开关量执行器对象两类。

与前面定义的感知器对象和控制器对象相同,这里定义的两类 BIM 执行器对象的基类也为 IfcDistributionControlElement(图 3-26)。

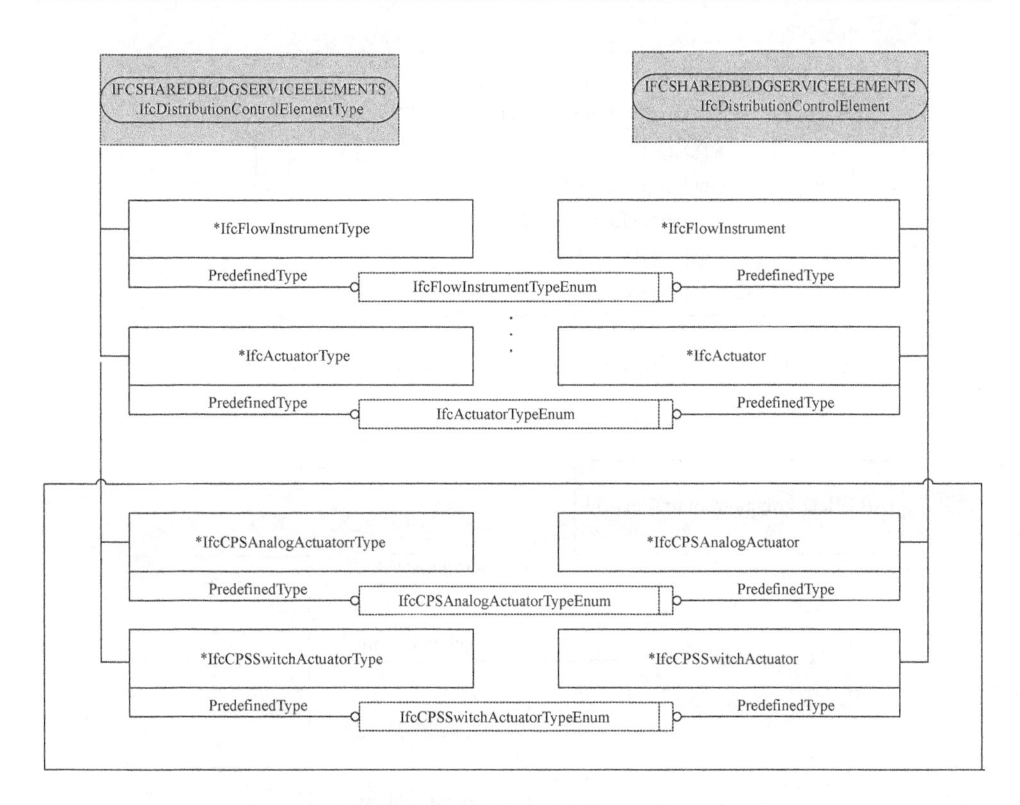

图 3-26　两种信息物理融合执行器在 IFC 框架中的位置

1)信息物理融合模拟量执行器

在基于 IFC 的 BIM 空间中，将信息物理融合模拟量执行器命名为 IfcCPSAnalogActuator，实现对建筑物理实体施加连续变化的控制输出(如调节阀门开度等)。其基类为 IfcDistributionControlElement，如图 3-27 所示。在该基类的下方添加了新的实体 IfcCPSAnalogActuator、IfcCPSSwitchActuator 及其对应的类型 IfcCPSAnalogActuatorType、IfcCPSSwitchActuatorType。当然，在定义这些实体时，可以事先提供一些预定义、用于特定场合(predefinedType)的感知器实体(如防护门开度执行器)，采用 IfcCPSAnalogActuatorTypedEnum 和 IfcCPSSwitchActuatorTypedEnum 表达。即 IfcCPSAnalogActuator 对象继承了 IfcDistributionControlElement 类作为分布式元素的基本属性，获取 GlobalID、Name 等标识属性以及 Connected to 等连接属性，并新定义了反映信息物理执行器特征的系列属性。基于 EXPRESS-G 的 IfcCPSAnalogActuator 实体具体定义如图 3-28 所示。主要属性包括实时输出值(RTOutputValue)、输出值上限(OutputUpLimit)、输出值下限(OutputLowLimit)等。

```
ENTITY IfcCPSAnalogActuator
    SUBTYPE of (IfcDistributionControlElement) ;
    RTOutputValue: REAL ;
    OutputUpLimit: REAL;
    OutputLowLimit: REAL;
    ControlAddress: STRING;
END_ENTITY
```

图 3-27　基于 EXPRESS 的 IfcCPSAnalogActuator 实体的具体定义

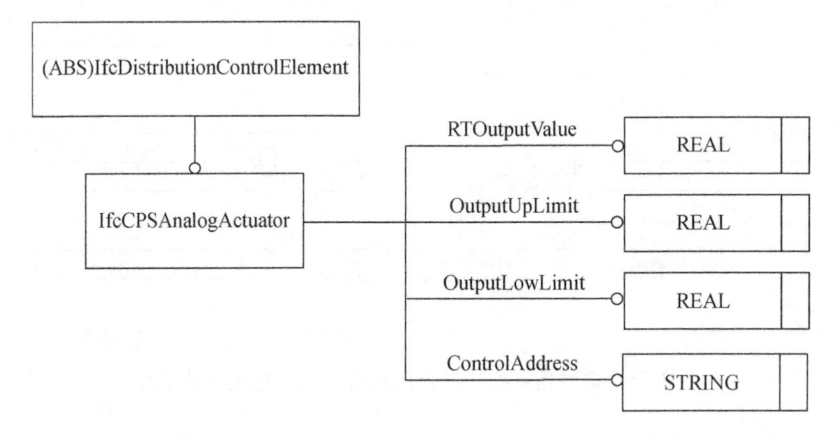

图 3-28　基于 EXPRESS-G 的 IfcCPSAnalogActuator 实体的描述模型

2)信息物理融合开关量执行器

开关量执行器对象 IfcCPSSwitchActuator 是一种实现开关量信号控制输出的 BIM 抽象实体,实现对建筑物理实体的开关型设备(门的开闭、设备运行的启停等)的调控。其继承于 IFC 已有框架中的元素对象 IfcDistributionControlElement,获取 GlobalID、Name 等标识属性以及 Connected to 等连接属性,参见图 3-29。

```
ENTITY IfcCPSSwitchActuator
    SUBTYPE of (IfcDistributionControlElement) ;
    RTOutputOnOffValue: BOOLEAN;
    ControlAddress: STRING;
END_ENTITY
```

图 3-29　基于 EXPRESS 的 IfcCPSSwitchActuator 实体的具体定义

采用EXPRESS-G语言定义和描述的信息物理融合开关量执行器对象如图3-30所示，其新定义了反映信息物理开关量传感器特征的关键属性，其属性主要为实时开关量值输出(RTOutputOnOffValue)。

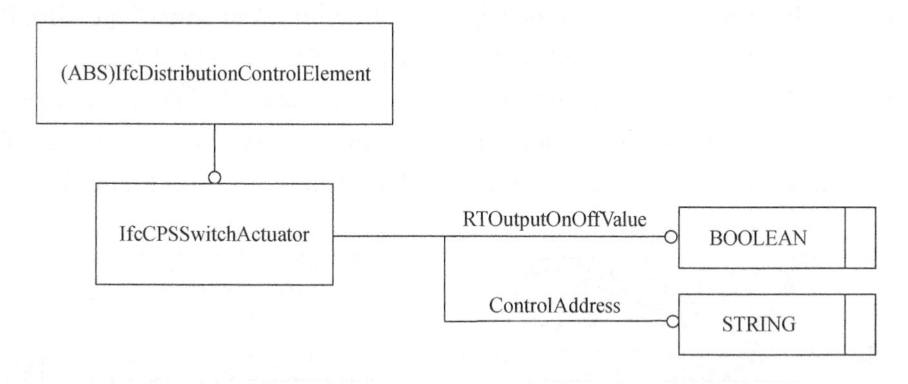

图3-30　基于EXPRESS-G的IfcCPSSwitchActuator实体的描述模型

3.6.3　BIM运维执行器对象与其他对象的交互关系

在整个面向信息物理融合的BIM扩展框架中，信息物理融合执行器实体对象需要与其他两种对象建立两种不同的关系。

第一种是基于数据接口交互的连接关系，即信息物理融合执行器对象要与信息物理融合控制器对象建立数据层面上的接口连接关系，即接收控制器对象的控制输出，由于存在实际的数据传输，采用IfcConnectPorts对象建立这种关系。

第二种是依附关系，即信息物理融合执行器对象与被调控的常规BIM实体(如空调机组)建立一种组合，说明该执行器对象是专属于这个常规BIM实体的，可以理解为执行器对象是依附于常规BIM对象的一个组件，因此采用IfcRelConnectsElements对象来构建这种关系。

3.7　BIM运维交互动画实体定义与构建

3.7.1　BIM运维动画对象的定义与描述

动画显示是为了在BIM虚拟空间中直观地表达建筑实体的运行状态，并使之与现实建筑物理空间中的相应实体运行保持一致。根据建筑物理实体的运行形式，本书主要将动画显示分为四种类型：旋转、移动、填充、数据显示。与前述定义的BIM信息物理融合对象相同，动画对象的基类也为IfcDistributionControl

Element，该系列对象在 IFC 框架中的位置如图 3-31 所示。在该基类的下方添加新的实体 IfcCPSRotatingAnimation、IfcCPSMovingAnimation、IfcCPSFillingAnimation、IfcCPSShowingDataAnimation 及其对应的类型 IfcCPSRotatingAnimationType、IfcCPSMovingAnimationType、IfcCPSFillingAnimationType、IfcCPSShowingDataAnimationType。同样地，在定义这些实体时，可以事先提供一些预定义、用于特定场合（predefinedType）的动画实体（如防护门旋转动画），采用 IfcCPSRotatingAnimationTypedEnum、IfcCPSMovingAnimationTypedEnum、IfcCPSFillingAnimationTypedNum、IfcCPSShowingDataAnimationTypedEnum 表达。

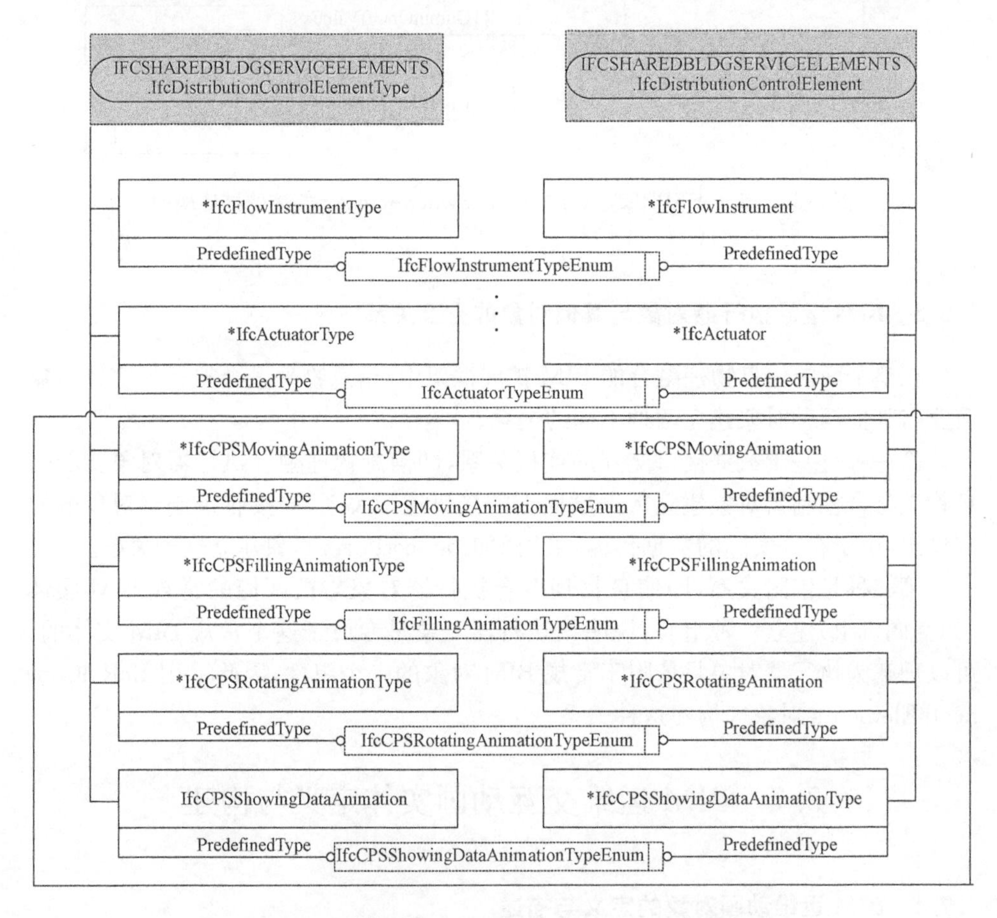

图 3-31 信息物理融合动画对象在 IFC 框架中的位置

下面分别讨论这四种类型动画对象的定义与建模方法。

1)旋转动画对象

旋转是一种实现建筑对象绕其中心点旋转的BIM抽象实体,简写为IfcCPSRotatingAnimation,其在BIM虚拟环境中根据其所连接的模拟量感知器对象数据源值的变化,动态驱动该动画类所连接的BIM对象绕其中心点进行旋转。

基于EXPRESS语言定义和描述的信息物理融合旋转动画对象如图3-32所示,其继承于IFC已有框架中的元素对象IfcDistributionControlElement,获取GlobalID、Name等标识属性以及Connected to等连接属性,并新定义了反映旋转动画对象特征的系列属性,主要属性包括旋转中心点X维坐标(CenterPointX)、旋转中心点Y维坐标(CenterPointY)、旋转中心点Z维坐标(CenterPointZ)、旋转角度(RotatingAngle)、重复次数(RepeatCount)等。

```
ENTITY IfcCPSRotatingAnimation
    SUBTYPE of (IfcDistributionControlElement) ;
    CenterPointX: INTEGER ;
    CenterPointY: INTEGER;
    CenterPointZ: INTEGER;
    RotatingAngle: REAL;
    RepeatCount: INTEGER;
END_ENTITY
```

图3-32 基于EXPRESS语言的旋转动画对象描述

图3-33为IfcCPSRotatingAnimation实体基于EXPRESS-G的更为直观的描述模型。

2)移动动画对象

移动动画对象是一种实现建筑对象移动的BIM抽象实体,简写为IfcCPSMovingAnimation,其在BIM虚拟环境中通过改变对建筑物理对象BIM实体的空间坐标位置属性来实现建筑物理对象实体的移动。

采用EXPRESS语言定义和描述的信息物理融合平移动画对象如图3-34所示,其继承于IFC已有框架中的元素对象IfcDistributionControlElement,获取GlobalID、Name等标识属性以及Connected to等连接属性,并新定义了反映平移动画对象特征的系列属性,主要属性包括目标位置的X、Y、Z轴坐标(NewPlaceX、NewPlaceY、NewPlaceZ)、初始位置的X、Y、Z轴坐标(OldPlaceX、OldPlaceY、OldPlaceZ)等。

图3-35为IfcCPSMovingAnimation实体基于EXPRESS-G的更为直观的描述模型。

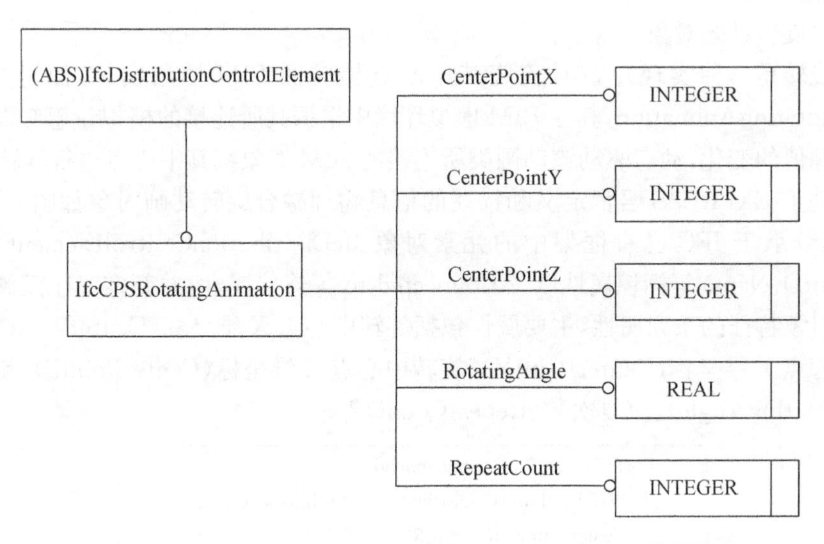

图 3-33　IfcCPSRotatingAnimation 实体基于 EXPRESS-G 的描述模型

```
ENTITY IfcCPSMovingAnimation
    SUBTYPE of (IfcDistributionControlElement) ;
    NewPlaceX: REAL ;
    NewPlaceY: REAL;
    NewPlaceZ: REAL;
    OldPlaceX: REAL ;
    OldPlaceY: REAL;
    OldPlaceZ: REAL;
END_ENTITY
```

图 3-34　基于 EXPRESS 语言的移动动画对象描述

3)填充动画对象

填充动画对象是一种实现建筑对象填充的 BIM 抽象实体，简写为 IfcCPSFillingAnimation，其在 BIM 虚拟环境中根据其所连接的模拟量传感器对象数据源值的变化，动态填充该动画类所连接的 BIM 对象中的图元区域，使图元区域能以填充区域的百分比来反映模拟量数据源值的变化。采用 EXPRESS 语言定义和描述的信息物理融合填充动画对象如图 3-36 所示，其继承于 IFC 已有框架中的元素对象 IfcDistributionControlElement，获取 GlobalID、Name 等标识属性以及 Connected to 等连接属性，并新定义了反映平移动画对象特征的系列属性，主要属性包括填充颜色(FillingColor)、填充方向(FillingDirection)、填充的最小百分比

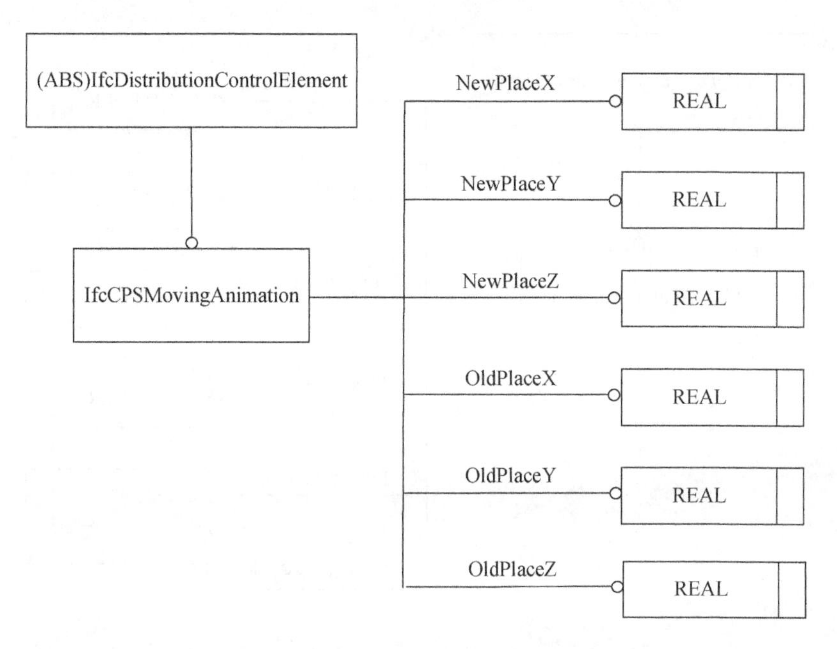

图 3-35　IfcCPSMovingAnimation 实体基于 EXPRESS-G 的描述模型

(FillingMinPerValue)、填充的最大百分比(FillingMaxPerValue)、填充的下限输入值(FillingMinValue)、填充的上限输入值(FillingMaxValue)等。

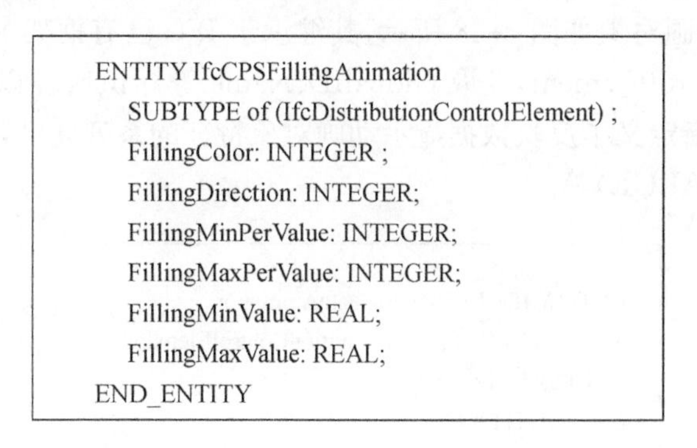

```
ENTITY IfcCPSFillingAnimation
    SUBTYPE of (IfcDistributionControlElement) ;
    FillingColor: INTEGER ;
    FillingDirection: INTEGER;
    FillingMinPerValue: INTEGER;
    FillingMaxPerValue: INTEGER;
    FillingMinValue: REAL;
    FillingMaxValue: REAL;
END_ENTITY
```

图 3-36　基于 EXPRESS 语言的填充动画对象描述

图 3-37 为 IfcCPSFillingAnimation 实体基于 EXPRESS-G 的更为直观的描述模型。

4)数据显示动画对象

数据显示动画对象是一种实现建筑对象相关的动态数据显示的 BIM 抽象实

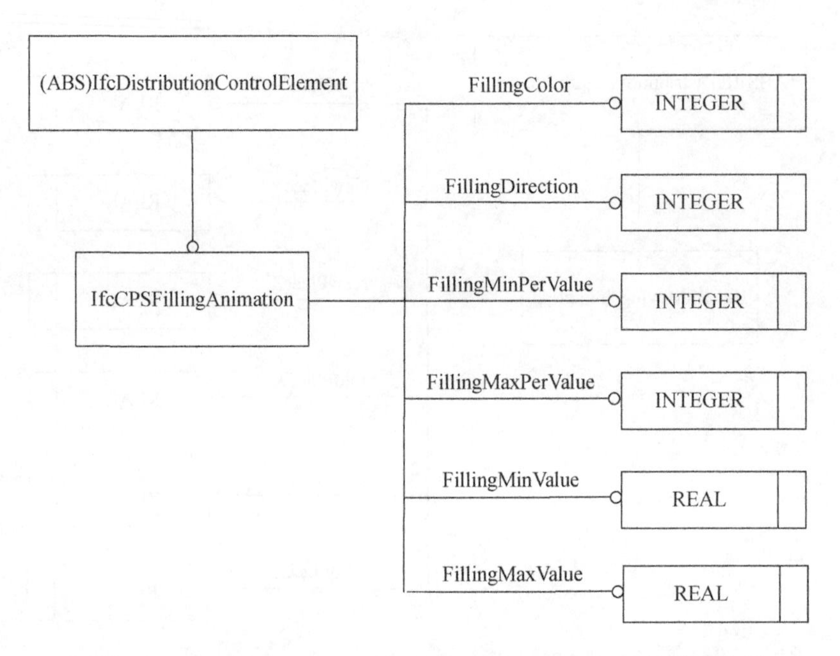

图 3-37　IfcCPSFillingAnimation 实体基于 EXPRESS-G 的描述模型

体，简写为 IfcCPSShowingDataAnimation，其在 BIM 虚拟环境中动态显示其所连接的模拟量传感器对象数据源。采用 EXPRESS 语言定义和描述的信息物理融合实时数据显示动画对象如图 3-38 所示，其继承于 IFC 已有框架中的元素对象 IfcDistributionControlElement，获取 GlobalID、Name 等标识属性以及 Connected to 等连接属性，并新定义了反映数据显示动画对象特征的系列属性，主要属性包括数据实时值(RTVALUE)等。

```
ENTITY IfcCPSShowingDataAnimation
   SUBTYPE of (IfcDistributionControlElement) ;
   RTVALUE: REAL ;
END_ENTITY
```

图 3-38　基于 EXPRESS 语言的数据显示动画对象描述

图 3-39 为 IfcCPSShowingDataAnimation 实体基于 EXPRESS-G 的更为直观的描述模型。

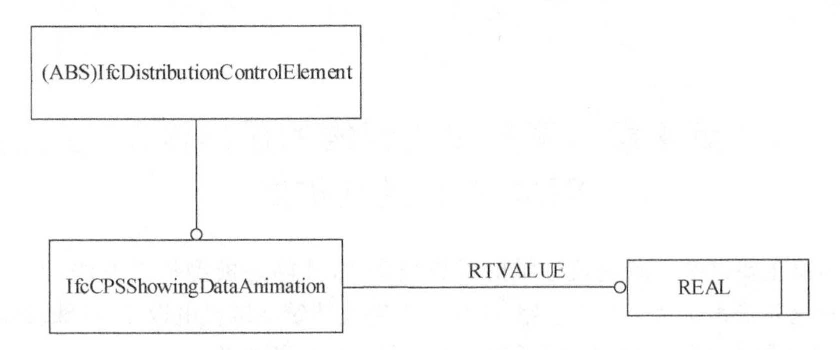

图 3-39　IfcCPSShowingDataAnimation 实体基于 EXPRESS-G 的描述模型

3.7.2　BIM 运维动画对象与其他对象的交互关系

与信息物理融合执行器等对象类似，在整个面向信息物理融合的 BIM 扩展框架中，动画实体对象需要与其他两种对象建立两种不同的关系。

第一种是基于数据接口交互的连接关系，即动画对象要与信息物理融合感知器对象建立数据层面上的接口连接关系，即接收感知器对象的数据输入，由于存在实际的数据传输，采用 IfcConnectPorts 对象建立这种关系。

第二种是依附关系，即动画器对象与被调控的常规 BIM 实体（如空调机组）建立一种组合，说明该动画对象是专属于这个常规 BIM 实体的，可以理解为动画对象是依附于常规 BIM 对象的一个组件，因此采用 IfcRelConnectsElements 对象来构建这种关系。

第4章　面向建筑运维的设施设备 BIM 静态模型扩展

本章主要讨论面向建筑运维的设施设备 BIM 静态模型扩展方法，首先讨论 BIM 静态扩展需求及其技术思路，而后分别阐述建筑运维机电设备、特殊设施设备的 BIM 扩展方法，最后讨论 BIM 静态扩展模型的可用性验证问题。

4.1　BIM 静态扩展需求分析与基本思路

随着 IFC 标准的不断发展更新，BIM 中的对象集不断扩展完善，但是，由于建筑领域的多样性和建筑设备的复杂性，现有的 BIM 仍然不能满足各领域的需求。针对当前 BIM 中缺乏人防工程等地下建筑典型设施设备的问题，本章研究 BIM 静态模型扩展方法，选取防护门、滤毒器和电动密闭阀门三种地下建筑典型设备，抽象出物理设备的基本特征和功能属性信息，基于 EXPRESS 和 EXPRESS-G 图对其进行扩展定义与描述，并对扩展 BIM 的可用性进行验证，证明研究方法的可行性。

4.1.1　BIM 扩展的必要性

BIM 扩展的主要目的是形成可调用的参数化模型族库。现有的 BIM 建筑类设计建模工具(包括 Autodesk Revit、Nematschek Vectorworks 等)，其工作机制都源于基于构件的参数化建模方法。

参数化建模设计中，可以定制构件类别或构件族，也可以定义某些固定图形和参数化图形的集合，以及一组用于控制参数的关联和规则。因此，对于 BIM 中缺少的设备类型，可以通过在规划设计阶段分析实际应用需求，构建可复用的参数化模型，使得项目设计和管理人员可以直接调用构件库中的模型，并根据实际需求对模型参数进行修改和设计建筑构件实例。同时，还需要自定义构件之间的关联关系和控制规则，这些关联允许一种构件的每一个实例根据设置的参数和相关构件所处的应用环境进行变化。针对每种构件类型或构件族，可以对其设置必须满足的规则，如防护门或防护建筑中墙的最小厚度，从而使这些规则在用户设计添加新的实体对象时可以进行检查，当满足规则时可做出变更，当变更不能满足规则时，会提出警告。

这给建筑物的规划设计建模带来了便利，使得 BIM 技术能够在所需的领域中得到通用性的应用,并使设计和管理人员能够简单灵活地获取所需构件并添加新的参数信息。

4.1.2　扩展框架和总体思路

在 IFC 体系标准中,资源层、核心层和共享层所定义的 BIM 实体和属性信息已经比较完善,而领域层作为定义特定领域专业实体的 IFC 标准,缺乏关于地下建筑中一些特殊设施设备的 BIM 定义,因而不能满足地下建筑领域的需求。因此,本书的扩展主要针对 IFC 领域层专业实体对象的扩展。

对领域层的扩展主要从如下两个方面进行:

(1)对象属性的扩展。对于 IFC 标准中不存在的实体属性定义,在属性集中加入需要的几何属性和非几何属性,并在其 Predefinedtype 中添加设备特殊属性。

(2)对象类型的扩展。对于在 IFC 标准中不存在定义的实体,需要增加新的实体类型定义。

如图 4-1 所示,BIM 扩展主要分为扩展需求分析、功能属性信息提取、IFC 标准比对、扩展 BIM 验证四部分。

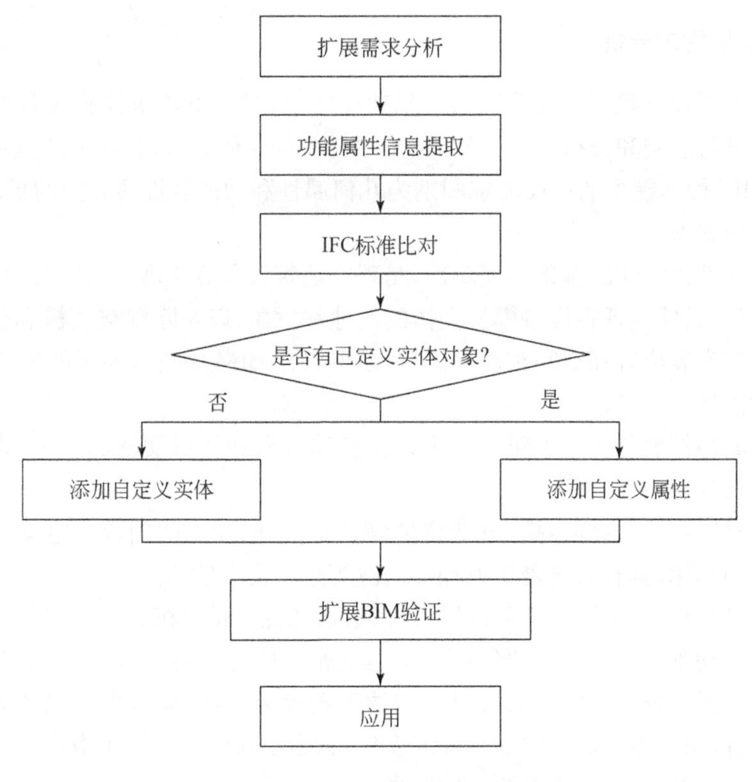

图 4-1　扩展整体思路

(1)扩展需求分析。通过对地下建筑运维管理的实际运行过程和需求进行分析,提炼出需要扩展的设备实体及属性信息,建立针对地下建筑运维管理的总体扩展需求。

(2)功能属性信息提取。BIM 虚拟模型实际上是物理世界设备的一种映射,因此,要扩展和定义面向工程运维的地下建筑典型设施设备的 BIM,需要对物理世界中的设备基本特征与功能进行提炼总结。

(3)IFC 标准比对。将地下建筑典型设施设备与 IFC 标准进行比对,若 IFC 标准中有已定义的实体对象或构件族,则在实体对象中添加针对地下建筑运维的实体自定义属性信息,若没有定义的实体对象或构件族,则在 IFC 标准中添加自定义的地下建筑设施设备 BIM 实体对象。

(4)扩展 BIM 验证。扩展的 BIM 实体在应用之前,需要验证 BIM 三维模型显示和是否符合 IFC 标准以及自定义属性信息关联性等问题,验证扩展模型的可用性;将自定义的 BIM 实体和具有自定义属性信息的 BIM 在 BIM 查看软件中显示,验证其几何属性的准确性;根据实体中添加的属性信息是否存在以及属性信息与 BIM 的对应关系,验证 BIM 与属性信息之间关联关系的准确性。

4.1.3 扩展需求分析

通过分析地下建筑运维系统的实际功能需求,对地下建筑设施设备及其工作过程原理进行总结和分析,结合 IFC 标准中已有的实体对象,将地下建筑典型设施设备的 BIM 静态模型的扩展需求归纳为几何属性和功能属性两方面的扩展。

1)几何属性

几何属性是实体的基础物理属性,是现实建筑设备在 BIM 中几何形状与坐标位置的映射,具体表现在设备模型实体的尺寸和材质,以及除湿空调机和排风口等固定设备的安装位置和空间布局等信息,是可以在 BIM 中直观显示的属性特征。

2)功能属性

功能属性扩展是对地下建筑设施设备特殊性质和运行功能的扩展,设施设备主要分为四种类型:

(1)防护设备。主要包括:电动防护(密闭)门、电动密闭门等。电动防护门与普通电动门相比,具有防电磁辐射和冲击波等战时袭击的功能。

(2)通风设备。主要包括各清洁进排风机、滤毒进排风机、循环风机(送风机或回风机)、电动密闭阀门、过滤吸收器、增压管密闭阀等。与一般民用工程相比,地下建筑的进风系统需要安装消波设备和滤毒器等装置,以应对生化武器和核武器打击。并且,由于地下建筑中的空气湿度较高,为了保证设备使用寿命和运行状态不受影响,对建筑空间的除湿要求比较高。

(3)给排水设备。主要包括进出工程的给排水管路电动闸阀、进出工程的油管电动闸阀、污水泵、高压气瓶充气、储气与放气设备、水封井液位及低液位报警等。为了实现对给排水系统异常状态的监控和防护,需要在给排水管道上设置密闭阀门和水管式压力传感器监测管网压力,并且需要设置备用水泵以保证可靠性供水。

(4)防化设备。主要包括毒剂报警装置、射线报警装置、三防指示与报警装置、进门呼叫按钮及响铃等。

4.2　建筑运维机电设备的BIM扩展方法

4.2.1　机电设备实体扩展步骤

在IFC标准体系中,资源层已包含了众多类型的信息资源,完全能够满足对基础信息的描述,核心层十分完善地描述了IFC标准的基本概念,共享层所包含的实体也能准确描述实体之间的关联关系,上述三个层次均不存在扩展要求。针对机电设备的实体扩展主要集中在领域层。在领域层,具体的实体对象主要通过实体实例及实体类型实例两种结合描述。领域层的实体和现实物理对象的对应关系比较明确,而随科学技术的发展,现实对象的技术参数会有较大改动,某些属性的变更速度相较于其他层实体而言较频繁,所以领域层实体一般不直接包含各类型属性,而是通过各属性集对实体对象进行属性描述,可分为三个层次:

(1)轻度扩展。根据机电设备的形状及各项物理参数特点,在已有的实体范围内,寻找能够准确描述该设备的实体,并将设备类型注入该实体的预定义类型中,此时,新设备即可利用该IFC实体进行表述;创建该类型设备的通用属性集及具体设备的特定属性集,分别与类型描述实体(IfcTypeObject的派生类)及具体设备实体实例关联。

(2)中度扩展。对于能够描述该设备的实体,但其直接属性中并不包括预定义属性(PredefinedType),可以在其属性中加入PredefinedType属性,并创建相应的枚举类型,接着进行轻度扩展,这样该实体就可以表示多种枚举值类型下的设备,这些设备可以用相同的几何属性和物理属性表达。

(3)重度扩展。对于某些设备,在领域层中不存在能够描述它的几何属性以及物理属性的实体,需要在最优集成原则的指导下,扩展新的IFC实体描述这种设备,并进行重度扩展。

4.2.2　IFC设备信息实体分类

在IFC标准体系中,预定义的设备信息实体总体上分为两类,一类负责描述特定的设备元素,另一类负责描述设备管理活动中的信息。

(1)设备描述。在利用 IFC 标准进行实体描述时,需要对其各个模块有一定的了解,才能快速找到所需的实体对象。在 IFC 标准中,描述建筑机电设备的实体主要位于或继承于交互层的建筑服务元素模块。

(2)设备管理活动中的信息描述。IFC4 标准将 IfcActionRequest、IfcPermit 实体迁移到了交互层的共享管理元素模块(IfcSharedMgmtElements),使其能够在施工建设及设施管理范围内共享使用。此外,弃用了部分实体,不再使用 IfcRelAssignsToControl 的派生类,统一使用 IfcRelAssignsToControl 建立 IfcControl 派生类与其他实体的关联。在不引起歧义及功能完备的条件下,精简了实体数量,提高了用户的应用效率。最终形成的 IFC4 标准中,与设备管理相关的实体主要包括合同、费用、维修等信息。

4.2.3 机电设备 BIM 信息扩展实例

1)设备类型创建

在设计阶段,建立机电设备的类型库(如 Revit 中的族),即包含通用属性集和相关图形表示的图元组。属于同一类型的各设备可能有不同的属性值,但是参数的集合是相同的。图 4-2 示意了泵族属性信息。

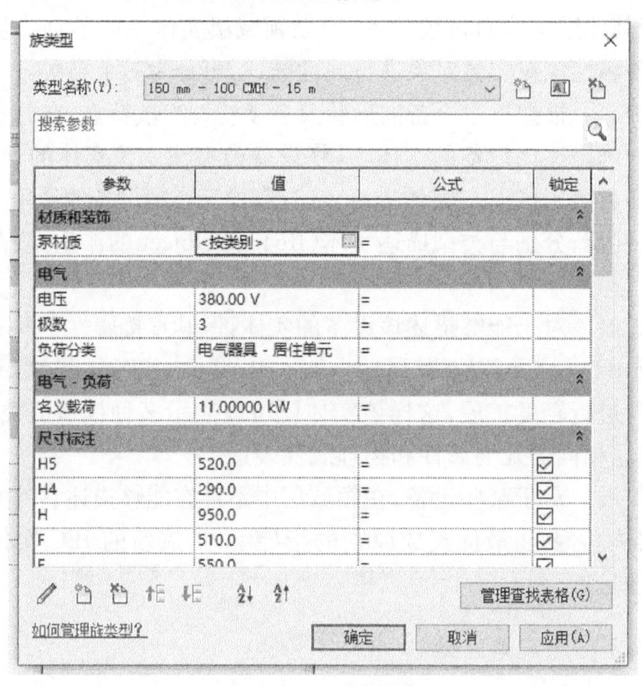

图 4-2 泵族属性信息

2)独立设备属性信息

根据行业相关规定,从可行性研究报告阶段到施工详图设计阶段,机电设备的参数经历了初步选定、基本选定、选定直至最终确定并作为招标要求。因此设计阶段移交的 BIM 中,机电设备模型应富含准确的属性信息,如图 4-3 所示。

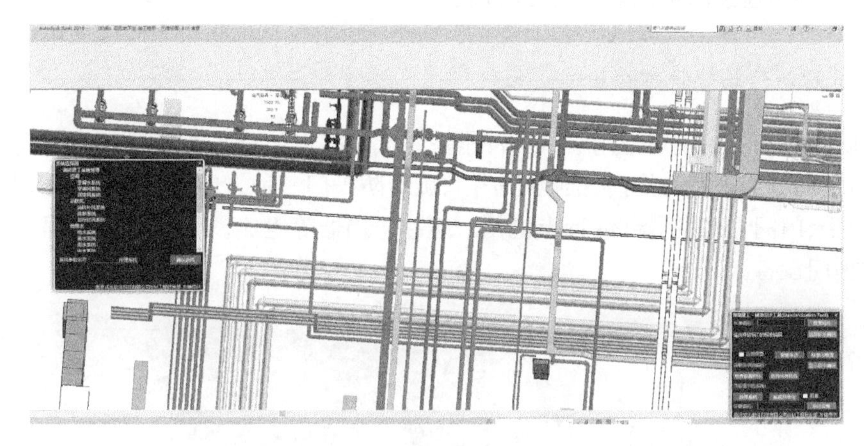

图 4-3 设备标注所属系统

3)运维阶段的实际信息录入

设计阶段确定设备的详细参数后,运营单位根据参数要求对设备进行招标采购,最终需根据实际运行情况对 BIM 信息进行更新与扩充,包括设备采购合同、供应商联系方式、设备实际参数、维修信息等,如图 4-4 所示。

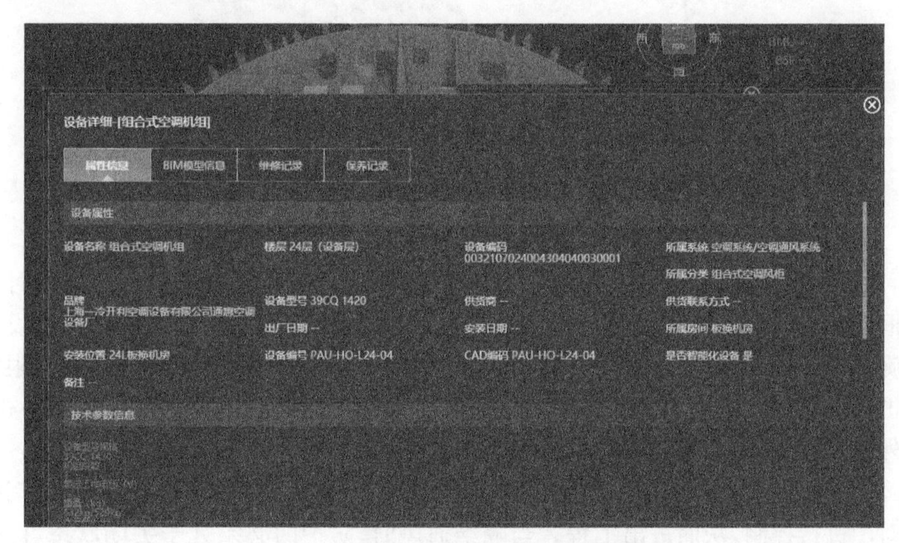

图 4-4 BIM 运维平台机电设备信息

4.3 建筑特殊设施设备的 BIM 扩展方法

4.3.1 地下建筑防护门对象定义与描述

1. 防护门物理特征分析

防护门是防护建筑中用于抵挡冲击波和武器打击的设备。根据开关方式的不同,防护门分为平开防护门、推拉防护门、旋转防护门三种。防护门主要由门框、门板、把手、门闩、压紧机构(或行走机构)、缓冲止挡器等组成。图 4-5 为工程中使用的防护门设备。

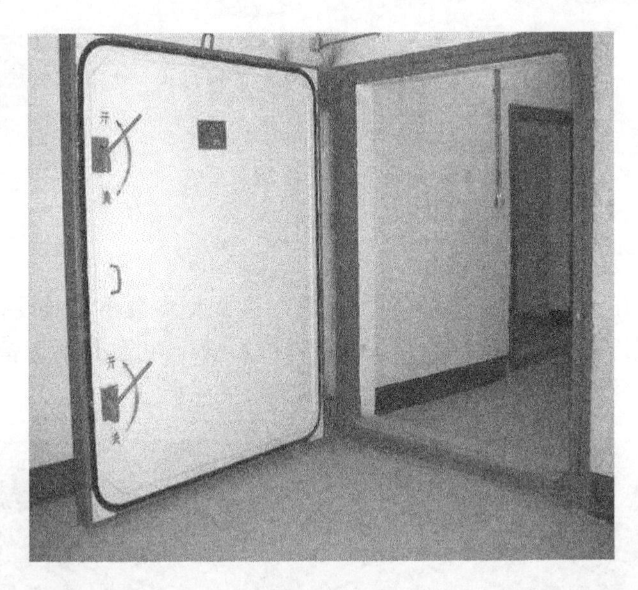

图 4-5 防护门

平开防护门通过铰链将门板和门框连接在一起,通过压紧机构使门关闭时与门框贴合;推拉防护门通过安装的行走机构驱动防护门推拉;旋转防护门中心设置有旋转轴和驱动装置,通过绕门的旋转轴旋转进行开关,还需要安装限位装置限定防护门旋转的角度范围。缓冲止挡器用于减少防护门开关过程中对墙体的冲击,此外,电动防护门还需要加装电机驱动装置。

防护门在战时一般处于关闭状态,当清洁通风时,人员可以通过开门和关门按钮对门进行控制,从而进出工程。当隔绝通风时,防护门必须处于关闭状态,此时防护门上锁，不能就地再进行门的开关，通过监控主机对三防上锁解锁后才能开启防护门。三防上锁时，人员进入时通过进门按钮向监控主机提出开门申请，不能直接开启防护门。当滤毒通风时，同一个防毒通道上的连续两道门，应该相互联锁，开启一道时另一道必须关闭。

2. 防护门 BIM 实体扩展

在 IFC 标准中对门的实体定义如图 4-6 所示。因此，对防护门的扩展采用基于对象属性的扩展方式，在原有实体的基础上添加新的属性信息。BIM 中添加和修改的属性分为三类：防护门的几何属性、门的开关状态等非几何属性以及防护等级等防护工程特有属性。

```
5055  ENTITY IfcDoor
5056    SUPERTYPE OF (ONE OF
5057        (IfcDoorStandardCase))
5058    SUPERTYPE OF (IfcBuildingElement);
5059        OverallHeight : OPTIONAL IfcPositiveLengthMeasure;
5060        OverallWidth : OPTIONAL IfcPositiveLengthMeasure;
5061        PredefinedType: OPTIONAL IfcDoorTypeEnum;
5062        OperationType : OPTIONAL IfcDoorTypeOperationEnum;
5063        UserDefinedOperationType : OPTIONAL IfcLabel;
5064    WHERE
5065        CorrectStyleAssigned : (SIZEOF(ISTypedBy)=0)
5066                OR ('IFC4.IFCDOORTYPE'INTYPEOF(SELF\Ifcobject.IsTypedBy[1].RelatingType));
5067    END_ENTITY;
```

图 4-6　IFC 标准中门的实体定义

在新增的防护门实体 IfcProtectiveDoor 中添加上述属性定义，用 EXPRESS-G 图表示防护门的属性继承关系和属性关联关系。如图 4-7 所示，门的类型包含在枚举类型 IfcDoorStyle 中，通过 PredifinedType 属性表达。具体信息通过 IfcProperty 表示，多个 IfcProperty 构成一个属性集的定义，即 IfcProperty SetDefinition。属性集与 IfcProtectiveDoor 通过 IfcRelDefines 建立关联关系，这样，就可以利用 IfcProperty 包含的信息来表示实体属性。

为了确定防护门的几何坐标信息，首先对防护门的空间位置等几何属性进行定义：分别用 RefLatityde、RefLongitude、RefElevation 表示位置属性中的纬度、经度和基准面的参考点，用 IfcSpace 表达空间结构，用于提供所有信息的空间功能区域分布，包括 Name(唯一标识符)、Description(空间信息描述)、LongName(完整的空间名称)和 ObjectType(空间类型)。

表 4-1 是防护门状态变量特征属性对象。结合防护门的物理特征，定义防护门开关状态过程中涉及的几种状态变量和特征属性对象，包括防护门的开关状态

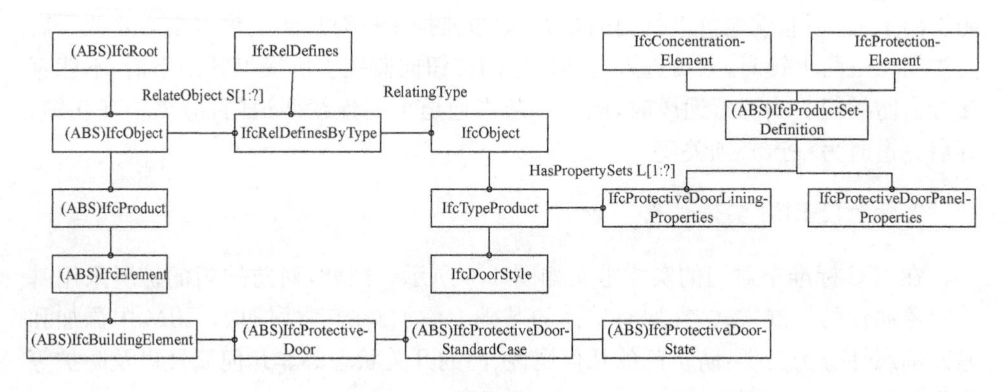

图 4-7　IfcDoor 与新添加属性在 IFC 框架中的位置

属性、开关角度、门开口方向以及门的开关方向等属性。

表 4-1　防护门状态变量特征属性对象

属性值	0	1	2	3	4	5
状态变量	上电初始化中	开到位	关到位	三防上锁	开门过程中	关门过程中
属性值	switch angle=0°	switch angle=10°	…	…	switch angle=80°	switch angle=90°
状态变量	0°	10°	…	…	80°	90°
属性值	ObjectType=Opening			ObjectType=OpeningAdvanced		
状态变量	门开口方向垂直于墙面			门开口方向平行于墙面		
属性值	switch direction=left			switch direction=right		
状态变量	门开关方向向左旋转			门开关方向向右旋转		

此外，为了满足地下建筑的实际需求，防护门还具有一些特殊的属性。根据战时用途的不同，对防护门抗压能力具有不同的要求，因此需要定义防护等级等属性。此外，在清洁通风-隔绝通风-滤毒通风（或清洁通风）三种通风方式转换控制下，需要工程送风排风系统、水压水泵、报警监控等设备共同协作。同时，防护门的开关状态和三防上锁状态需要随着通风状态的变化而变化，使染毒空气过滤后进入地下建筑内。因此，需要定义防护门的三防上锁状态属性。

将上述需要扩展的属性用 EXPRESS 语言进行描述，包括门的长宽等几何属性，门的开关状态等非几何属性，以及防护等级、三防上锁等防护门特有的属性信息。图 4-8 为基于 EXPRESS 的防护门特征属性描述。

如图 4-9 所示，将 IfcProtectiveDoor 实体用 EXPRESS-G 图更为直观地表示。

```
ENTITY IfcProtectiveDoor
    SUBTYPE of (IfcBuildingElement);
    OverallHeight: REAL;                #门的高度
    OverallWidth: REAL;                 #门的宽度
    OperationType: IfcText;             #门的操作类型
    PanelDepth: REAL;                   #门板厚度
    PanelPosition: STRING;              #门板位置
    OpeningDirection: STRING;           #门开口方向
    LevelofProtection: REAL;            #防护等级
    StateofSwitch: LOGICAL;             #开关状态
    ThreeAntiLocking: STRING;           #三防上锁
    OpenDoorInstruct: LOGICAL;          #开门指令
    CloseDoorInstruct: LOGICAL;         #关门指令
    OpeninPlace：LOGICAL;               #门开到位
    CloseinPlace: LOGICAL;              #门关到位
 END_ENTITY;
```

图 4-8　基于 EXPRESS 的防护门特征属性描述

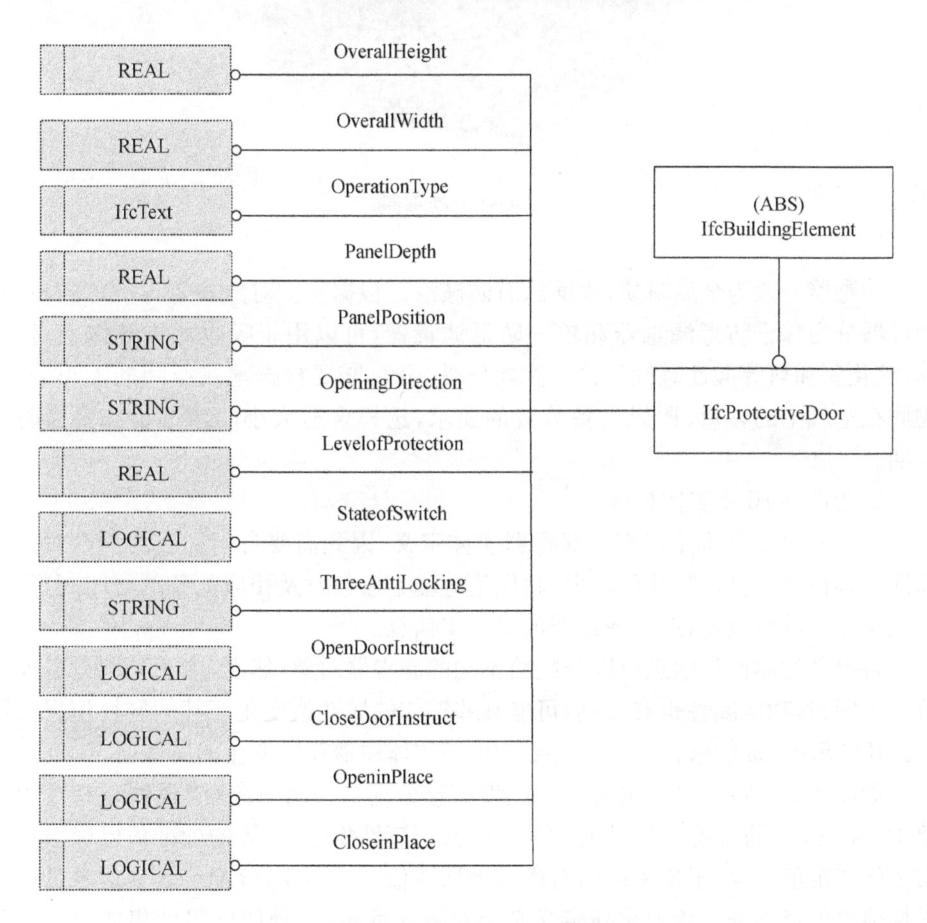

图 4-9　基于 EXPRESS-G 的防护门扩展描述

4.3.2　地下建筑滤毒器对象定义与描述

1)滤毒器物理特征分析

地下建筑的进排风系统中需要配备滤毒通风装置,它的作用是过滤外界空气中的有毒物质并且在建筑内部形成一定的超压,防止外界有毒空气渗入。滤毒器是滤毒通风装置中的重要组成部分。滤毒器内有滤烟层和吸附剂层,具有物理和化学吸附过滤能力,能够除去空气中的颗粒物和有毒物质,将经过滤毒的空气输入建筑中供人呼吸。图4-10为工程中使用的滤毒器设备。

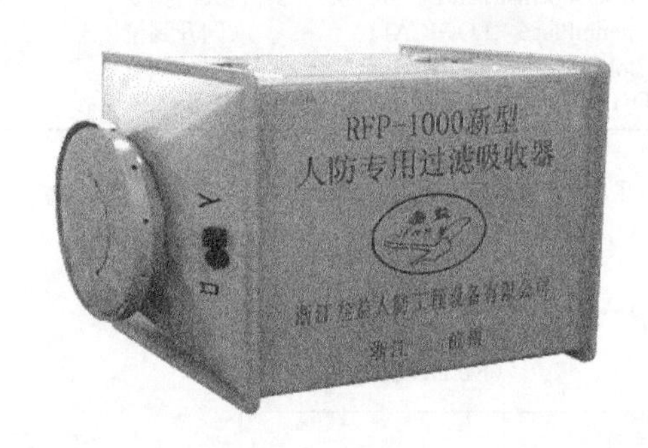

图4-10　滤毒器

滤毒器一般为金属材质,表面涂有防碱漆。根据防护对象和防毒类型的不同,滤毒器分为综合防毒滤毒器和单一防毒滤毒器,可以用于吸收无机气体、有机气体、硫化氢和氨等酸性碱性气体。在实际使用时,需要根据建筑空间的大小、有害物质在空气中的含量、通风设备装置的要求,选择合适大小的滤毒罐和更换时间周期。

2)滤毒器BIM实体扩展

现有的IFC标准中没有对滤毒器实体定义,因此需要自定义新的类型对象和属性集,对实体的位置、几何外形、超压值等基本参数以及相应配备的密闭阀门、空气流量计等进行设置,形成滤毒器的属性集信息。

自定义的属性集信息可以分配给不同的滤毒器对象,然而,由于不同设备安装位置不同,其功能属性也有区别,可能某些实体的属性值变化而其他属性值保持不变。IFC Schema能够根据实际需要为设备实体覆盖新的变化的属性值。

如图4-11所示,将自定义的属性集信息分配给一组对象(滤毒器),在这组对象中,有一个滤毒器有不同的属性值。在共享属性集中,实体的标准值已经被单个实体的特定值覆盖,子集中的所有的其他属性值保持不变,分配给其他对象的所有属性值也保持不变。想要重新定义某个对象属性集,必须保证属性集的属性名称与要在基本属性集中更改其值的属性名称之间完全对应。此外，继承的属性 RelatingPropertyDefinition 指向要覆盖对象值的属性集。

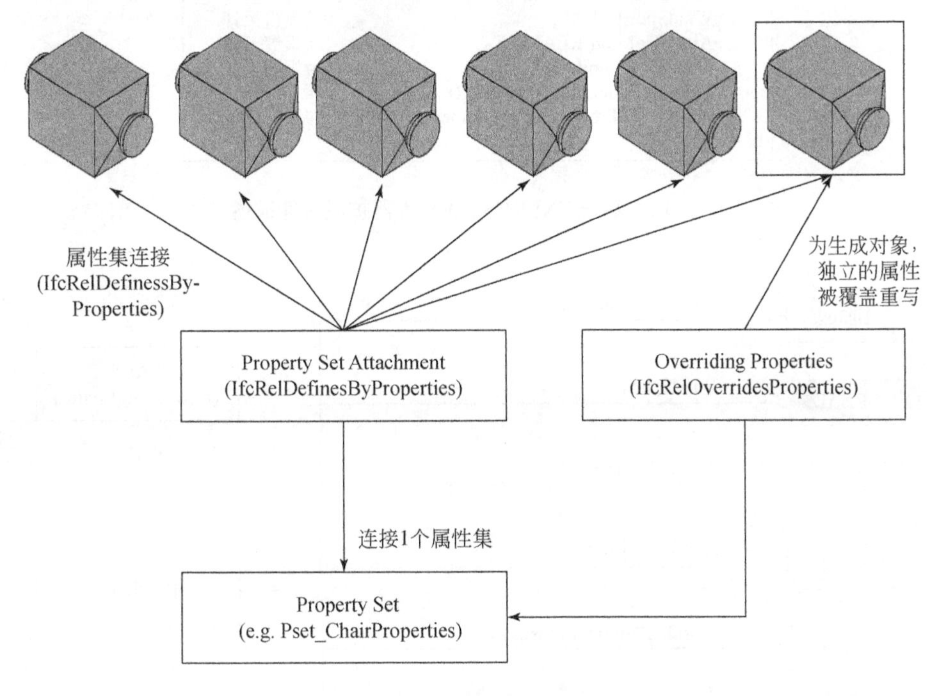

图 4-11　属性集值重新定义

在 BIM 中自定义新的对象实体时，除了定义实体特有的属性，还需要引用 IFC 标准中已定义的属性集信息，并且不能引用重复的属性集。IfcTypeObject 提供了将共同作用的属性集分组在一起的方法，每个属性集对于 IfcTypeObject 的每个实例位于相同的相对位置。IfcPropertySetDefinition 和 IfcTypeObject 之间的反向关系提供了将定义与包含它的对象类型和属性信息相关联的可能性。

由于滤毒通风时进风风量一般比清洁通风时小，为了防止外界染毒空气渗入，需要使工程内保持一定的超压。滤毒器具有一些特殊监测属性以满足该功能。滤毒器能够承受的风速是有限的，需要实时对进风风机的风速进行检测。同时，滤毒器的正常运行需要其保持一定的压差值，压差值一般用于衡量滤毒器的工作寿命，当低于工作压差时，需要对滤毒装置进行更换。图 4-12 为基于 EXPRESS 的滤毒器扩展属性描述。

图 4-13 将 IfcFilter 实体用 EXPRESS-G 更为直观地表示。

```
ENTITY IfcFilter
    SUBTYPE of (IfcDictributionFlowElement);
        FilterFunction:IfcText;                        #过滤器功能
        WindSpeed:REAL;                                #风机风速
        AlarmUpLimit:REAL;                             #报警下限
        AlarmLowLimit:REAL;                            #报警上限
        WorkingDifferentialPressure:REAL;              #工作压差
        DifferentialPressureMeassurement:REAL;         #压差测量值
END_ENTITY
```

图 4-12　基于 EXPRESS 的滤毒器扩展属性描述

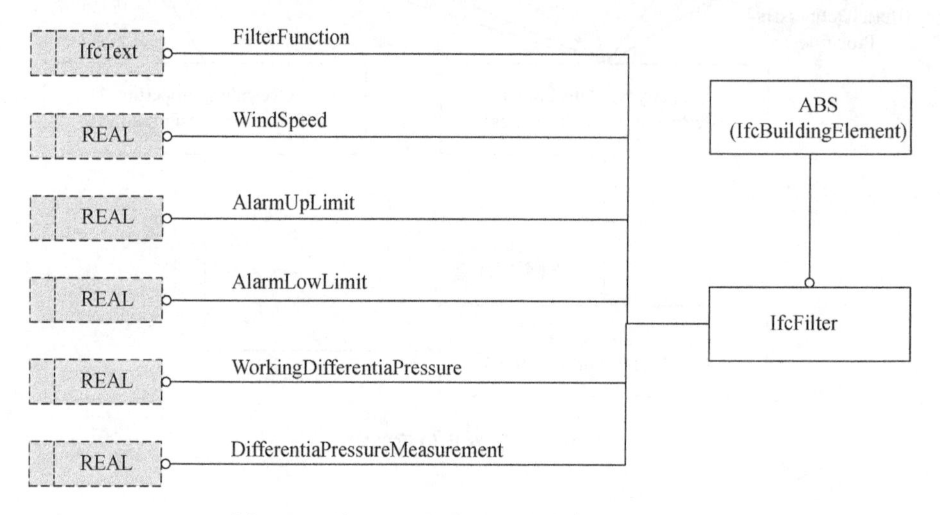

图 4-13　基于 EXPRESS-G 的滤毒器扩展描述

4.3.3　地下建筑电动密闭阀门对象定义与描述

1)地下建筑电动密闭阀门物理特征分析

阀门是流体传输系统中的控制部件,具有控制开关、调节流量、防止逆流、稳压泄压、分流等功能,可以用于控制气体、水、腐蚀性物质、泥浆、油、液态金属和放射性物质等各种类型流体的流动。

进出地下建筑的所有管道,包括通风系统、给排水管、油管,都需要设置密闭阀门,用于防止冲击波和核生化战剂通过管道进入工程内部。地下建筑中的电动密闭阀门带有锁定装置,在平时处于打开状态,不影响管道阻力,战时需要手动关闭,截断与外界的连通。图 4-14 为工程中使用的电动密闭阀门。

对地下建筑而言,当外部空气质量满足使用要求时,工程处于清洁通风状态,清洁进排风管道上的风机和阀门都处于开启状态;外部染毒空气可以被滤除时,工

图 4-14　地下建筑电动密闭阀门

程处于滤毒通风状态，开启滤毒通风管道上的滤毒风机、阀门和滤毒相关设备，工程排风通过超压排风系统；外部空气无法被过滤时，处于隔绝通风状态，所有进排风管道上的阀门均处于关闭状态，工程内循环风机开启。

地下建筑中的阀门一般为电动密闭阀门，但是，安装阀门的位置一般不便于人员检修与维护，采用智能监控系统对其进行远程监控，可以极大地提高运行维护效率。

设备监控系统对阀门的控制一般包括开阀和关阀，并且监控就地远程转换开关状态、阀门关到位状态、阀门开到位状态、阀门故障报警状态、阀门开关过程状态以及控制器的通信状态等。

2）地下建筑电动密闭阀门 BIM 实体扩展

目前的 IFC 标准中有关于阀门的定义描述。图 4-15 为在 IFC 标准中对阀门的实体定义。

```
10414 ENTITY IfcValve
10415   SUBTYPE OF ( IfcFlowController);
10416       PredefinedType : OPTIONAL IfcValveTypeEnum;
10417   WHERE
10418       CorrectPredefinedType : NOT (EXISTS (PredefinedType)) OR
10419                               (PredefinedType <> IfcValveTypeEnum.USERDEFINED ) OR
10420                               (PredefinedType = IfcValveTypeEnum.USERDEFINED ) AND EXISTS (SELF\IfcObject.ObjectType);
10421       CorrectTypeAssigned : (SIZEOF (IsTypedBy)=0) OR
10422                               ('IFC4.IFCVALVETYPE'IN TYPEOF ( SELF\IfcObject.IsTypedBy[1].RelatingType) );
10423 END_ENTITY;
```

图 4-15　IFC4 中阀门的定义

因此，在 IfcProtectiveValve 中自定义防护阀门的属性扩展信息，应该包括开阀和关阀，就地远程转换开关状态、阀门开关到位状态、阀门故障报警状态、阀门开关过程状态以及控制器的通信状态等。图 4-16 为基于 EXPRESS 防护阀门具体属性描述。

```
ENTITY IfcProtectiveValve
   SUBTYPE of (IfcDistributionFlowElement);
   ValveFunction : IfcText;                                  #阀门功能
   StatusofSwitch : LOGICAL;                                 #阀门开关状态
   VentilationMethod : IfcText;                              #通风方式
   StatusofLocalRemoteSwitch: STRING;                        #就地远程转换开关状态
   OpeninPlace : LOGICAL;                                    #阀门开到位
   CloseinPlace : LOGICAL;                                   #阀门关到位
   StatusofSwitchingProcess : STRING;                        #阀门开关过程状态
   StatusofControllerCommunication : STRING;                 #控制器通信状态
   ErrorAlarmValue : REAL;                                   #故障报警值
   OverPressureValue : REAL;                                 #超压值
   LevelofProtection ： REAL;                                #防护等级
END ENTITY;
```

图 4-16　基于 EXPRESS 的防护阀门具体属性描述

图 4-17 将 IfcProtectiveDoor 实体用 EXPRESS-G 图更为直观地表示。

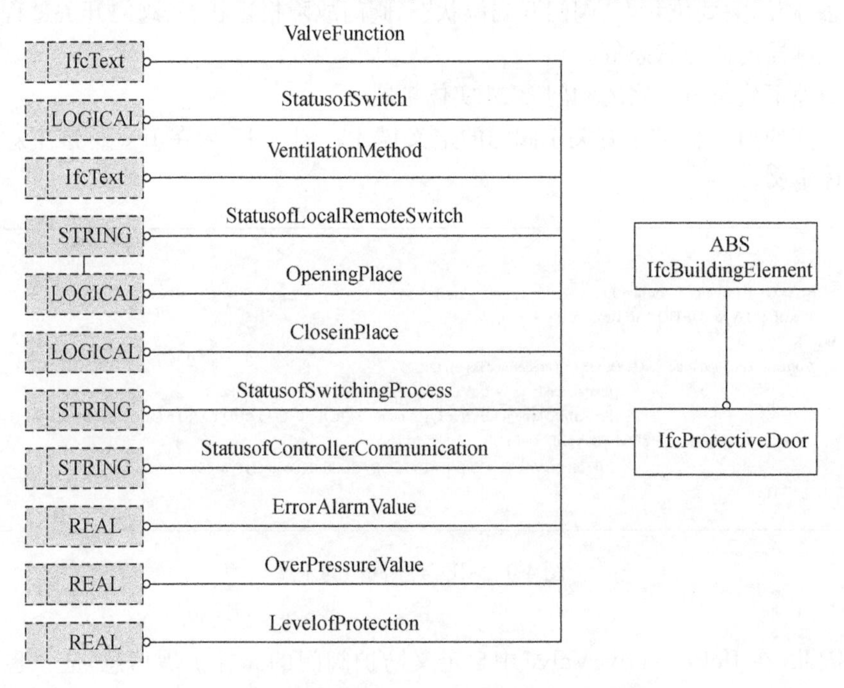

图 4-17　基于 EXPRESS-G 的防护阀门扩展描述

4.4　BIM 静态扩展模型的可用性验证

对于自定义的扩展 BIM 实体，需要验证其可行性和可用性。主要需要验证四个方面的内容：①检验扩展 BIM 实体的几何属性是否正确表达；②检验扩展的 BIM 属性信息是否存在并符合 IFC 标准；③检验扩展的属性信息能否与 BIM 连接匹配；④检验扩展的实体对象是否在标准 BIM 几何属性中存在。

Revit 软件具有强大的三维建模能力，并且能提供开放的 API 用于自定义，因此在研究过程中使用 Revit 软件建立 BIM 并手动添加属性。将 Revit 中构建的 BIM 输出为 IFC 文件，对 IFC 文件进行自定义实体和属性添加，将修改后的 IFC 文件在 IfcDoc 中打开，验证自定义实体和属性是否符合 IFC 标准。将验证后的文件在 IFC 模型查看器 IFCViewer 中打开，如果族文件的几何属性和功能属性能够准确表达，则证明扩展方式可行。

4.4.1　BIM 扩展模型的三维显示

以前面定义扩展的防护门实体 IfcProtectiveDoor 为例，在 EXPRESS 文件中添加自定义实体 IfcProtectiveDoor，并将其表示在 EXPRESS-G 图中。

如图 4-18 所示，在 Revit 中门的族文件中，添加防护门的自定义属性，将族文件添加到项目中显示为几何模型，并输出为 IFC 文件。

图 4-18　防护门实体 BIM 及其自定义属性

将扩展的地下建筑 BIM 输入 BIM 查看软件中，BIM 的几何信息可以正常显示，验证了本书的扩展方法的可行性。图 4-19 为在 BIM 查看软件中显示的防护门、滤毒器和电动密闭阀门的三维模型。

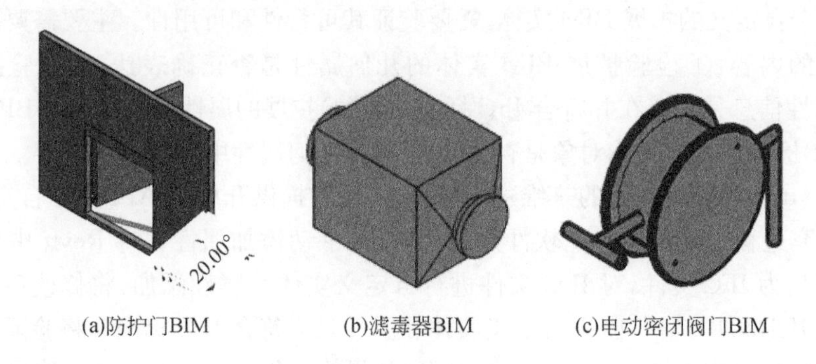

(a)防护门BIM　(b)滤毒器BIM　(c)电动密闭阀门BIM

图 4-19　地下建筑典型设备

4.4.2　IFC 标准验证

很多现有的 IFC-compatible 软件允许使用自定义的属性集在 IFC 文件中定义。本书以 IfcDoc 软件为例，添加并验证自定义属性。

对定义的 IFC 文件进行验证查看，依次单击“工具/验证/浏览一个/IFC 文件”，将会在用户界面的右侧显示一个模板，显示文件与 IFC 标准相匹配的结果，结果以 HTML 格式表示。在软件界面中，用不同颜色的标注表示通过或匹配失败或未找到匹配项目。

以本书所建立的防护门为例，测试结果如图 4-20 和图 4-21 所示。

4.4.3　属性信息验证

对 BIM 实体的属性信息验证主要分为两个方面：一是定义的属性信息是否存在；二是属性信息能否与 BIM 相关联。

如图 4-22 所示，在本书构建的运维管理平台中，单击 BIM 设备模型，在下方的建筑资源管理区中，显示对应的模型信息，包括 OwnerHistory、GlobalID、Name、Description、NominalValue，同时单击的 BIM 标色，验证模型属性信息和属性信息与 BIM 的关联关系。

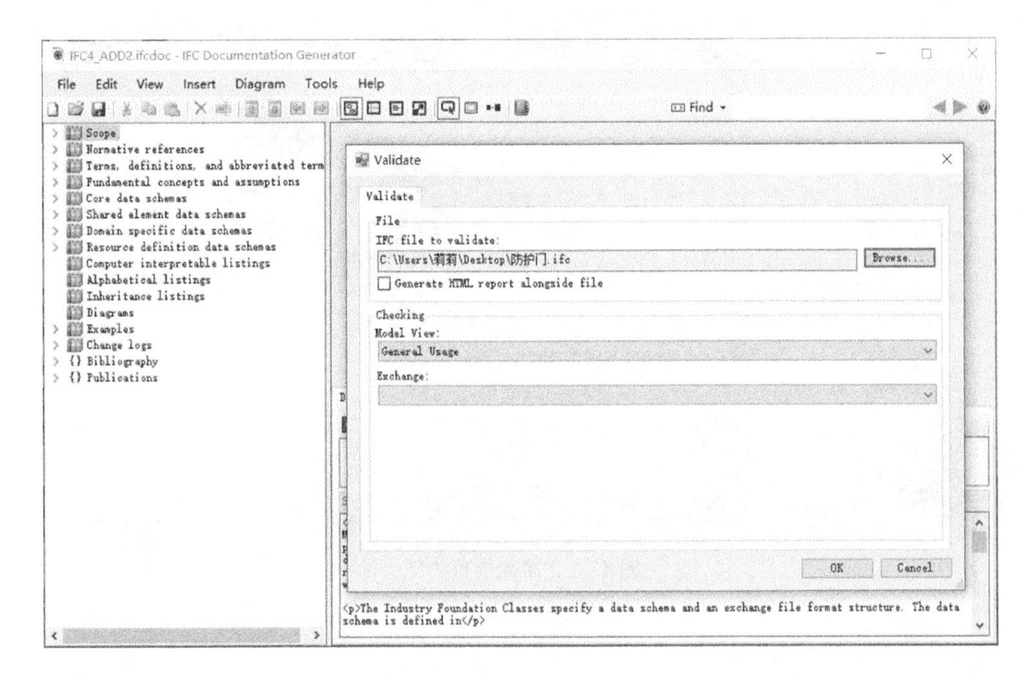

图 4-20　验证查看

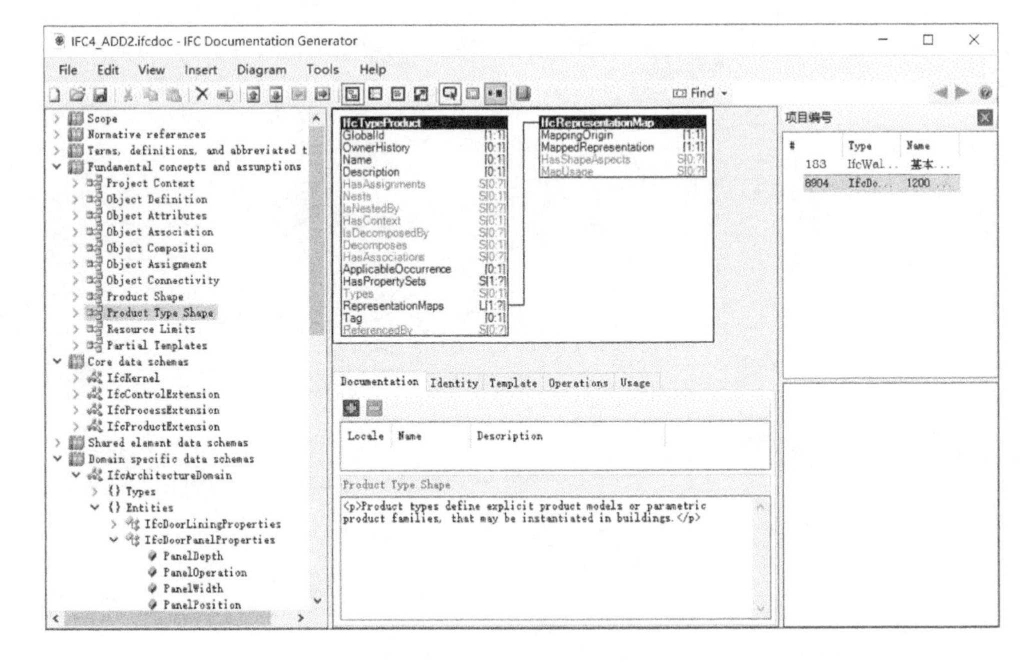

图 4-21　验证结果

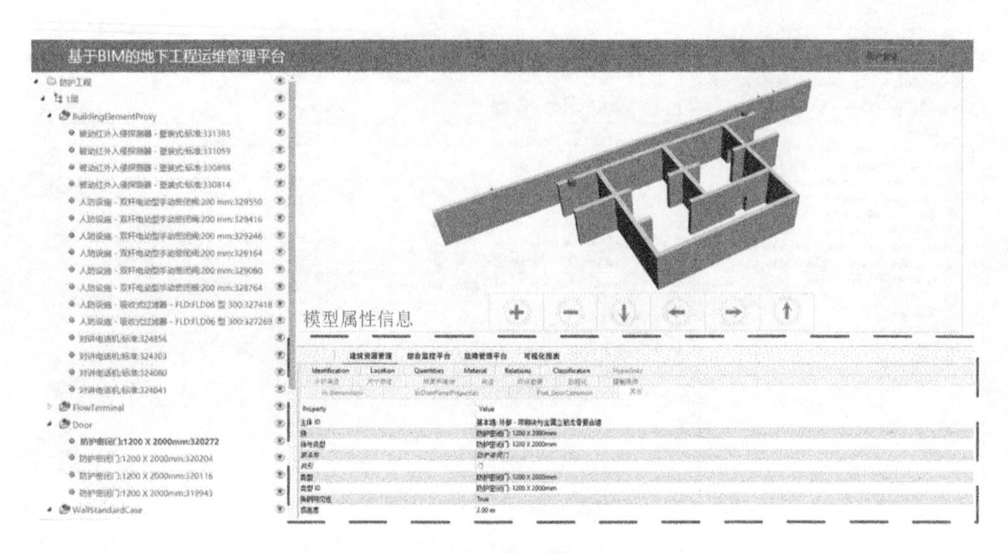
基于BIM的地下工程运维管理平台
BuildingElementProxy
FlowTerminal
Door
WallStandardCase
模型属性信息
Identification
Location
Quantities
Material
Relations
Classification
Property
Value

图 4-22 属性信息验证

第5章 面向建筑火灾应急管理的BIM过程模型扩展

本章主要以地下建筑为例，讨论面向建筑火灾应急管理BIM过程模型扩展问题。首先建立基于BIM的地下建筑火灾应急管理模型，而后给出基于IFC标准的BIM实体扩展框架，并对BIM火灾应急管理扩展模型的实体进行定义和构建，最后讨论基于时间自动机的BIM火灾应急管理形式化建模与验证方法。

5.1 基于BIM的地下建筑火灾应急管理模型

火灾应急管理是地下建筑运维管理和作战保障的重要内容，特别是在地下建筑这种相对封闭的地下工程建筑中，内部环境潮湿，出入口一般较少，发生火灾时高温烟气容易扩散且不容易控制在较小的范围内，人员疏散困难且火灾扑救工作复杂，不容易开展，提高火灾应急管理的快速反应能力显得非常必要。近年来，基于BIM的工程运维平台在地下建筑中逐步得到应用，通过BIM运维平台实现火灾应急管理，能动态可视地管控火灾探测、告警、处理和疏散等全应急过程，对于提高工程火灾情况下快速反应能力具有重要作用。但是，现有BIM缺乏对火灾应急管理要素和流程的完整描述，使得BIM运维平台中BIM与火灾应急管理模型仍是相互独立的，导致其在火灾应急过程自动化、全流程处理和管理功能方面仍存在不足，缺乏对工程结构、设备及人员之间协作能力的有效支撑。因此，迫切需要对现有BIM框架增加和扩展火灾应急处理管理功能。

近年来，BIM在火灾应急管理领域内的研究和应用也逐步得到重视。当前研究工作大致分为三类，第一类是基于BIM进行火灾应急逃生路线的规划[33-35]，第二类是基于BIM进行火源及人员的定位[36-38]，第三类是开发并仿真基于BIM的消防安全管理系统[33,39-42]。但是，迄今为止，尚未见到BIM火灾应急管理模型扩展方面的研究。为此，本章提出基于IFC标准对BIM进行火灾应急管理模型的扩展，整合火灾应急管理过程中涉及的多方面信息，使BIM反映的信息更为全面，然后基于该标准对模型数据信息进行描述、扩展与构建，有利于模型信息的高效组织和共享，最后进行模型的形式化验证，为BIM在地下建筑火灾应急管理中的应用奠定技术基础。

在传统的地下建筑火灾应急管理中，工程保障指挥员根据工程建筑结构信息以及作战保障要求提前规划火灾应急方案，在事故发生时，工程保障指挥员根据之前制订的火灾应急方案、当前火情以及以往的经验来制定事故应急方案，传达给工程现场应急保障员，应急保障员根据方案开展事故应急处理活动，及时采用平时通风与战时通风相结合的方法进行通风以及超压排风，并控制消防设备进行灭火救援行动。

最后将行动信息、当前火情及设备资源情况传递给工程保障指挥员，以便其了解情况并下达指令。具体如图 5-1 所示：相比传统的地下建筑火灾应急管理，基于 BIM 的地下建筑火灾应急管理更加智能化。首先，系统应为工程保障人员提供信息概览的功能，包括从 BIM 中获取建筑物类型及结构、固定灭火设施位置及型号、附近水源位置及状态、火灾现场实时状况等信息，并将标识元素与相应的目标对象连接，工程保障指挥员点击标识的元素，系统将弹出现场实况供其查看与分析，为工程保障指挥员进行灭火救援指挥做好准备。其次，系统应在 BIM 中自动预测火势蔓延方向并规划灭火应急逃生的路线，工程保障指挥员通过查看推荐路线、现场实况并结合自身经验制定灭火救援方案。此外，系统应该在 BIM 中自动分析显示工程现场应急保障员的实时位置，这样不仅可以保证工程现场应急保障员的安全，而且在实际灭火救援行动中，工程保障指挥员能够很容易地掌控全局并进行指挥。最后，系统应能进行消防联动设备的控制，在火灾发生时，可以自动启动消防联动设备进行灭火救援行动及三防转换控制系统进行通风排风，并且可以将状态信息反馈给系统，以供指工程保障指挥员参考、决策、指挥。

除上述功能需求外，火灾应急管理系统还应提供一个通信平台，以保证工程保障人员之间交流无碍，地下建筑火灾应急管理模型如图 5-1 所示。

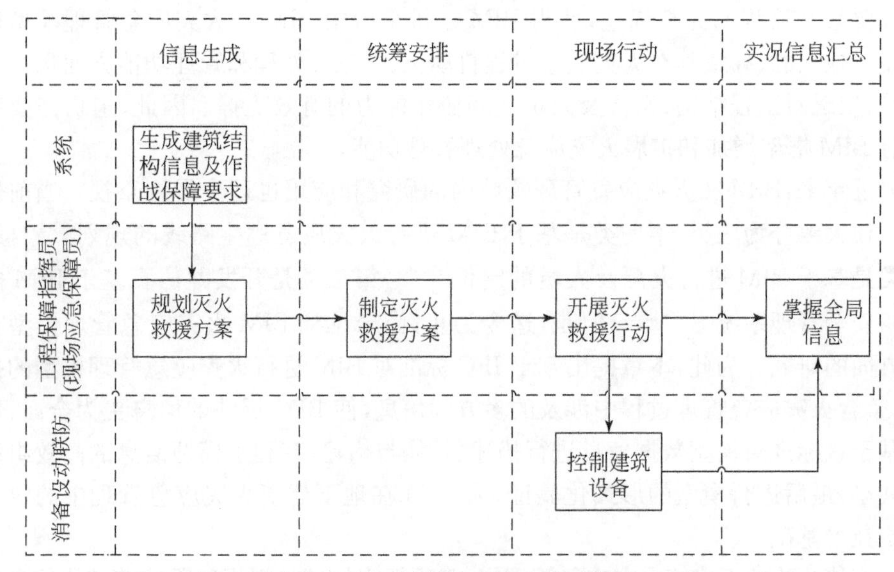

图 5-1　地下建筑火灾应急管理模型

由图5-2可知，地下建筑火灾应急管理共需设备、人员、系统等三方面的信息。除建筑结构信息作为设计阶段的信息是必不可少的之外，还需要对建筑设备信息及工程保障人员行动进行联动，以便在火灾发生时快速应对突发状况，降低事故损失。

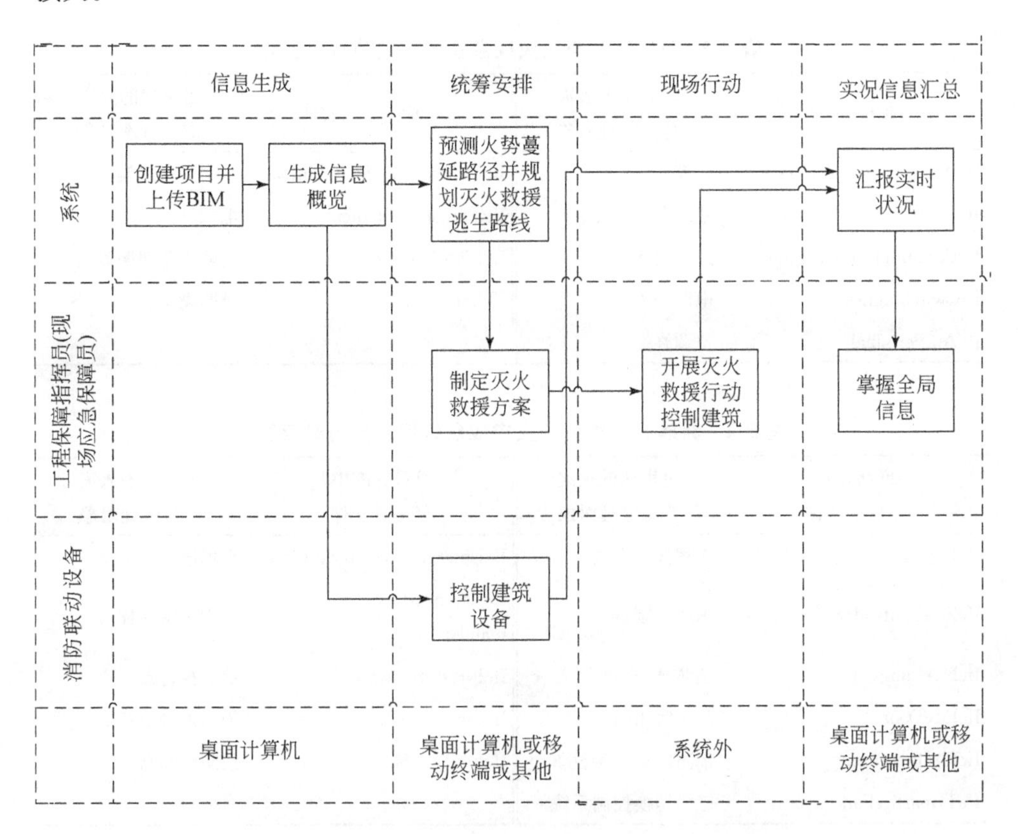

图5-2　基于BIM的地下建筑火灾应急管理模型

5.2　基于IFC标准的BIM实体扩展框架

本节在IFC的标准框架下扩展火灾控制器、火灾执行器、工程保障人员及相关设备设施等要素实体，从而使得BIM能够对地下建筑火灾应急管理过程进行描述，提高建筑、设备及人员之间的联动能力。

5.2.1　IFC标准对地下建筑火灾应急管理模型的表达

根据现有的IFC标准，本节建立了地下建筑火灾应急管理模型中包含的对象与 IFC 实体的对应关系，如表 5-1 所示。

尽管 IFC 标准在不断发展完善，但 IFC 标准框架仍不能覆盖地下建筑火灾应急管理模型中所包含的全部对象。为此本节提出在 IFC 标准框架下新建与定义新实体的方法，如表 5-2 所示。

表 5-1　IFC 实体与火灾应急管理对象的对应表达

IFC 标准中的实体	可表达的火灾应急管理对象	IFC 标准中的实体	可表达的火灾应急管理对象
IfcAudioVisualAppliance	监控设备	IfcFireSuppressionTerminal	消防灭火终端
IfcElement	建筑及设备元素	IfcTransportElement	电梯
IfcCommunicationsAppliance	通信设备	IfcLightFixture	消防应急照明设备
IfcSwitchingDevice	电源开关	IfcLamp	照明设备
IfcAirTerminal	空调终端		

表 5-2　新建 IFC 实体与火灾应急管理对象的对应表达

IFC 标准中新建的实体	可表达的火灾应急管理对象	IFC 标准中新建的实体	可表达的火灾应急管理对象
IfcEngineeringSupportStaff	工程保障人员	IfcEmergencySupportOfficer	现场应急保障员
IfcFireController	消防控制器	IfcEngineeringSupportCommander	工程保障指挥员
IfcFirePump	消防泵	IfcFireActuator	消防执行器
IfcFireDoor	防护密闭门	IfcFireAlarm	消防报警设备
IfcFireBroadcast	消防应急广播设备	IfcFireSensor	消防感知器
IfcTripartiteFan	三防转换控制系统		

5.2.2　基于 BIM 的地下建筑火灾应急管理模型对象协作关系

类图用于描述系统中所包含的类及它们之间的相互关系，前文所示的基于 BIM 的建筑、设备及人员实体之间的交互类图如图 5-3 所示。

消防感知器对象 IfcFireSensor 通过与建筑及设备元素对象 IfcElement 相连接获取建筑物实时的运行状态；消防控制器对象 IfcFireController 通过与消防感知器对象 IfcFireSensor、监控设备对象 IfcAudioVisualAppliance、建筑及设备元素对象 IfcElement 相连接处理数据信息并基于动静态信息进行自主决策，通过与消防执行器对象 IfcFireActuator 相连接控制信息的输出；消防执行器对象 IfcFireActuator 通过与设备对象相连接实现设备的调控，同时向消防控制器对象

IfcFireController 反馈执行结果；工程保障指挥员对象 IfcEngineeringSupport-Commander 通过与消防控制器对象 IfcFireController 相连接接收系统的自主决策方案，与监控设备对象 IfcAudioVisualAppliance、建筑及设备元素对象 IfcElement 相连接接收建筑物及设备的动静态信息并规划救援方案，通过与通信设备对象 Ifc-CommunicationsAppliance 相连接达到与现场应急保障员 IfcEmergencySupport-Officer 传递灭火救援计划、反馈行动结果及现场实况的目的。

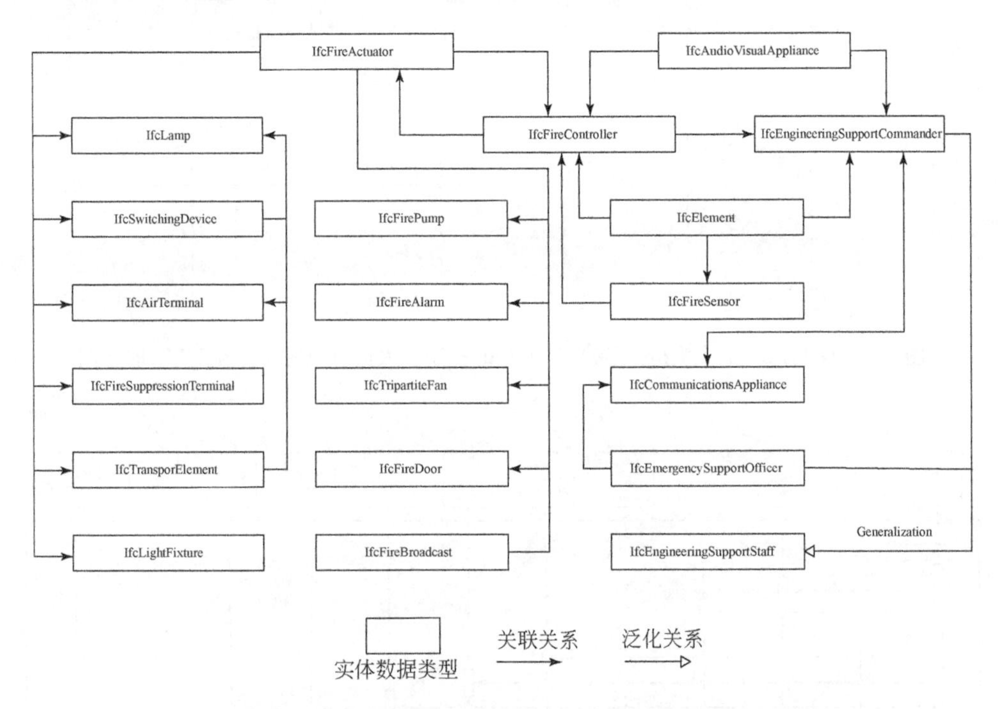

图 5-3　基于 BIM 的火灾应急管理模型对象协作关系的 UML 类图

5.2.3　基于 BIM 的地下建筑火灾应急管理模型协作交互时序

交互图用于刻画对象之间的动态行为，按照时间顺序对控制流进行建模，BIM 火灾应急管理模型之间的协作交互关系如图 5-4 和图 5-5 所示。

消防控制器对象 IfcFireController 同时接收监控设备对象 IfcAudioVisual-Appliance、消防感知器对象 IfcFireSensor、建筑及设备元素对象 IfcElement 传递的建筑物实时动静态信息及建筑、设备的详细信息，进行自主决策，并发送指令给消防执行器对象 IfcFireActuator 来控制设备，其将控制结果反馈给消防控制器对象 IfcFireController；同时，工程保障指挥员对象 IfcEngineeringSupportCommander 参考消防控制器对象 IfcFireController 的决策结果、监控设备对象 IfcAudioVisual-

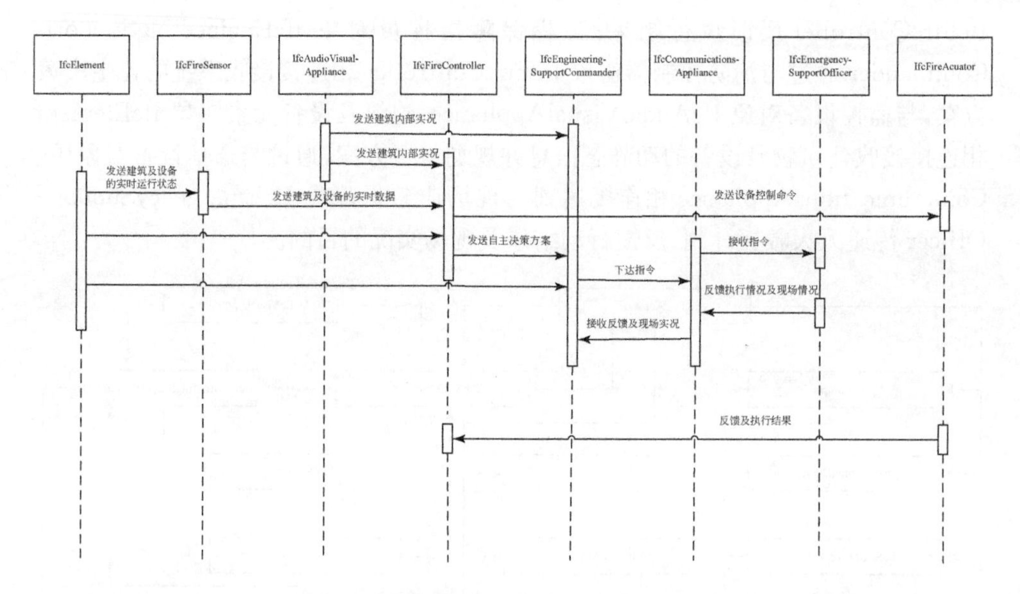

图 5-4　基于 BIM 的火灾应急管理模型感知、控制及人员对象协作交互 UML 时序图

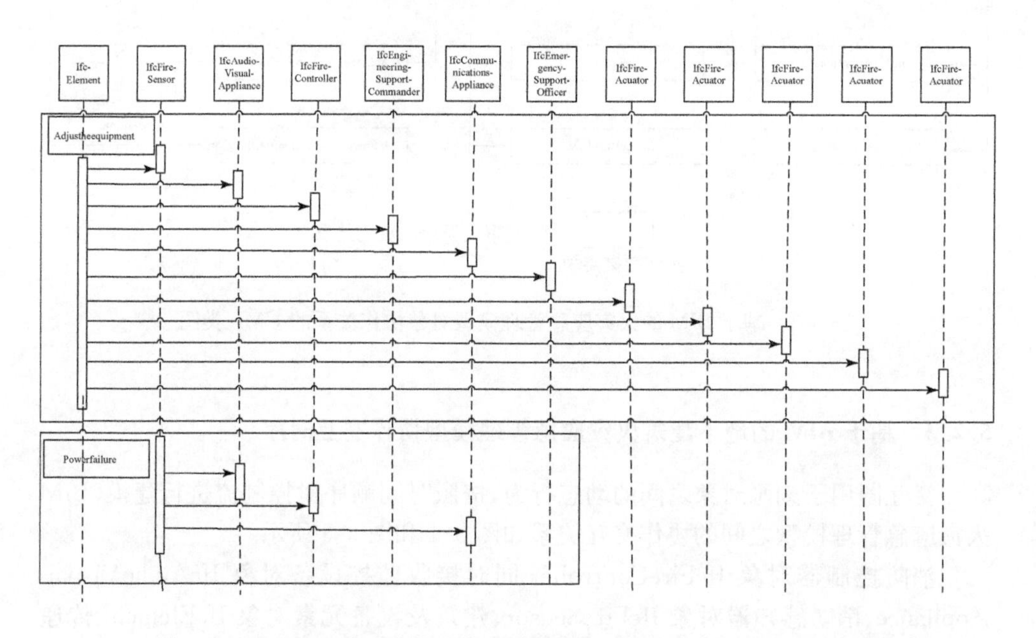

图 5-5　基于 BIM 的火灾应急管理模型设备对象协作交互 UML 时序图

Appliance 和建筑及设备元素对象 IfcElement 传递的动静态信息进行救援计划的规划，并通过通信设备对象 IfcCommunicationsAppliance 实现指令的下达和现场

反馈的接收。消防执行器对象 IfcFireActuator 根据消防控制器对象 IfcFireController 的指令调整控制设备，之后电源开关对象 IfcSwitchingDevice 断开火灾区域的照明设备对象 IfcLamp、空调终端对象 IfcAirTerminal 以及电梯对象 IfcTransportElement 中非消防电梯的电源。

5.3 BIM 火灾应急管理扩展模型的实体定义与构建

为使得计算机语言能够描述所扩展的 IFC 标准，本节采用 EXPRESS 语言及 EXPRESS-G 图对新增 IFC 实体进行定义与构建。增加实体类型的扩展方式已经超出了原有 IFC 标准的模型框架，是对 IFC 模型本身定义的扩充和更新，一般地，IFC 标准的每一次版本升级更多地采用增加实体类型的方法。通过增加实体类型方式扩展 IFC 标准需要注意的问题是：新扩展实体需要建立与原有实体的派生和关联关系，避免新增实体引起模型体系的歧义和冲突。本节主要采用增加实体类型的方式在 IFC4.3 大纲模型的基础上对 IFC 框架进行实体扩展。

5.3.1 BIM 火灾应急管理实体在 IFC 框架中的位置

本节扩展的地下建筑火灾应急管理对象实体可分别以 IFC 主体框架中的分布式控制元素对象 IfcDistributionControlElement 以及对象 IfcObject 为基类进行构建，新扩展的对象实体在 IFC 框架中的位置如图 5-6 所示。

5.3.2 BIM 火灾应急管理实体的定义与构建

图 5-7 描述了如何在原有 IFC 模型体系上定义新的实体类型。工程保障人员对象 IfcEngineeringSupportStaff 实体派生自 IFC 标准中参与工程角色对象 IfcActor 实体，表示火灾应急行动中参与应急管理的全部人员。该实体除了继承 Name，Address，Telecommunicationaddresses 以及 Roles 等属性之外，还应该包括工作方式 WorkMethod、职位等级 Status、人员状态 State、人员类别 Category 等属性。对象化关系 IfcRelAssignsToActor 处理对象（IfcObject 的子类型）到工程保障人员对象 IfcEngineeringSupportStaff 实体的分配，其定义 IfcEngineeringSupportStaff 与一个或多个对象之间的关系。工程保障人员对象 IfcEngineeringSupportStaff 实体在这种关系中扮演的特定角色可以关联起来，如果指定，则可以直接优先分配给个人或组织的角色。

除此之外，本节在实体参与工程角色对象 IfcActor 实体的下方添加了 IfcEngineeringSupportCommander、IfcEmergencySupportOfficer 两种新的实体。在定义这些实体时，事先提供一些预定义、用于特定场合（PredefinedType）的工程

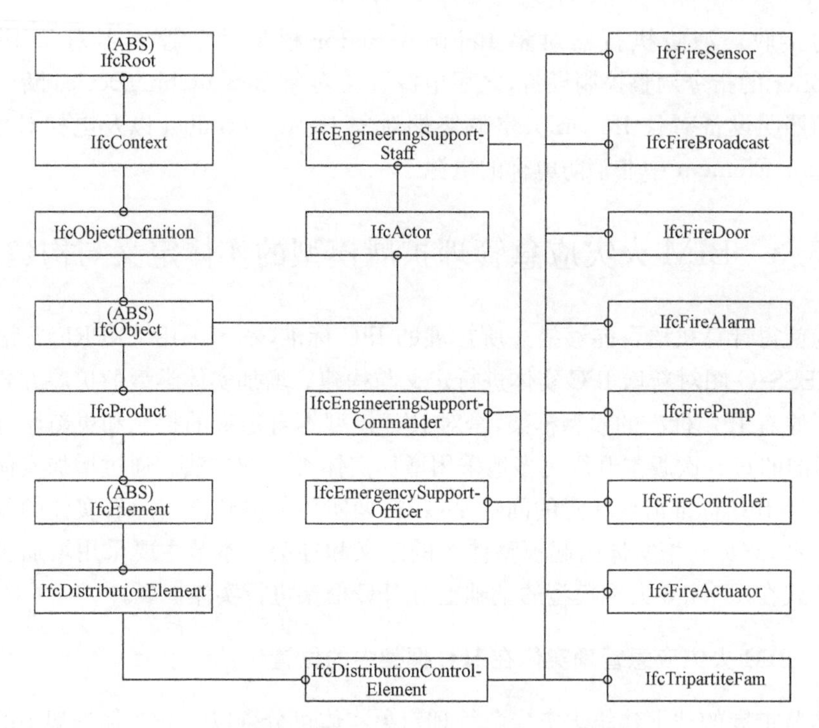

图 5-6　新扩展的对象实体在 IFC 框架中的位置

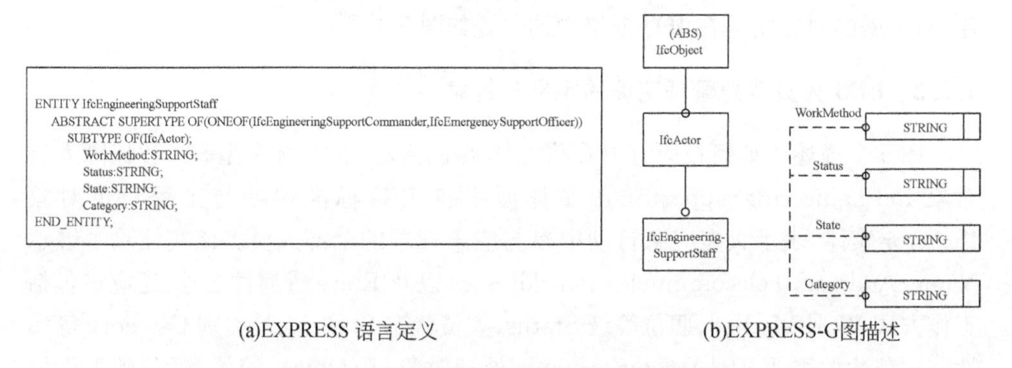

(a)EXPRESS 语言定义　　　　(b)EXPRESS-G图描述

图 5-7　工程保障人员对象实体的 IFC 定义

保障人员对象(如现场应急救援员),分别采用 IfcEngineeringSupportOfficerTypeEnum、IfcEmergencySupportCommanderTypeEnum 表达。基于 EXPRESS 语言的两种实体定义及在 IFC 框架中的位置如图 5-8 所示。

此外,对于火灾应急管理模型中其他实体的定义和构建与之类似,不在此一一描述。

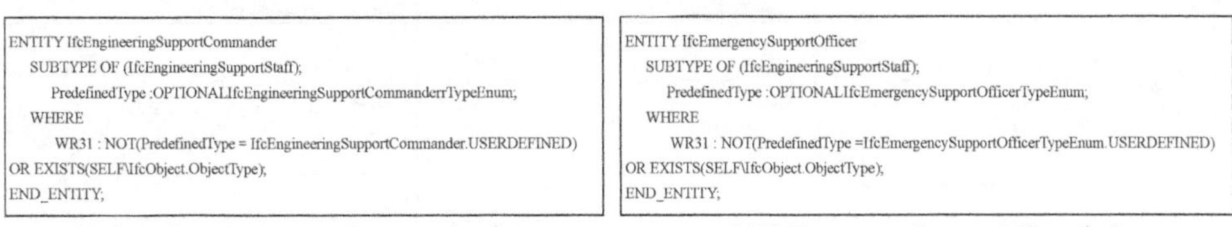

```
ENTITY IfcEngineeringSupportCommander
    SUBTYPE OF (IfcEngineeringSupportStaff);
        PredefinedType :OPTIONALIfcEngineeringSupportCommanderrTypeEnum;
    WHERE
        WR31 : NOT(PredefinedType = IfcEngineeringSupportCommander.USERDEFINED)
OR EXISTS(SELF\IfcObject.ObjectType);
END_ENTITY;
```

(a)IfcEngineeringSupportCommander 定义

```
ENTITY IfcEmergencySupportOfficer
    SUBTYPE OF (IfcEngineeringSupportStaff);
        PredefinedType :OPTIONALIfcEmergencySupportOfficerTypeEnum;
    WHERE
        WR31 : NOT(PredefinedType =IfcEmergencySupportOfficerTypeEnum.USERDEFINED)
OR EXISTS(SELF\IfcObject.ObjectType);
END_ENTITY;
```

(b)IfcEmergencySupportOfficer 定义

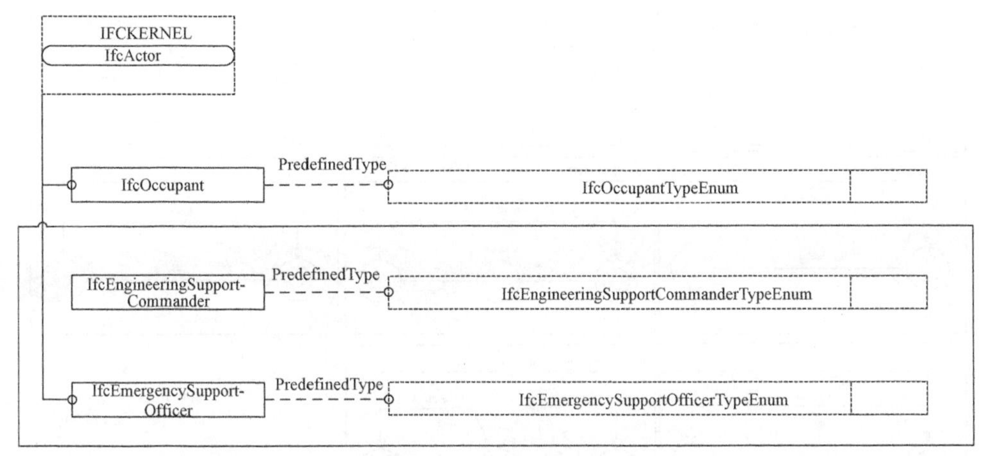

(c)两种实体在IFC框架中的位置

图 5-8 基于 EXPRESS 语言的两种实体定义及在 IFC 框架中的位置

5.4 基于时间自动机的 BIM 火灾应急管理形式化建模与验证

采用以数学理论为基础的形式化方法进行火灾应急管理的形式化建模与验证,致力于提高系统的质量。时间自动机是对自动机理论所做的扩展,它提供了一种简单而有效的方法以描述带有时间因素的系统,并具有严格的形式化定义机制,可借助其进行火灾应急管理模型的安全性、可达性及一致性的验证。

5.4.1 形式化建模

图 5-9 刻画了基于自动机网络的地下建筑的 BIM 火灾应急管理交互模型。其中,IfcFireController 通过 information 通道、perception 通道及 monitor 通道进行建筑及设备信息的读取,以及火灾的初判断和再判断,并进行决策,若 fire=1 则为火灾发生,通过 decision 通道发送自主决策指令。IfcFireActuator 通过 adjust

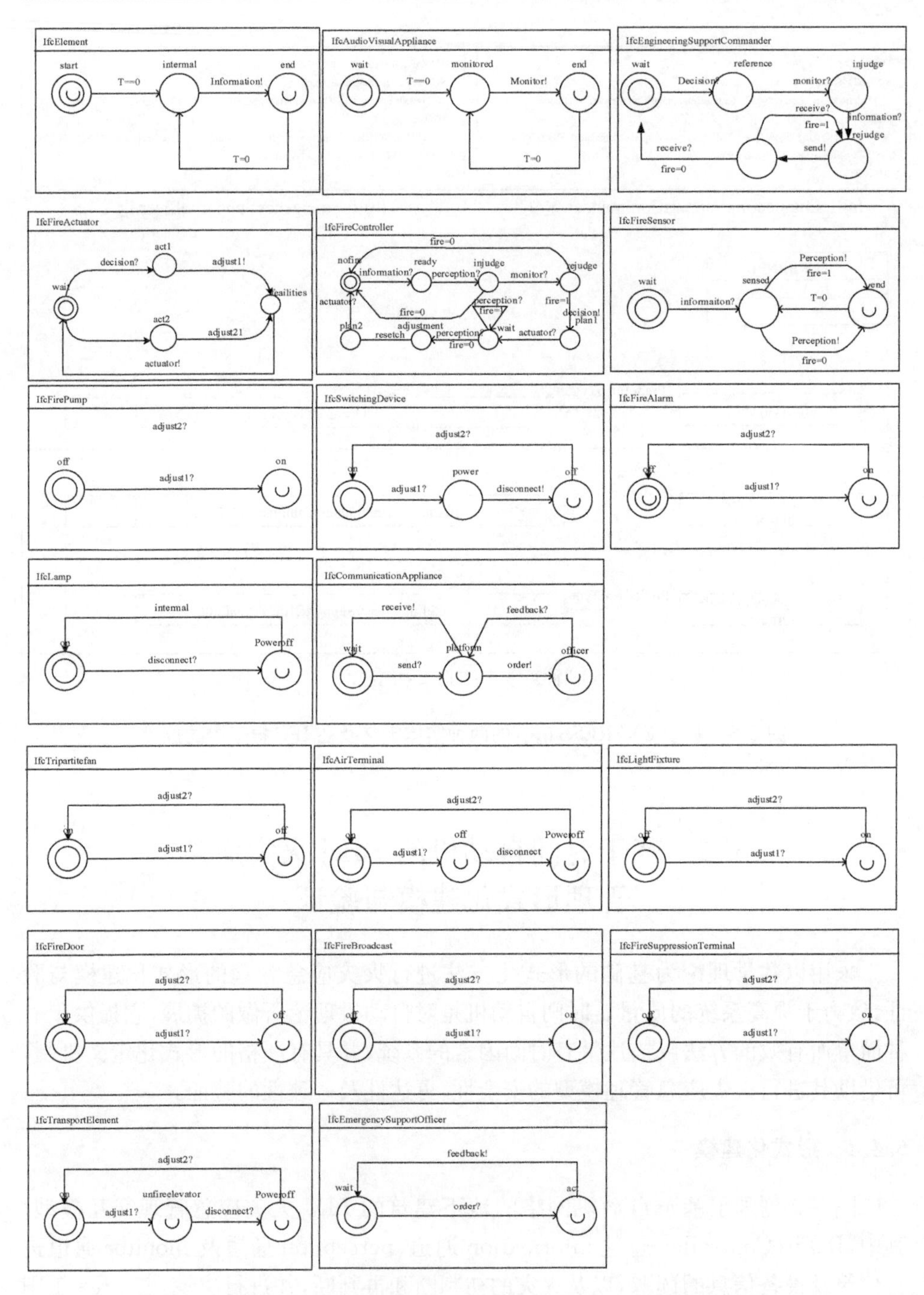

图 5-9 基于自动机网络的地下建筑的 BIM 火灾应急管理交互模型

通道发送指令进行设备的调整控制及火灾区域电源的控制，同时 IfcEngineeringSupportCommander 通过 monitor 通道及 information 通道接收建筑动静态信息并规划灭火救援方案，通过 send 通道及 receive 通道发送指令并执行反馈。当火灾被扑灭时，IfcFireController 通过 perception 通道接收到 fire=0，并通过 resetch 通道将设备归回原位，最后回到 wait 位置。IfcEngineeringSupportCommander 通过 receive 通道接收到 fire=0 后回到 wait 位置。反之 sfire=0 则火灾没有发生，IfcFireController 回到 nofire 位置，重新进入感知判断阶段。

5.4.2　模型检测

对于上述交互模型，本节主要进行如下性质验证：

(1)验证安全性，即 BIM 对象访问冲突或死锁验证。在 UPPAAL 中，这种属性是被正向描述的，规约语言为 A[]not deadlock，表示在所有可达的位置中 not deadlock 总是为真；

(2)验证可达性，即最终希望的位置是可以到达的。它所查询的是否存在一条由初始位置开始到该位置的路径，例如，希望火灾控制器自主决策的位置是可达的，规约语言为 E<>IfcFireController. plan1；

(3)验证一致性，即多种对象之间交互顺序的一致性。它所指的是某件事发生会触发另外的动作响应，例如，一旦电源断开，照明设备一定会断电，规约语言为 E<>IfcSwitchingDevice. off imply IfcLamp. Poweroff。

采用 TCTL 来描述上述需要验证的三个性质规约，具体如表 5-3 所示。

表 5-3　基于 TCTL 的 BIM 火灾应急管理对象形式化验证性质规约

性质分类	性质描述	规约语言	验证结果
安全性验证	系统无死锁	A[]not deadlock	满足该性质
可达性验证	火灾控制器可以自主决策	E<>IfcFireController. plan1	满足该性质
	电源可以关闭	E<>IfcSwitchingDevice. off	满足该性质
	工程保障指挥员可以规划方案	E<>IfcEngineeringSupportCommander. plan	满足该性质
一致性验证	电源断开，照明设备一定断电	E<>IfcSwitchingDevice. off imply IfcLamp.	满足该性质
	火灾控制器进行自主决策，火灾执行器一定调控设备	Poweroff E<>IfcFireController. plan1 imply IfcFireActuator. fecilities	满足该性质

基于表 5-3 定义的性质规约，采用 UPPAAL 工具进行性质验证，验证结果如

图 5-10 所示。由图可知，表 5-3 列举的规约以及其他规约在上述三个性质均没有发现异常，从而说明本章提出的 BIM 火灾应急管理模型对象之间的交互关系是正确的、可靠的。

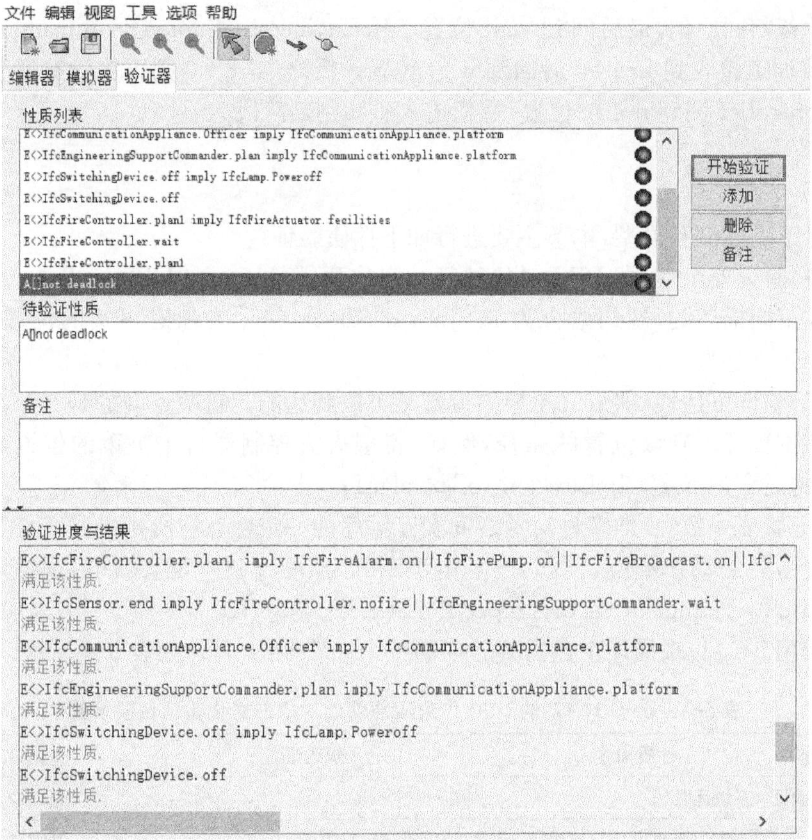

图 5-10　基于 UPPAAL 的 BIM 火灾应急管理对象交互模型验证结果

第 6 章　建筑运维 BIM 动态运行关键技术

本章主要阐述和讨论建筑运维 BIM 动态运行关键技术和方法，包括 BIM 轻量化技术、BIM 与建筑物理实体的动态物联交互技术、BIM 三维动态呈现方法等。

6.1　BIM 轻量化技术

6.1.1　BIM 轻量化需求

BIM 轻量化是为了实现快速在线传输，降低计算机、移动设备的资源消耗，在满足信息无损、模型精度、使用功能等要求的前提下，对模型数据进行几何实体、承载信息、构建逻辑等方面的精简、转换、缩减，以达到更轻、更快、更便捷地运用 BIM 的目的。

起初，BIM 技术应用以设计阶段为主导，主要应用于 BIM 设计，设计人员需要配备高性能的计算机，使用专业的 BIM 软件创建和使用 BIM，解决工程设计、工程算量、施工指导等设计阶段的问题。这个阶段对 BIM 轻量化的需求并不是十分突出，然而随着近年来 BIM 技术的迅猛发展，BIM 技术得到了广泛应用，突显出对 BIM 轻量化的需求。

BIM 的应用领域拓展了，其不仅可以应用于设计阶段，而且可以应用于施工阶段、运维阶段，覆盖整个工程建筑的全生命周期，因此产生了很多应用。这些应用不再局限于建模软件，用户也不再局限于设计人员，终端也不再局限于 PC 端。

基于 BIM 的应用从本地到云端，从 PC 端应用到移动端应用，从客户端应用到 Web 应用，前提是需要 BIM 足够轻量，便于在网络上传输。特别是 Web 应用，BIM 需要实时从云端下载，原始的 BIM 文件过大，无法快速下载与浏览，而且受限于浏览器，如果模型过大会直接导致浏览器崩溃无响应。

为了便于 BIM 传输以及被其他应用系统集成，在 PC 端、移动端等终端应用就需要对 BIM 进行轻量化处理。

6.1.2　BIM 轻量化方法

1. 数模分离

BIM 数据包括三维几何数据和模型属性信息非几何数据两部分。首先需要进行模型解析将几何数据和非几何数据进行拆分。通过这样的处理，原始 BIM 文件中 20%～50%的非几何数据会被剥离出去，输出为数据文件，供 BIM 应用开发使用。

2. 三维几何数据轻量化处理

对于剥离非几何数据后剩下的三维几何数据，还需要进一步轻量化处理优化，以减少三维几何数据数据量，减少客户端计算机的渲染计算量，从而提高 BIM 下载、渲染和功能处理的速度。

对于三维几何数据优化，一般采取如下方案：

(1)参数化或三角化几何描述。通过采用参数化或三角化的描述手段来降低三维几何数据的数据文件大小，让模型数据变得更小。

(2)通过相似性算法减少构件存储量。在一个工程 BIM 中很多构件外形一模一样，只是所处位置或角度不同，这时就可以采用相似性算法进行数据合并，即只保留一个构件的数据，其他相似构件只记录一个引用＋空间坐标即可。通过这种方式可以有效地减少构件存储量，达到轻量化的目的。

(3)构建符合场景远近原则的多级构件组织体系。大的 BIM 的构件数量会非常多，在 Web 浏览器中全部下载和加载这些构件是不现实的。同时，观察 BIM 的视野范围或场景又是相对有限的。利用这个特点，就可以创建一个符合场景远近原则的多级构件体系，使得用户在观察 BIM 时，在远处可以看到全景，但不用看到细节，在近处可以看到细节，但无须看到 BIM 的全部。这样可以大大提高 BIM 在 Web 浏览器中的加载速度、改善用户体验，解决大体量 BIM 的轻量化问题。

6.2　BIM 与建筑物理实体的动态物联交互技术

BIM 与建筑物理实体之间是孪生关系。在数字孪生概念中，BIM 是虚拟的数字建筑，与建筑物理实体是一一精准映射的，是对真实建筑的真实反馈。对真实建筑的真实反馈又离不开物联网技术，物联网对智能化设备与传感器进行实时数据的采集与操控。BIM 与建筑物理实体的动态物联交互技术是实现真实建筑反馈以及对设备的远程操控。

BIM 与建筑物理实体的动态物联交互技术具有如下三个特点：

(1)精准映射。BIM 需要与建筑物理实体一致，对建筑运行状态的充分感知、动态监测，形成虚拟建筑在信息维度上对实体建筑的精准信息表达和映射。

(2)物模型定义。对设备实体对象定义物模型，物模型是对设备实体对象控制行为与运行情况的描述，用于真实反馈设备实体的真实状态。

(3)虚实交互。建筑物理实体发生的事件、实时状态、历史痕迹在虚拟空间下进行虚实融合与交互,通过观察虚拟空间可掌握建筑物理实体的实际情况,并且可在虚拟空间下操作建筑物理实体,实现对建筑物理实体的监控与管理。

下面分别从 BIM 与建筑物理实体的绑定、BIM 与建筑物理实体的动态物联交互两方面介绍具体实现。

6.2.1　BIM 与建筑物理实体的绑定

BIM 与建筑物理实体是一一精准映射的,是对真实建筑的真实反馈。这就需要建立两者之间的绑定关系。两者之间的绑定需要解决两个问题:一是 BIM 与物理实体(设备与空间)如何建立绑定;二是如何建立设备空间编码体系用于信息交换、共享。

1. BIM 与设备绑定方法

在实际建筑运维管理过程中,每个需要管理的设备都有编号。这个编号通常沿用 CAD 设计图纸上的编号,这样,CAD 编号就是设备的唯一识别码,因此要建立模型与实际设备的绑定关系只需要把 CAD 编号录入模型中。

在建模时给构件增加设备编号属性,录入设备 CAD 编号。在 BIM 中的每个构件都有自身的构件唯一 ID,通过构件 ID 和设备 CAD 编号就建立了模型与实际设备的绑定关系。

解析 BIM 信息,将构件 ID、CAD 编号等模型信息存入数据库。在应用系统中,通过设备编号可查找设备在模型中的构件 ID,通过构件 ID 可找到对应的构件。

2. BIM 与空间绑定方法

在 BIM 建模时可创建房间,每个房间都有自身的构件唯一 ID。建筑空间是通过解析 BIM 中的房间而来,并以数据的形式存入数据库,然后在应用系统中维护空间的更多信息,如空间的使用类型、是否空置等业务信息。

在应用系统中查看空间可按照空间信息多条件筛选,根据空间唯一 ID 在模型中找到对应房间进行加载显示。

3. 设施设备与空间编码方法

为规范设施设备与建筑空间的分类、编码与组织,实现数据交换、共享,参考国家现行相关标准,结合建筑运维需求,定义综合信息分类编码规则。

编码规则设计原则遵循编码唯一性、编码稳定性、编码可扩展性、编码可操作性。

(1)编码唯一性。编码确保每个设施设备与建筑空间有唯一标识,该标识用于检索。

(2)编码稳定性。编码结构稳定,在一段时间内不应改变,编码元素选取稳定的本质属性或特征作为分类对的基础和依据。

(3)编码可扩展性。考虑到未来的发展,在编码结构稳定的基础上需要支持新编码对象的加入。

(4)编码可操作性。编码应便于理解、识别、浏览、查询,满足建筑运维管理的实际需求。

综合信息分类编码由空间编码和设施设备编码两部分组成,如表6-1所示。空间编码区分单体建筑、多栋建筑分为两个分支,通过空间编码定义了设备所在的空间;设施设备编码由系统、类别、类型三个层级进行分类。

表6-1 综合信息分类编码规则

编码内容	位数	范围值	分支1	分支2	备注
空间编码	3位	001～999	项目编号	项目编号	与项目主编码进行映射
	2位	01～99	区域	地下、裙楼或大型主楼不分楼栋的分区	01～09代表地下区域; 11～19代表裙楼区域; 21～29代表一个项目分支一类型的正常区域; 51～99代表一个大项目编号,不同小项目或者小项目中的区域编号
	2位	01～99	建筑	楼层	
	3位	000～999	楼层	防火分区	000代表不归属于某一楼层,但归属于某个建筑,如电梯轿厢
	4位	0000～9999	房间	房间	0000表示有房间,建一个总空间
设施设备编码	2位	01～99	系统	系统	分支2: 后续编码和原来编码规则一致 针对于地下区域停车场、裙楼等不分区域,但是区分楼层和防火分区 参数分类:OXX为动态属性,1XX～9XX为静态属性
	2位	01～99	系统	系统	
	3位	001～999	类型	类型	
	4位	0001～9999	设备	设备	
	3位	001～999	参数	参数	

6.2.2 BIM与建筑物理实体的动态物联交互

BIM与建筑物理实体的交互是对建筑物理实体的操控行为与真实反馈。基于BIM显示建筑空间与设备分布,物联网平台接入建筑智能化系统,BIM运维平台通过对模型的渲染、模拟动画实时展示设备状态与运行数据。

1. 空间交互

基于 BIM 可视化的特性，可以 360°地浏览建筑空间，也可以单独浏览每一层楼或者每一个房间的三维视图。浏览模型时支持两种浏览模式，一种是全局视角模式，可以任意地将视角拉近拉远查看模型的整体与局部细节，支持旋转、前后左右移动等操作；另一种是漫游模式，模拟以第一人称视角走进建筑内进行漫游，模拟人物行走近距离浏览建筑空间。

在 BIM 建模时会创建房间，解析 BIM 提取房间几何数据及房间基础信息，在 BIM 运维系统中动态加载房间几何数据实时展示房间划分。可对接业务系统获取业务系统中房间相关的业务数据，通过房间 ID 与模型进行关联。例如，对接会议室系统，可在模型中实时展示会议室预约和使用情况，点击会议室调用会议室系统接口获取预约信息进行展示。空间也可以与设备建立联系，如照明配电箱的照明回路与回路所服务的空间之间联系，通过将照明配电箱与所服务空间建立联系，用户可直观地查看空间照明情况，当需要进行控制时点击空间即可进行开关控制。

在 BIM 运维系统中可为空间生成二维码，将二维码贴在房间门口，用户通过扫描二维码即可调取房间相关数据。给设备房贴上二维码，设备房巡检人员日常巡检时扫描设备房二维码即可调出设备房内需要巡检的设备与巡检项。对于智能化设备的巡检，通过物联网采集巡检项的数据自动完成巡检项的填写，其他需要人员现场察看后填写设备房巡检表完成日常巡检工作。

2. 设备交互

基于 BIM 展示设备分布，实际物理设备与 BIM 一一绑定映射，模型中的设备根据设备的真实运行状态通过渲染成不同的颜色表达设备的不同状态，如运行中的设备渲染成绿色、离线设备渲染成灰色、故障设备渲染成红色。点击模型中的设备通过调用物联网平台接口获取设备的实时运行数据、设备报警记录、设备历史运行记录与统计分析数据等设备运行数据。从业务系统获取设备的报修工单记录、设备巡检记录、设备维保记录。当设备告警时，可以在模型中定位高亮突出显示设备所在位置，同时弹出设备报警详细信息。

单个智能化系统内设备及跨智能化系统之间设备存在上下游或控制关系，通过将逻辑关系与模型关联，查看模型中的设备可快速定位到上下游相关设备。例如，供配电系统高低压柜与变压器之间的逻辑关系，在浏览高低压柜时可定位到上游的变压器。

6.3　BIM 的三维动态呈现方法

6.3.1　总体思路

BIM 的三维动态呈现是为了在虚拟 BIM 中直观地表达建筑实体设备的运行状态，使运维平台中的建筑设备模型与建筑物理空间中的相应实体运动状态保持一致，真正体现 BIM 三维模型的价值，为管理人员监管设备运行状态提供便利。

BIM 的三维动态呈现方法总体思路如图 6-1 所示，主要分为 BIM 文件解析、数据传输、三维模型显示和动画呈现四部分。

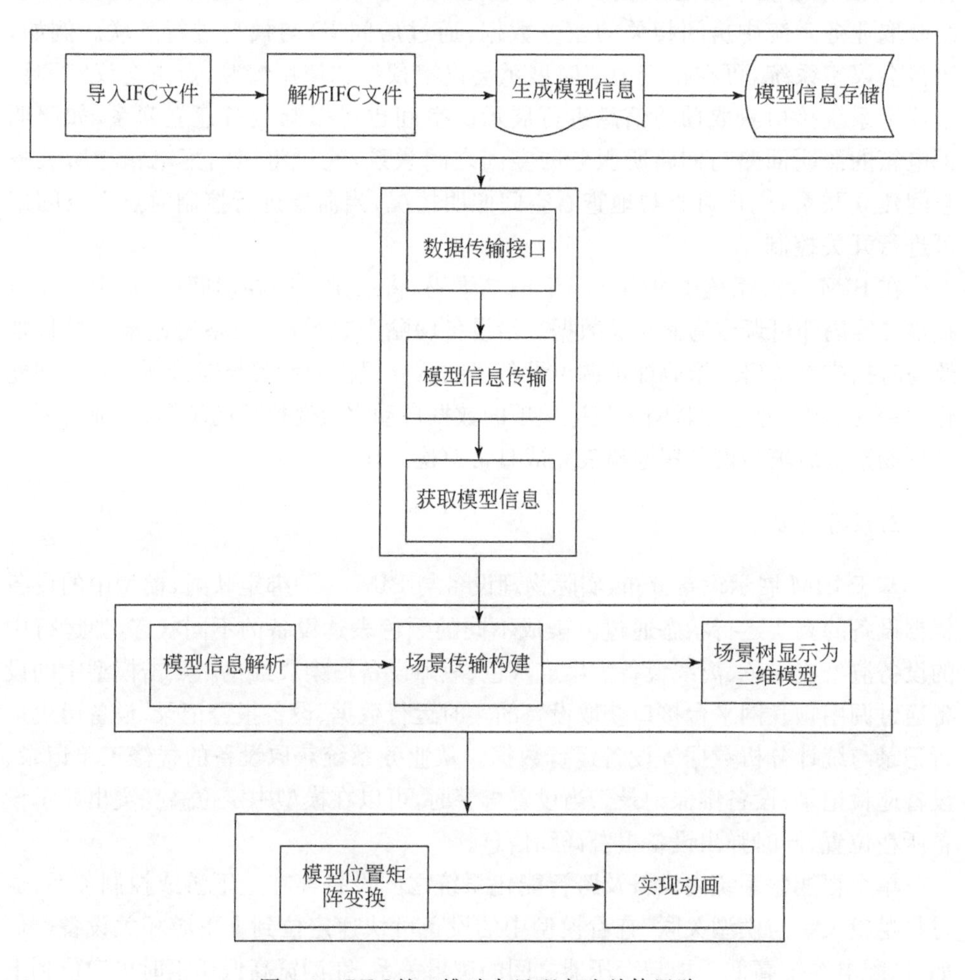

图 6-1　BIM 的三维动态呈现方法总体思路

(1)BIM文件解析。解析IFC文件并生成BIM信息集,将其存储在数据库中。

(2)数据传输。运维平台通过前端接口访问后台数据库中存储的模型信息,并将其传输给模型信息解析模块。

(3)三维模型显示。调用获取的模型信息(模型信息是以字节流的方式传输的)进行解析,将解析结果构建为场景树(管理场景内的所有数据),然后将场景树显示和渲染为三维模型。

(4)动画呈现。读取场景树节点信息,求解模型与父节点的相对位置关系矩阵,通过更新场景树中的模型位置矩阵来达到对模型的移动控制。更新变换矩阵中的偏移分量,实现模型的动态变化。

6.3.2　BIM解析

IFC标准使用EXPRESS语言来定义数据和数据模型,然而,EXPRESS语言不是一种编程语言且不能被计算机直接编译读取。因此,如何使用计算机识别和处理IFC文件,解析其静态属性信息和动态交互信息,是实现基于IFC标准的BIM软件开发的基础和关键。

1)IFC实例引用算法

一个IFC文件可以用来描述整个运维系统中的所有建筑和设备信息,包含多达几十兆字节的文本信息。同时,IFC实例之间引用关系错综复杂,给文件的阅读和浏览带来了不便。为了提取实体的几何和功能属性信息,对实体之间的引用关系进行分层和排序,便于提取实体的包括继承属性在内的所有属性信息。

IFC文件包含两个部分:头段(HEADER)和数据段(DATA)。头段主要是作者信息和文件描述等信息。数据段是交换和传输的实体数据信息。这里对数据段信息进行分析。

IFC实例引用算法如图6-2所示,首先,建立id与语句之间的连接id_to_statement=dict(),判断文件是否运行到末尾,若未运行到文件末尾,则对当前语句按照逗号进行分割。然后,判断语句中引用参数的数量,若参数数量为零,并返回为空值,则直接跳到下一个语句;若有引用参数,则判断引用参数的数量,一个参数时,则返回参数本身,两个或两个以上参数时,需要形成列表。最后,通过参数引用和递归解析,将IFC文件中的语句按照实体引用关系进行分层。

2)IFC文件解析与属性信息提取方法研究

基于EXPRESS语言的IFC编译执行,需要将IFC模型解析生成对应的IFC实体对象和实体之间的层次结构关系,并通过Java等计算机语言实现模型功能和对模型的操作。IFC模型与计算机语言之间需要建立映射关系。有两种方式实现这种映射。一是为IFC模型中的每个实体创建可访问的计算机编程语言数据,缺

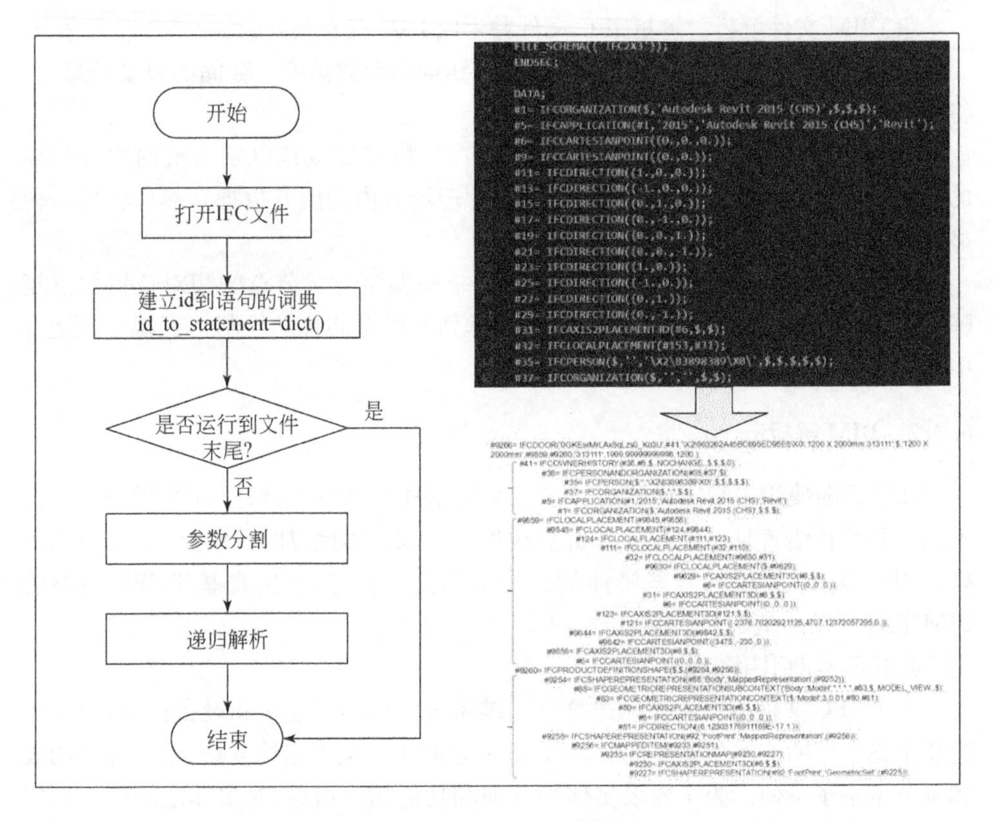

图 6-2　IFC 实例引用算法推导

点是实现比较复杂，工作量比较大，但是准确性和灵活性比较高。二是通过绑定 EXPRESS 数据字典查找具体的实体和数据，优点是实现比较简单，但是缺乏实体类型检查且编程接口开放性不强。

本书探讨基于 IFC 标准的 BIM 解析方法，对 IFC 文件中 IfcDoor 的属性集信息的提取方法进行研究。

图 6-3 为实体与属性连接关系的 EXPRESS-G 图，其中，IFC 实体对象 IfcObject 与属性集信息 IfcPropertySetDefinition 之间通过 IfcRelDefinesByProperties 相关联，通过循环与迭代，找到 IFC 文件中所有的 IfcRelDefinesByProperties，它的两端分别是实体对象与对应的属性集。

实体的物理属性信息通过 IfcElementQuantity 来定义，如图 6-4 所示，IfcElementQuantity 中包含两个派生类 IfcPhysicalSimpleQuantity 和 IfcComplexProperty。

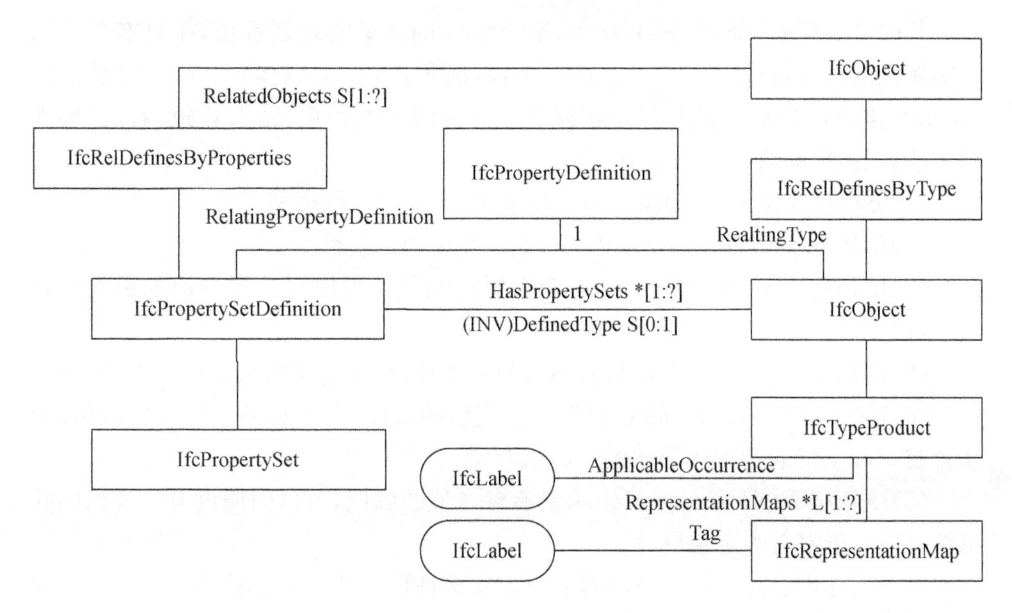

图 6-3　实体与属性连接关系

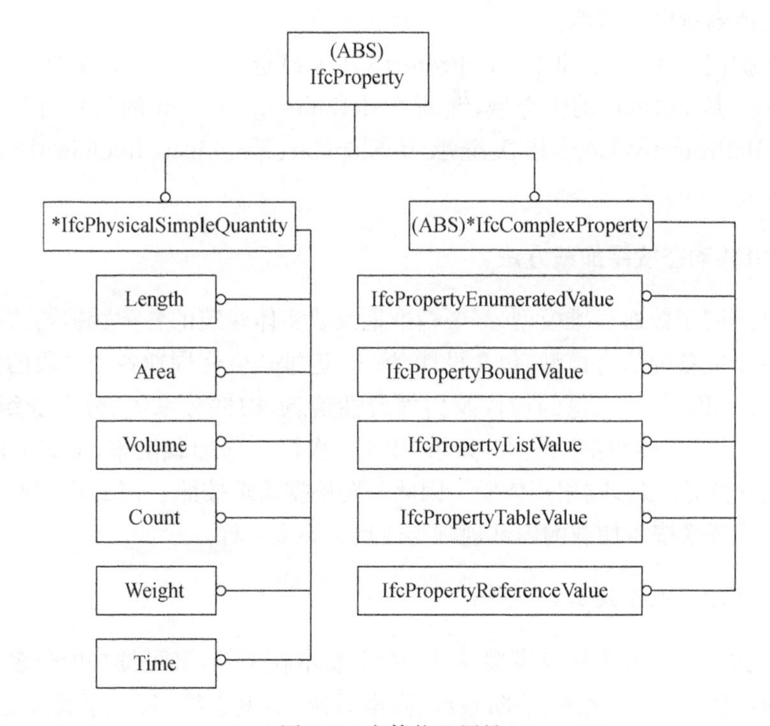

图 6-4　实体物理属性

其中，IfcPhysicalSimpleQuantity 包含实体的简单物理属性值，是具有单一值的实体性能概念，包括 Length(长度)、Area(面积)、Volume(体积)、Count(数值)、Weight(重量)、Time(时间)等。在检查文件的版本类型后，读取建筑构件的物理属性信息，并将其保存在列表中。

IfcComplexProperty 表示实体的复杂属性，分为五种类型。

(1)IfcPropertyEnumeratedValue，具有枚举值的属性。

(2)IfcPropertyBoundValue，具有可选值的属性，可以显示属性值的最大值和最小值。

(3)IfcPropertyListValue，具有列表值的属性，允许定义由列表值给出的属性。

(4)IfcPropertyTableValue，具有二维表值的属性，允许存储二维表中的值，如从含有 x 和 y 的表达式中导出的一组值存储。

(5)IfcPropertyReferenceValue，具有参考值的属性，可以引用由 IFC 架构的静态部分属性集定义的对象属性。

由于上述自定义 IFC 实体和具有自定义属性信息的 IFC 实体中的部分属性在现有的 IFC 模型解析软件中没有对应的解析方法，因此需要研究 IFC 文件的实体属性解析方法。IFC 文件中定义了类之间的继承关系，继承了类的对应属性并在赋值时赋值到对应的属性。

以防护门为例，将防护门(IfcProtectiveDoor)定义为 ENTITY 实体，IfcProtectiveDoor 是 IfcDoor 的子类型，继承了 IfcBuildingElement 的信息，按照这种继承关系，IfcProtectiveDoor 依次继承 IfcElement、IfcObject、IfcObjectDefinition、IfcRoot 的所有内容。

6.3.3 BIM 动态按需加载方法

BIM 不同于普通三维模型，需要精准地反映实体建筑的各类数据与数据关系。BIM 是一个完备的信息模型，包含设计、施工、运维全生命周期各个阶段的信息、过程和资源。BIM 包含大量的构件及构件属性信息，构件分系统、分专业组织在一起，BIM 文件往往体积都比较大，如果 BIM 一次性全部加载出来，加载时间较长，信息又太杂乱，这很影响用户体验。因此需要根据需求按照一定的规则按需加载，不同的应用场景按需加载的内部规则与逻辑又不太一样。

1. BIM 按专业系统加载

BIM 按照专业分为建筑模型、结构模型、机电模型等，又可按功能分多个系统，包括暖通系统、给排水系统、消防系统、强电系统、弱电系统，每个系统又分为若干子系统。虽然不同的设计单位对专业系统的划分不太一样，但都会对模型分专业系统进行建模，每个构件包含所属系统属性数据。

按加载需要对 BIM 进行解析并数模分离，将构件属性信息存入数据库中，其中存储了每个构件所属系统的信息。一种方法，在数据库中对构件属性信息按照指定条件进行搜索，搜索的结果为所搜索专业系统的所有构件 ID，最后根据构件 ID 过滤出需要显示的构件，通过加载模型文件呈现出来，如图 6-5 所示。另一种方法，如图 6-6 所示，在建模时按照专业系统分为不同的模型文件，在加载时按需加载不同专业系统的模型文件并呈现。这种方法的好处是技术实现简单，但存在较多弊端，如模型文件零散或太多不易维护管理，如果编辑了模型中的构件所属系统，就需要更新整个模型文件，而采用数模分离的方法只需重新解析模型并更新数据库即可，模型文件不需要改动。

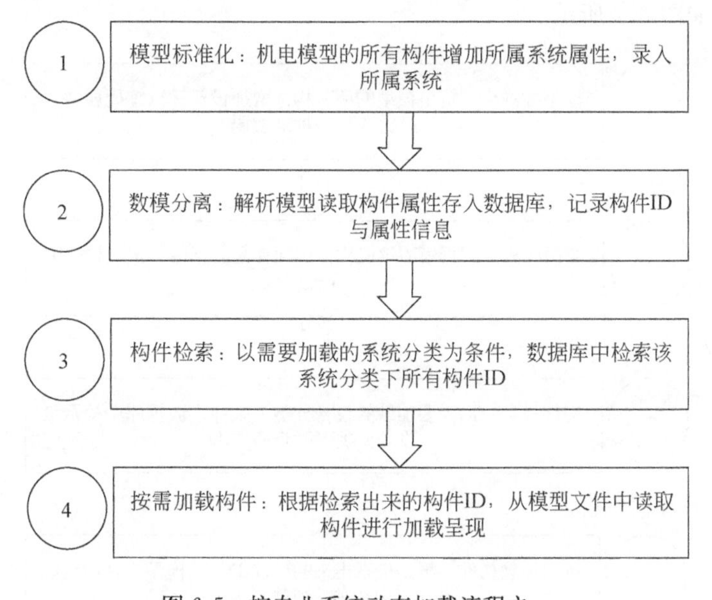

图 6-5　按专业系统动态加载流程之一

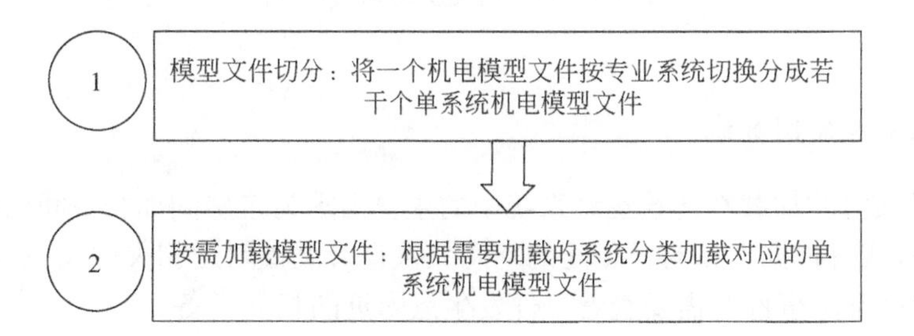

图 6-6　按专业系统动态加载流程之二

2. BIM 按设备类型加载

建筑运维系统常有设备管理功能，模型中的设备与真实建筑内的设备一一对应。基于 BIM 可直观展示设备在建筑空间中的点位分布，这就需要系统实现按设备加载模型，如显示建筑楼层内空调末端设备的分布。

为了系统能识别设备类型，需要在系统中建立设备标准编码体系，每类设备都有唯一的类别编码。每个设备具有唯一的设备编号，设备编号通常沿用 CAD 图纸上的编号，在 BIM 建模时需将设备编号录入构件属性中，建立设备台账中设备与模型中设备的对应关系。系统根据设备类别编码搜索指定类别设备，找到设备后通过设备编码的对应关系找到设备在模型中的构件，最后将指定类别的设备加载呈现出来，如图 6-7 所示。

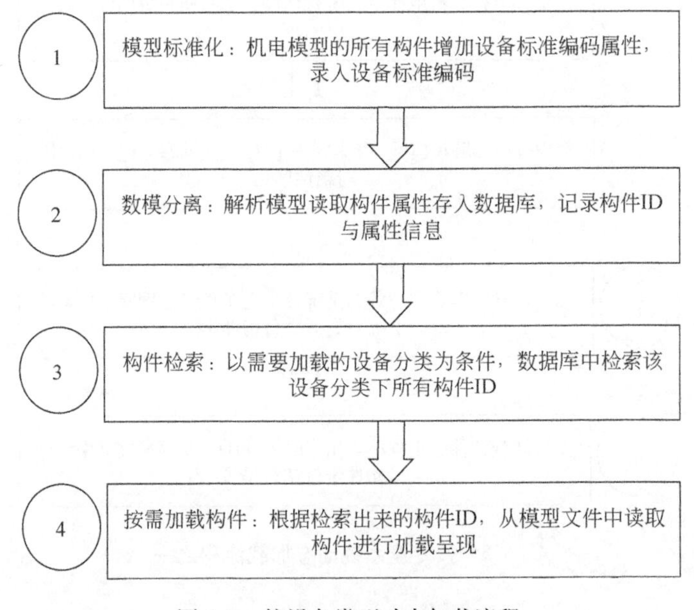

图 6-7　按设备类型动态加载流程

3. BIM 按空间加载

BIM 按空间加载在建筑运维系统中的主要需求为按房间加载空间内的系统管综或设备，或者根据设备与设备间的空间关系查看设备附近相关的设备，如当建筑空间内发生某一事件时需要查看事件发生点附近的相关设备。

查询与加载指定空间范围内的构件，需要建立构件与空间的关系。按房间加载实现比较简单，构件、空间信息及两者之间的关系在系统中进行维护，通过构件、空间 ID 关联到模型，如此就可以先查询空间下的构件 ID，然后根据搜索出的构件 ID 在模型中筛选构件加载显示出来。对于任意事件点，查看附近相关设备就比较复杂，需要根据每个设备的点位坐标以及设备间的关系动态实时计算，如图 6-8 所示。

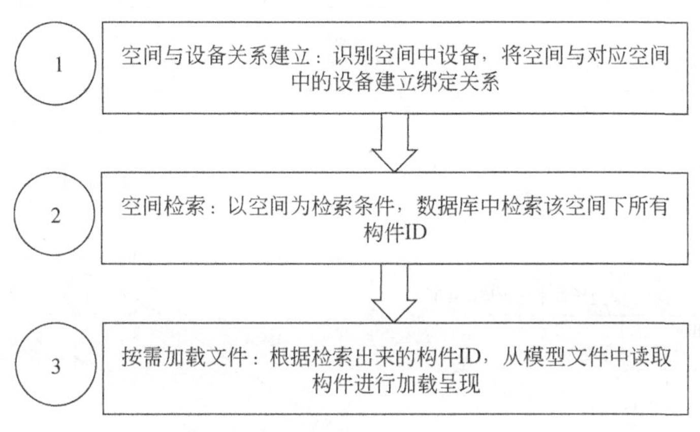

图 6-8　按空间动态加载流程

6.3.4　面向 BIM 三维动态实现的场景树构建

1）场景树构建

场景树是在 OSG（open scene graph）中使用的概念，用于避免通过 WebGL（web graphics library）进行渲染时过多的状态切换。WebGL 是一种三维模型绘图协议，可以将 JavaScript 与三维图形规范 OpenGL 结合在一起，实现在 Web 中三维模型的显示与渲染，以及制作交互式三维动画。

作为管理场景中所有信息的一个数据结构，场景树是由节点组成的树，场景中所有的子节点以树状图的形式结合在一起，反映了场景的空间结构，同时，节点中附带的材质等属性信息又反映了对象的状态和性质。因此，场景树可以用于管理物体的位置变换、实现物体渲染和三维模型显示。

数据库中存储的 BIM 信息以字节流的形式传输到运维平台，在平台中对其进行解析，并把解析结果用于构建场景树。IFC 文件中本身已经有模型构件之间的拓扑关系（包含/从属/相接/相邻等）。图 6-9 为根据模型构件本身的关系构建的场景树及其节点信息。

简单来说，通过对模型信息的解析，实现建筑的空间嵌套。将整个防护建筑作为模型场景，那么整个建筑空间就是场景树的根节点。建筑中分为各个房间，房间中有各种设备……以此类推，房间是防护建筑的子节点，房间中的设备是对应房间

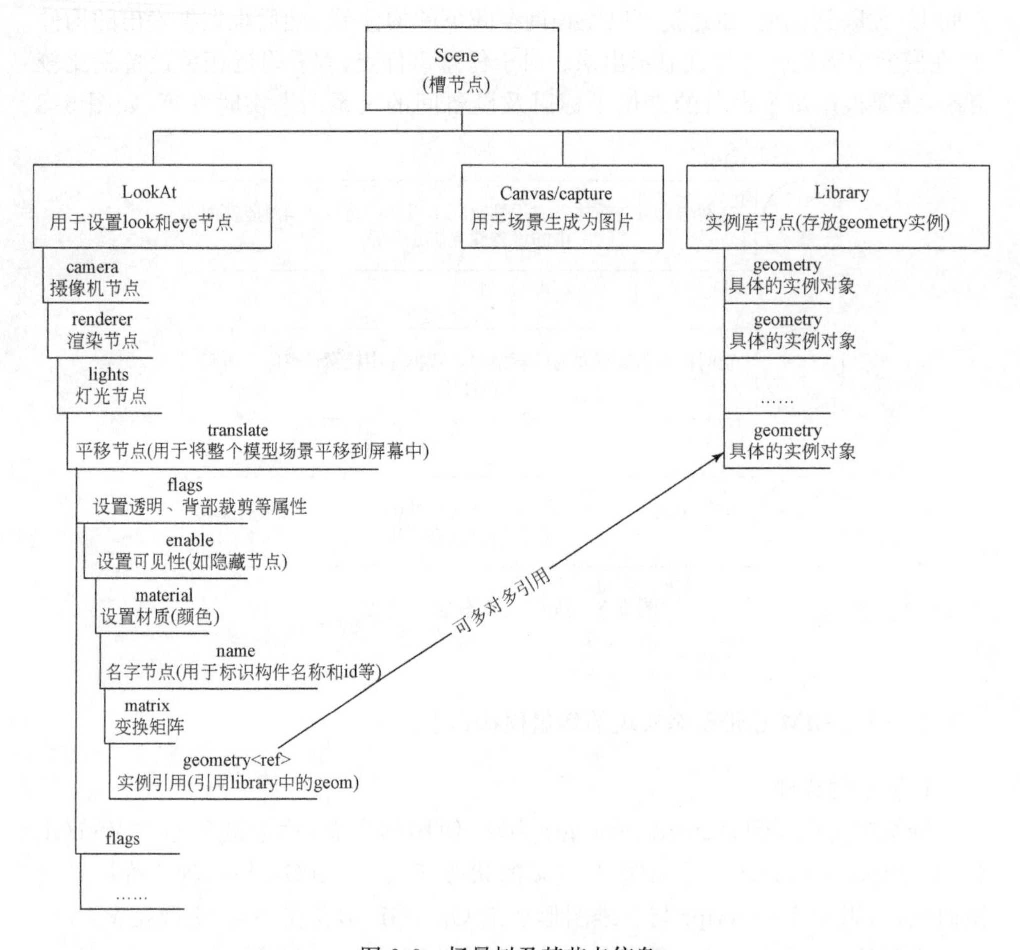

图 6-9　场景树及其节点信息

的子节点。父节点与子节点之间的相对位置是通过矩阵来描述的。

2)场景树遍历

绘制三维模型时,场景树中的各级节点中的数据信息将被取出,传递给 OSG 状态机(state),状态机取得状态树中的几何数据后,再向根部遍历场景树,从而获取该几何模型所有相关的状态设置量,通过 OpenGL 中的各种函数,完成场景元素的绘制和渲染,生成三维模型。

如图 6-10 所示,对于场景树中的每一个节点,遍历顺序为:遍历父节点左边的所有子节点,然后访问父节点,最后遍历父节点右边的所有子节点。使用场景树能够直观地描述模型实体之间的关系,父节点与子节点、子节点与根节点之间的关系,从而实现基于场景树的三维场景管理。

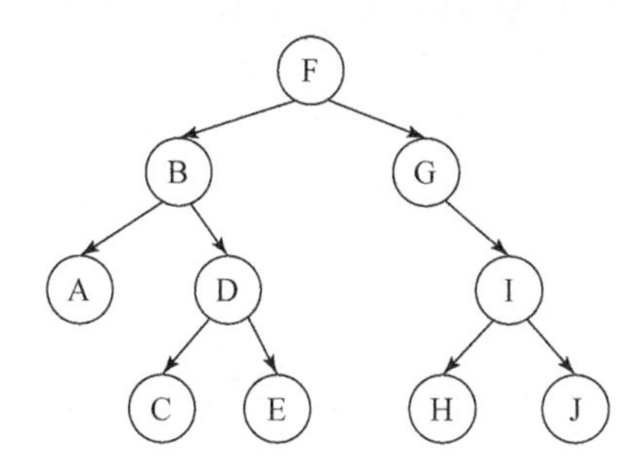

图 6-10　场景树遍历顺序

6.3.5　BIM 三维动态呈现的实现原理

1. BIM 三维模型显示机制

模型的渲染和显示需要场景（scene）、相机（camera）和渲染器（renderer）三个组件。其中，场景是所有物体的容器，相机决定了场景中哪个角度的物体显示出来，渲染器决定了渲染的结果对应的物体以及实现的方式。图 6-11 为场景、相机和渲染器的创建代码。

```
//场景
Var scene = new THREE.Scene();
//相机
Var camera = new THREE.PerspectiveCamera();
//渲染器
Var renderer = new THREE.WebGLRenderer();
//设置渲染器大小为窗口内宽度
Renderer.setSize(window.innerWidth,window.innerHight);
Document.body.appendChild(renderer.domElement);
```

图 6-11　组件创建代码

将物体添加到场景中，并定义其 x、y、z 轴参数和材料等信息。使用渲染器，结合相机和场景来得到三维图像。

由于 WebGL 中是没有相机这一概念的，需要通过一系列的矩阵变换实现相机的功能。为了实现将物体显示在屏幕上，需要经过模型变换、视图变换、投影变换、窗口变换四种矩阵操作。具体变换流程如图 6-12 所示。

其中，BIM 三维模型中每个对象都有自己的物体坐标，通过模型变换矩阵，将它们都转换到世界坐标系中，实现将建筑中所有模型实体共同存在于同一个坐标系中，从而建立模型之间的关联关系。

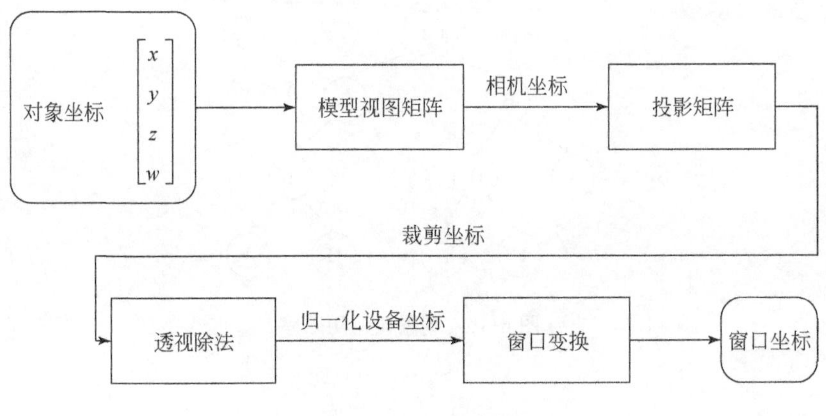

图 6-12　变换流程

视图变换用于确定模型在相机中的位置和方向，将图 6-13(a)对象坐标通过模型视图变换，得到图 6-13(b)中的眼睛坐标，即通过相机看到的模型。

图 6-13(c)中的投影坐标用于确定如何将三维模型投影到屏幕上。通过透视投影获得真实的场景。透视投影的视域体是一个锥台，透视投影将模型提取为锥台内的部分，通过将投影坐标乘以投影矩阵，得到裁剪坐标。

投影透视后的坐标顶点经过透视除法，将第四分量 w_c 除以裁剪坐标(x_c，y_c，z_c，w_c)，得到归一化的模型坐标。最后，通过定义用户希望的景深范围，归一化设备坐标，并通过视口变换映射到实际屏幕坐标系中。

最后通过窗口变换得到模型的窗口坐标，图 6-13(d)中的窗口坐标就是最终显示在屏幕中的坐标，这一步没有矩阵参与，通过 viewpoint 来实现。

综上所述，经过一系列变换，实现将对象坐标转换为窗口坐标，最终在屏幕中显示。图 6-13 为模型视图的变换过程。

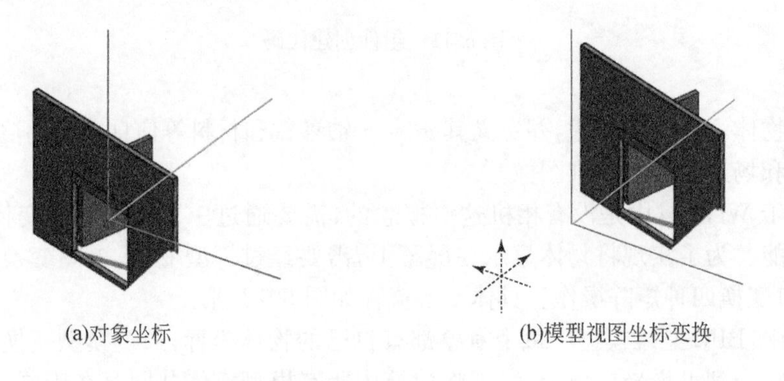

(a)对象坐标　　(b)模型视图坐标变换

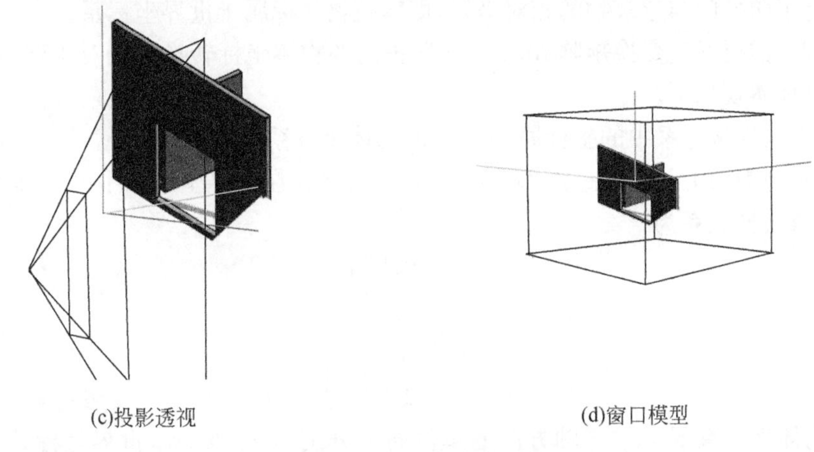

图 6-13　模型视图变换

2. 实现原理

场景树中父节点与子节点之间的相对位置是通过矩阵来描述的，例如，要实现建筑中防护门的开关，只需要求解防护门与其父节点的相对关系矩阵，通过矩阵变换就可以实现防护门的动态变换。

如图 6-14 所示，以控制运维管理系统模型中的防护门转动为例，具体说明动态模型的实现机理。

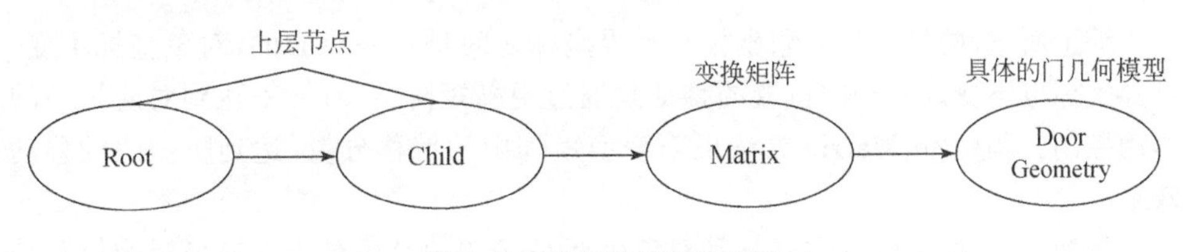

图 6-14　动态模型实现机理

1)读取场景树节点信息

用场景树表示 BIM 三维模型顶点坐标，使用对象坐标表示，保存在 WebGLBuffer 对象中，通过顶点着色器从中读取模型数据信息。

2)求解防护门与其父节点的相对位置关系矩阵

建筑模型中的防护门属于像平面坐标系，即在对防护门建模时是以防护门本身的坐标系进行创建的。但是，在创建整个建筑模型时会以建筑物本身作为参考点，即会定义一个新的点，作为整个建筑物场景的原点 P。把防护门放置到该场景中，就有了防护门与建筑物的相对坐标，即建筑物坐标属于世界坐标系。

因此，需要通过变换矩阵 Matrix 将防护门的物体坐标转换为相对于建筑物的坐标，具体实现如下。

已知世界坐标系中的坐标原点 P 在原物体坐标系中为 $P_0(x_0, y_0, z_0)$，将物体坐标系中防护门上的任意一点 $D_0(x_0, y_0, z_0)$ 转换为在世界坐标系中的坐标 $D(x, y, z)$。其转换关系为

$$\begin{bmatrix} u_x & v_x & n_x & x_0 \\ u_y & v_y & n_y & y_0 \\ u_z & v_z & n_z & z_0 \\ 0 & 0 & 0 & 1 \end{bmatrix} \begin{bmatrix} x_0 \\ y_0 \\ z_0 \\ 1 \end{bmatrix} = \begin{bmatrix} x \\ y \\ z \\ 1 \end{bmatrix} \tag{6-1}$$

式中，物体坐标系下 x、y、z 轴方向的单位向量分别为 $\boldsymbol{a}_0$、$\boldsymbol{b}_0$、$\boldsymbol{c}_0$，世界坐标系下 $\boldsymbol{x}$、$\boldsymbol{y}$、$\boldsymbol{z}$ 轴方向的单位向量分别为 $\boldsymbol{a}$、$\boldsymbol{b}$、$\boldsymbol{c}$：

$$\boldsymbol{a} = u_x\boldsymbol{a}_0 + u_y\boldsymbol{b}_0 + u_z\boldsymbol{c}_0$$

$$\boldsymbol{b} = v_x\boldsymbol{a}_0 + v_y\boldsymbol{b}_0 + v_z\boldsymbol{c}_0$$

$$\boldsymbol{c} = n_x\boldsymbol{a}_0 + n_y\boldsymbol{b}_0 + n_z\boldsymbol{c}_0$$

求出方程的逆矩阵，得到变换矩阵 Matrix：

$$\text{Matrix} = \begin{bmatrix} u_x & u_y & u_z & -(x_0u_x + y_0u_y + z_0u_z) \\ v_x & v_y & v_z & -(x_0v_x + y_0v_y + z_0v_z) \\ n_x & n_y & n_z & -(x_0n_x + y_0n_y + z_0n_z) \\ 0 & 0 & 0 & 1 \end{bmatrix} \tag{6-2}$$

综上所述，防护门的对象坐标与世界坐标之间是一一对应的，对象坐标不变，世界坐标也不变。防护门位置的移动是通过更新矩阵 Matrix 来达到对防护门的移动控制。调用 setMatrix 方法更新变换矩阵中的偏移分量，达到防护门的移动效果。

例如，在变换之前，防护门(其对象坐标是[0,0,0])相对于世界坐标的位置是[1,0,0]，也就是防护门相对于世界坐标而言处在[1,0,0]这个位置上(但防护门本身的位置还是[0,0,0])。当转换矩阵发生变化，使物体相对于世界坐标下的位置变为[2,0,0]时，防护门的坐标仍然是[0,0,0]，因此防护门坐标本身并没有变化，只是从对象坐标转换到世界坐标的那个矩阵的值发生了变化。

3)计算防护门的正向

如图 6-15 所示，在进行防护门的移动时，需要考虑 x、y、z 三个方向的移动。

因此，要把防护门按照正确的方向打开门和关闭，必须先计算出防护门的正向，然后根据防护门的正向来计算出防护门的移动方向，根据移动方向计算出 x、y、z 的移动分量(一般情况下，防护门是在 xy 平面移动的，因此 z 分量为 0)。

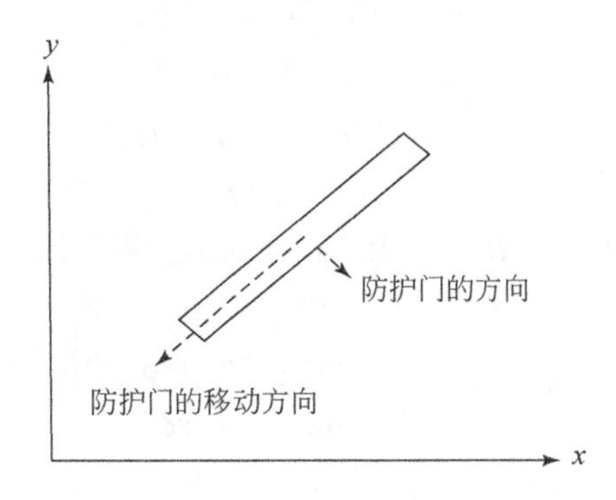

图 6-15　防护门的移动

计算防护门的正向，可以通过图 6-16 中防护门的包围体来确定。根据 geometry 对象的 getBoundary 获取其包围体，得到 max 和 min，则设 $\boldsymbol{A}$=[($x$min, $y$min, $z$min), ($x$max, $y$min, $z$min)]为防护门的物体坐标的 x 轴，$\boldsymbol{B}$=[($x$min, $y$min, $z$min), ($x$min, $y$min, $z$max)]为防护门的物体坐标的 y 轴，则 $\boldsymbol{C}=\boldsymbol{A}\times\boldsymbol{B}$，然后对 $\boldsymbol{C}$ 单位化(normalize)，得到防护门的正向。

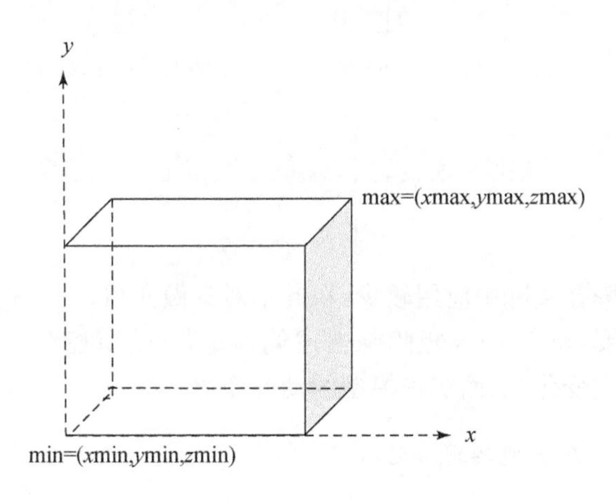

图 6-16　门的包围体

4)矩阵变换

Matrix 中对图像的处理可以分为四种基本变换：平移变换(translate)、旋转变换(rotate)、缩放变换(scale)和斜切变换(skew)。

其中，平移变换矩阵为

$$
\boldsymbol{T}(t)=\begin{bmatrix} 1 & 0 & 0 & 0 \\ 0 & 1 & 0 & 0 \\ 0 & 0 & 1 & 0 \\ t_x & t_y & t_z & 1 \end{bmatrix} \tag{6-3}
$$

旋转变换矩阵中$\boldsymbol{R}_x(\phi)$、$\boldsymbol{R}_y(\phi)$、$\boldsymbol{R}_z(\phi)$分别表示将物体绕 x、y、z 轴进行旋转。

$$
\boldsymbol{R}_x(\phi)=\begin{bmatrix} 1 & 0 & 0 & 0 \\ 0 & \cos\phi & -\sin\phi & 0 \\ 0 & \sin\phi & \cos\phi & 0 \\ 0 & 0 & 0 & 1 \end{bmatrix} \tag{6-4}
$$

$$
\boldsymbol{R}_x(\phi)=\begin{bmatrix} \cos\phi & 0 & -\sin\phi & 0 \\ 0 & 1 & 0 & 0 \\ \sin\phi & 0 & \cos\phi & 0 \\ 0 & 0 & 0 & 1 \end{bmatrix} \tag{6-5}
$$

$$
\boldsymbol{R}_x(\phi)=\begin{bmatrix} \cos\phi & \sin\phi & 0 & 0 \\ -\sin\phi & \cos\phi & 0 & 0 \\ 0 & 0 & 1 & 0 \\ 0 & 0 & 0 & 1 \end{bmatrix} \tag{6-6}
$$

缩放变换矩阵中的 s_x、s_y、s_z分别表示 x、y、z 轴进行缩放的比例。

$$
S(s)=\begin{bmatrix} s_x & 0 & 0 & 0 \\ 0 & s_y & 0 & 0 \\ 0 & 0 & s_z & 0 \\ 0 & 0 & 0 & 1 \end{bmatrix} \tag{6-7}
$$

斜切变换矩阵在实际中应用较少，在此不对其做介绍。

根据实际需要，将 Matrix 矩阵乘上述偏移矩阵，使所控对象坐标相对于世界坐标位置关系发生变化，从而实现模型的动态变化。

3. BIM 三维动态呈现实现算法

综上所述，模型动画的实现过程如图 6-17 所示，在运维平台中加载 BIM 三维模型，根据 IFC 文件中防护门的 GlobalID 获取所控制的防护门实体，根据防护门与建筑之间的相对关系获取防护门的变换矩阵 Matrix，通过乘以门的偏移矩阵，控制防护门开关直到所需位置后停止。

防护门的动态显示算法总体流程如表 6-2 所示。

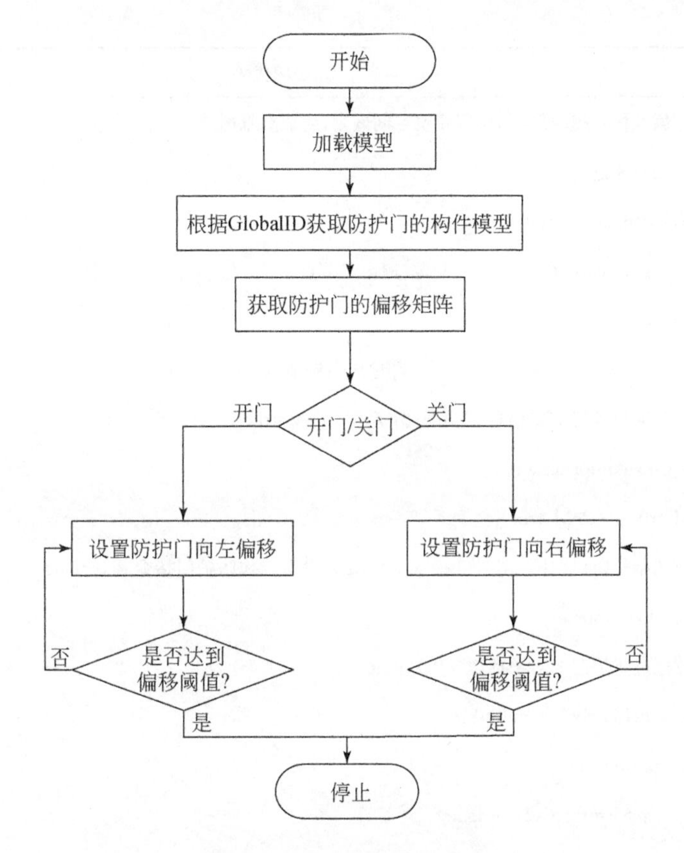

图 6-17　动态模型实现过程

表 6-2　动态模型实现算法

步骤	算法伪代码
1	//初始化平台，导入 IFC 模型文件，将 IFC 文件中的语句按照实体的引用关系分层
2	//遍历 IFC 文件语句
3	if(IfcRelDedinedByProperties==null)then
4	id=id+1
5	else then
6	//存储 IfcRelDedinedByProperties 两端实体对象与对应属性集
7	goto IfcRelDedinedByProperties
8	Store(IfcRelDedinedByProperties 两端信息)

续表

步骤	算法伪代码
9	//属性信息提取解析,实现建筑空间嵌套,生成场景树
10	//场景树遍历
11	if(left node==null)
12	goto parent node //遍历父节点
13	else then
14	goto right node //遍历右侧节点
15	//读取场景树节点信息,获取模型矩阵 nodeMatrix
16	get node information
17	Matrix=nodeMatrix
18	//初始化窗口视图,模型矩阵 nodeMatrix,获取操作防护门指令 doorState
19	get doorState
20	//通过防护门的对象标识(OID)获取 node
21	if(nodeMatrix==null)then
22	goto OID
23	get ProtectiveDoornode
24	//通过防护门的模型矩阵变换实现防护门的开关
25	if(modeMatrix==null)then
26	calculate 世界坐标 //求解防护门相对于建筑的矩阵
27	//将 Matrix 矩阵值设置为按类型查找的防护门 node 坐标矩阵,更新当前模型矩阵 nodeMatrix
28	nodeMatrix=ProtectiveDoorMatrix
29	//防护门开关条件
30	//判断当前防护门坐标是否大于边界条件,若防护门坐标小于边界坐标,则执行开门命令
31	if(doorState=="open")then
32	whether door coordinate < Boundary coordinates(xyz)
33	door=open
34	else then
35	whether door coordinate > Boundary coordinates(xyz)

续表

步骤	算法伪代码
36	door=close
37	//判断当前防护门坐标是否小于边界条件，若防护门坐标大于边界条件，执行关门命令
38	//求解防护门的正向
39	//根据 geometry 对象的 getBoundary 获取防护门模型的包围体，得到 max 和 min
40	A=[(xmin,ymin,zmin),(xmax,ymin,zmin)]为防护门的物体坐标的 x 轴
41	B=[(xmin,ymin,zmin),(xmin, ymin, zmax)]为防护门的物体坐标的 y 轴
42	//则 C=A×B，对 C 格式化，得到防护门的正向
43	//更新变换矩阵，实现防护门的移动动画

4. 实现效果

如图 6-18 和图 6-19 所示，通过点击界面中的开关按钮，可以实现防护门的开关，将开关按钮控制改为运维数据控制，即可将防护门的动画应用于基于 BIM 的地下建筑运维管理系统中。

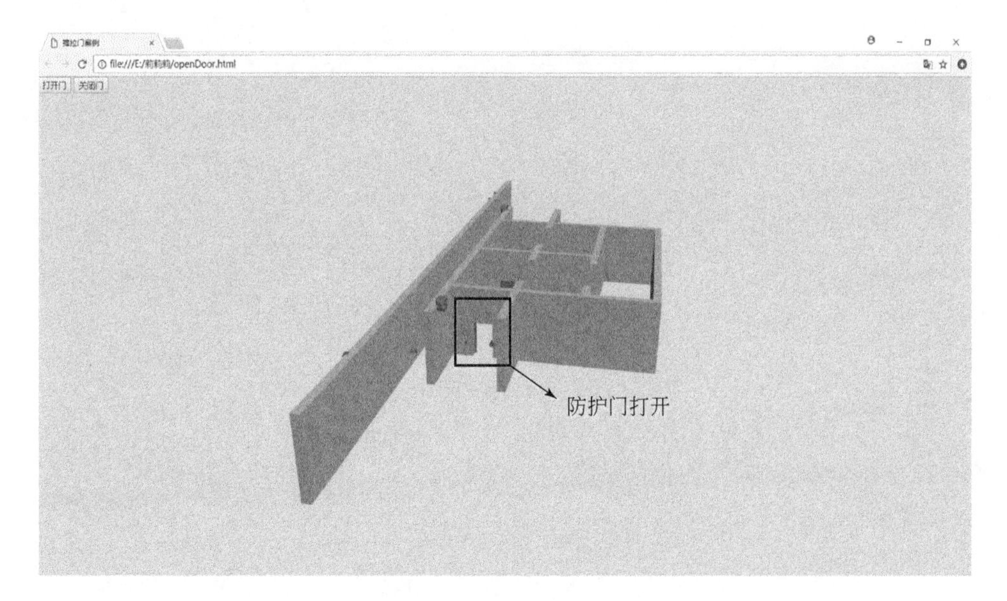

图 6-18　防护门打开

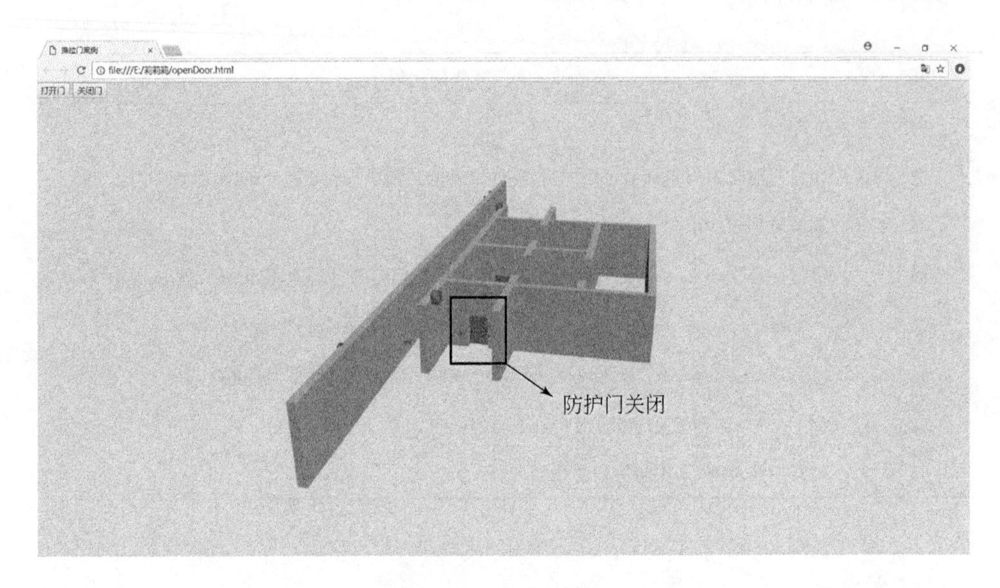

图 6-19 防护门关闭

第 7 章　BIM 智慧运维平台设计与实现

本章主要阐述和讨论 BIM 智慧运维平台的设计与实现方法，首先介绍 BIM 运维平台总体架构与功能设计，而后讨论 BIM 运维平台软件开发流程，最后重点讨论 BIM 运维平台的关键构造技术和主要功能模块的实现方法。

7.1　BIM 运维平台总体结构与功能设计

7.1.1　BIM 运维平台的总体结构设计

为了增强系统的扩展性及性能，BIM 运维平台采用微服务架构体系。将不同的应用依照业务属性分解为多个微服务，基于不同的技术进行组合，提供不同的服务，根据需要将服务组装为按需的应用程序，相互协同工作，以完成特定任务、满足用户需求的不断变化。BIM 运维平台在构建过程中分为三部分：一是 BIM 数字空间服务平台；二是 BIM 运维平台场景编辑器；三是 BIM 运维系统场景应用平台。BIM 数字空间服务平台为 BIM 运维系统场景应用平台提供基础模型及应用服务。BIM 运维平台场景编辑器用于搭建 BIM 运维系统各类应用场景，目的是实现各类场景灵活配置，BIM 运维系统场景应用平台主要是实现面向智慧运维管理的各类场景应用，满足终端用户具体使用需求。系统平台架构主要包括四部分内容，如图 7-1 所示。

1. BIM 数字空间服务平台

1)数据层

数据层主要实现基础数据的构建，包括三大部分，分别是基础数据库、BIM 数据库、场景数据库。其中，基础数据库主要是存储与系统相关的基础数据，包括项目基本信息、账户权限配置信息、字典与日志信息等内容；BIM 数据库主要是存储与 BIM 相关的信息，包括各类结构化的数据(包括 BIM 几何数据、设备数据、空间数据、属性信息等)与非结构化数据(包括 BIM 文件、CAD 图纸资料、其他文件资料等)，满足 BIM 及其配套文件及数据存储的需求；场景数据库包括场景管理数据、配置信息数据、模型应用数据等。

2)服务层

服务层主要是构建面向 BIM 运维平台的各项服务，基于该服务构建各类场景应

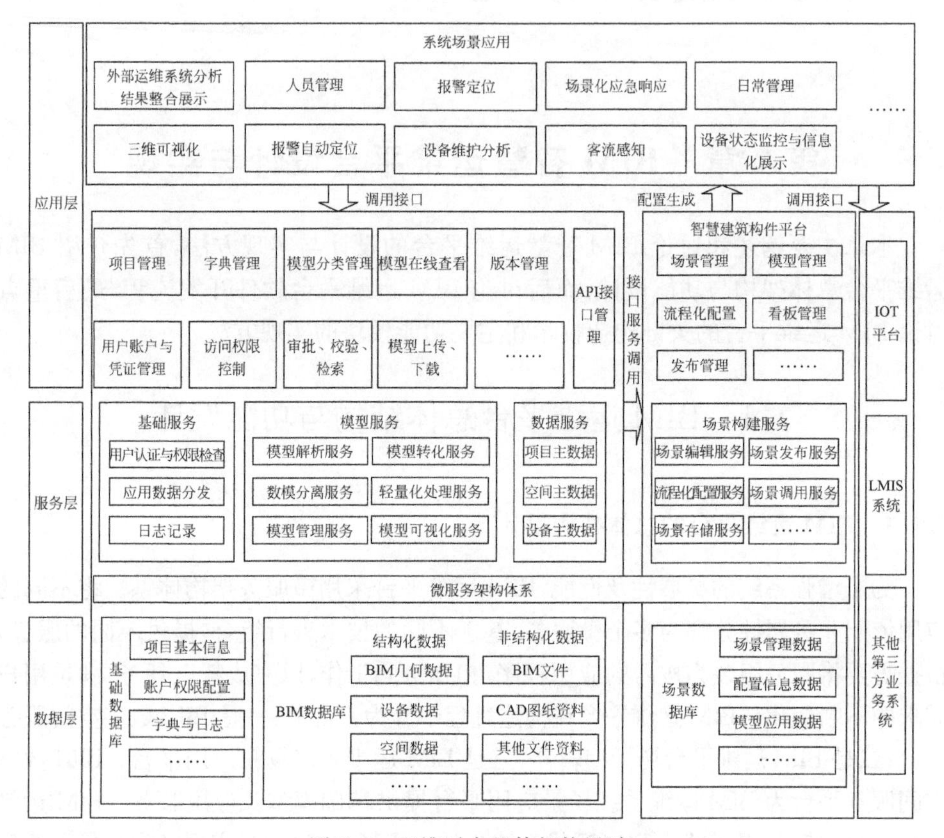

图 7-1　运维平台整体架构设计

用服务，为场景应用服务提供各类基础服务（含用户认证与权限检查、应用数据分发、日志记录等）、模型服务（模型解析服务、数模分离服务、模型管理服务、模型转化服务、轻量化处理服务、模型可视化服务等）、数据服务（包括项目主数据、空间主数据、设备主数据等）等内容，通过服务层将各类应用服务进行分离，并通过接口的形式实现信息的互联互通。

3)应用层

应用层主要是实现对空间数据、设备数据、BIM、API 等内容的综合管理，实现对模型及各类信息的综合管理。管理的内容包括项目管理、字典管理、模型分类管理、模型在线查看、版本管理、用户账户与凭证管理、访问权限控制、审批校验检索、模型上传及下载等管理内容。

2. BIM 运维平台场景编辑器

1)数据层

数据层主要包括场景管理数据库，实现对 BIM 运维平台内部各类场景的管理,包括场景管理数据、配置信息数据、模型应用数据等各类数据类型。该数据库为轻量化数据库,主要存储的是场景器的各类配置数据。

2)服务层

场景构建服务,该场景构建服务主要是构建各类场景应用实现,通过各种可视化组件,满足BIM运维系统各类场景的搭建,包括场景编辑服务、场景发布服务、流程化配置服务、场景调用服务、场景存储服务等内容。

3)应用层

应用层主要实现各类应用场景的具体配置工作,包括场景管理、模型管理、流程化配置、看板管理、发布管理等内容。

3. BIM运维系统场景应用平台

BIM运维系统场景应用平台主要是实现面向各类终端用户应用,由于现场情况及操作人员使用习惯的不同,实施或者终端用户可根据用户的实际情况通过BIM运维平台编辑器进行配置,可将配置好的场景应用于实际的工程中,配置的场景包含但不限于运维情况综合展现、人员定位及管理、各类报警查看与定位、场景化应急响应、设备BIM视图、设备运行监控与可视化展现等内容。

7.1.2　BIM运维平台的功能设计

要实现BIM运维平台的功能,首先要了解平台在建筑智慧运维管理中的定位。该平台的定位是平台部署于工程项目的总控中心,用于设备日常的实时运行监管与运行维护管理。从功能上来看,主要包括以下六个方面。

1. 可视化监管系统

可视化监管系统实现智慧场景的综合展现,通过场景的综合展现实现多场景的综合应用,包括多项目综合管控、应急指挥与调度管理、实时报警推送管理、安防综合监管、态势实时呈现、数据驾驶舱等内容。

2. 资产一体化管理系统

基于建筑BIM实现BIM资产最大化,将建筑空间及各类设备如配电箱、水塔、冷却泵、地下管网、空调等各类设施设备基于资产的维度实现综合管理,对资产进行全方位管理,对现有资产及新增资产进行信息编辑与录入,解决资产难以量化的难题。

3. 能源管理系统

构建能源的精细化管理,实现能源的统计分析与节能应用,包括用电统计、区域用电统计、分层热力图、能耗异常的报警等。整体的用电统计包括用电一览，当前负荷值/负荷标准值，各区域耗电占比（停车场、公共区域、食堂、办公区），各楼层实时用电排名；分项用电统计，实现区域内各用电线路的用电占比（如动力、照明、空调、其他等）；构建分层热力图，通过对历史数据的分析动态呈现能耗变化情况；检测能耗异常，对能耗的峰值时间、峰值负荷、高耗能楼层提醒、超负荷报警，用于电负荷过大时弹出报警弹框。

4. 消安一体化监管系统

结合 AI 视频分析，实现消安一体化智慧化监测，AI 视频监控摄像头自动识别危险事件及行为，自动快速响应火灾事件；在 BIM 中构建危险事件、火灾事件的智慧化联动定位与报警，资源状况查看与调度，实现消安综合管理；同时，可基于 VR 场景式体验消防应急演练过程，验证预案的可行性、增强用户的场景化理解。

5. 大数据运营分析系统

通过海量数据沉淀分析，形成业务指导报告，使数据价值化，打造运营闭环，改进数据反馈问题，实现业务优化落地，避免经验主义带来的弊端，用数据表述客观状态；在运营分析系统过程中，实现能源优化、延长资产寿命、提高空间利用率、优化人员配比。

6. 智慧建筑运营服务

将建筑运营管理的业务系统与平台进行整合，打造基于建筑空间场景的业务应用体系，不仅可实现基于设备或空间的定位，也可基于业务驱动将数据信息结合场景实现检索，最终实现业务基于场景的一体化应用。

BIM 运维详细功能应用清单如图 7-2 所示。

空间管理	报警提醒	人员定位	视频监控
门禁管理	入侵报警	电梯监控	电子巡更
应急预案	暖通空调监控	给排水监控	供配电监控
消防监控	能源管控	停车场监控	综合统计分析
数据报表	设备台账	检修报修	维护保养
日常巡检	系统查看	机电图档	环境监测

图 7-2 功能应用清单

7.2　BIM 运维平台软件开发流程

7.2.1　BIM 预处理

1. 模型管理范围

BIM 可以显示整个公建区，包括所有地面建筑、道路、绿化等，同时对整体模型渲染美化，视觉达到仿真的效果。对建筑进行建模，同时对模型做标准化、轻量化和渲染美化工作，保证相应的 BIM 导入平台中时，平台仍能够保证运行得流畅。

对于地面建筑、道路、绿化等建模工作，可采用 CAD 图纸加现场取景的方式进行处理建模。通过 CAD 图纸建模首先能保证建筑大小立面等结构参数与实际工程现场一致，现场取景素材通过 Photoshop 软件直接截取现场建筑贴图赋予到建筑模型上，再导入引擎进行渲染工作，这样做能很好地还原现场达到仿真效果。

首先是模型标准化，根据运维要求，将自主研发的插件内嵌在 Revit 建模软件内，如图 7-3 所示，实现一键修改系统类别、一键修改设备编码从而达到运维要求。模型轻量化，如图 7-4 所示。根据运维要求，自组研发的插件内嵌在 Revit 建模软件内可以根据精度需求一键化自动减面，根据不同平台需求可自由设置轻量化级别。

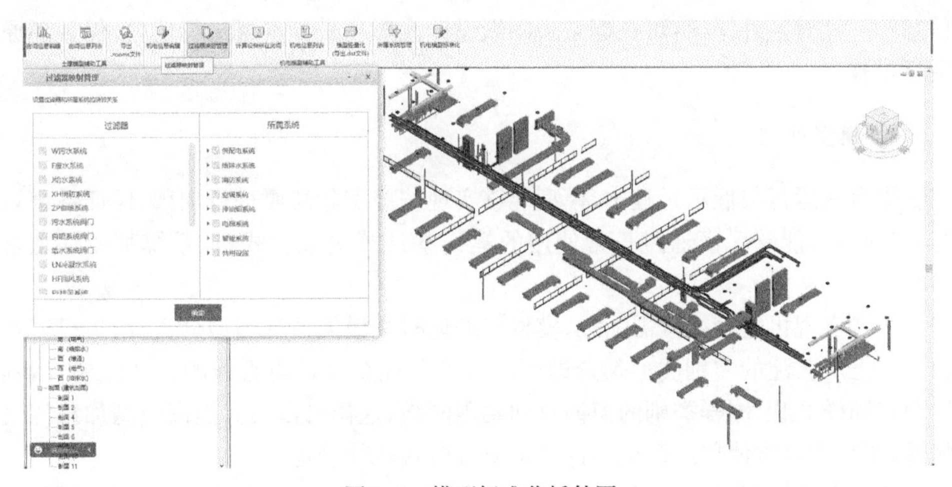

图 7-3　模型标准化插件图

对于一层室外设施的 BIM 建模，还有完成以下工作：需结合园林景观植被名称等进行植物花卉的建模与标注，对建筑外立面及道路所用材料、道路分层材质等

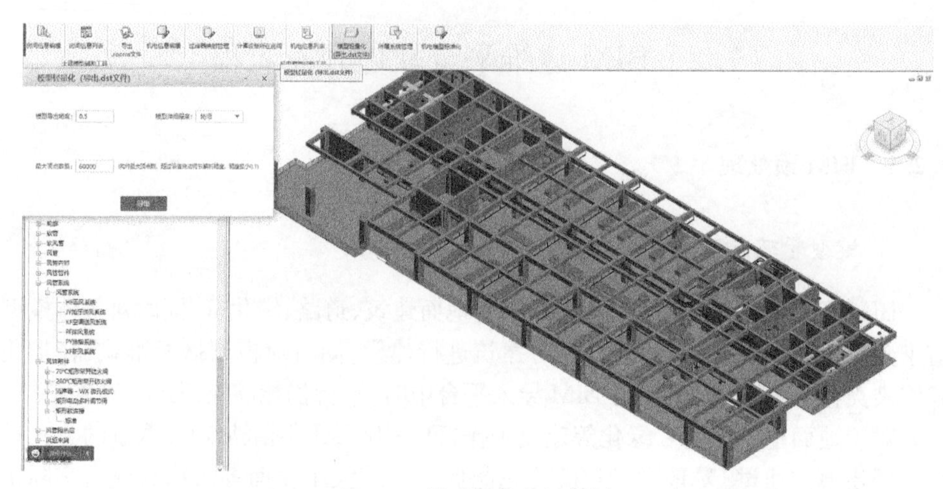

图 7-4　模型轻量化插件图

进行建模和标注，对室外照明灯具所用材质、智慧灯杆位置及功能特点等进行描述。另外，地下管路实施情况需与地面建筑对应，以满足后勤及物业单位后期对室外管线管理及开挖的需求。

对于室外的植被、道路、外立面、灯杆等物件，根据景观图纸、道路图纸将物件搭建好，还原现场外部的物件分布并搭建配置后台，后台点位与模型进行绑定，并支持数据修改上传。管理者可以在平台任意点击物件了解物件的材质、用途、养护信息等。针对室外绿植，可根据景观图纸设计及现场采集素材进行建模，保证还原现场植被。

2. 模型处理

平台在运行与展示过程中，模型能够实现按照实际需要进行加载，保证系统运行的流畅性，能够保证通过日常使用的笔记本计算机或台式机，系统都能够正常运行。

为了实现机电管线按需加载，模型标准化时会根据系统类型分类，用户只需要根据自己所关注的类别类型勾选即可。为了保证全部机电管线的加载流畅性，程序会将同样形状、同样类别的模型自动共用网络，这样可以大大提高模型加载的流畅性，用户用日常使用的笔记本计算机或者台式机就能运行。

为了保证模型的安全性和后期的可修正，需在统一的管理服务端进行管理。为保证模型能够快速加载，模型具有能够在客户端本地缓存的机制，同时对缓存在本地的模型需要进行加密处理，非平台客户端无法打开及使用模型，保证模型的安全性。

对于已经处理好的标准化的模型，会通过基于 Revit 进行二次开发后研发出的入库工具及自研模型打包工具进行数模分离。数模分离，即模型可在入库工具中，通过对 BIM 的解析，获取所有构件的属性信息，并将数据存储在云端数据库中，完成数据入库工作。所存储数据类型为以 BIM 自带的 UID 为唯一标识的键值对。数据入库后，在 U3D 端通过自研模型打包工具将 BIM 进行轻量化，并打包成 AssetBundle 格式的压缩包，U3D 在对应的应用场景中通过 AB 包加载对应模型，并从云端数据库获取 BIM 所有属性信息。

对于已进行数模分离的 BIM，其模型所有属性信息存储在云端，并对数据进行安全加密以及数据备份，避免数据丢失。当平台端需要查询相关构件属性信息时，可通过 UID 匹配其属性信息，因 UID 是模型构建唯一标识，故可避免属性信息查询错误，保证数据准确性。因已做数模分离，故平台可针对已入库的模型属性信息的增删改查，并可按类型批量修改属性信息，应用端终端可第一时间获取云端修改后的最新数据。

7.2.2　模型执行引擎开发

计算机软、硬件及数字孪生相关技术的飞速发展，对模型可视化应用系统的场景真实感、实时性及交互性都提出了更高的要求。这直接导致了软件结构的复杂度、开发周期和开发成本进一步增加。执行引擎作为模型可视化应用系统中的核心技术，它通过对基本图形 API(OpenGL 或 DirectX 或 OPENGLES)进行封装，提供了一个简单清晰的系统开发框架，既能够有效地优化软件结构，又能够提高开发效率。

1. 执行引擎设计目标

模型执行引擎或模型可视化系统应该具有稳定、高效和可扩展等重要特性。因此执行引擎设计目标为：从应用上讲，执行引擎应能够构建较为真实的虚拟环境，显示较为真实的天空、水体及静态实体，生成较为精细的三维模型可视化应用场景；从渲染方式上讲，执行引擎应能够支持 GPU Shader 可编程流水线，集成比较先进的渲染特效；从渲染效率上讲，执行引擎应能够通过组织合理的渲染流程来实现高速渲染；从架构上讲，执行引擎应提供高内聚、低耦合的架构；从功能上讲，执行引擎应能够实现场景管理、输入管理、渲染管理、资源管理、UI 用户界面管理、脚本交互管理、内存管理等功能，实现各类可视化场景的构建。

2. 执行引擎总体设计

执行引擎分为三层：逻辑实现、主引擎和图形 API，如图 7-5 所示。主引擎处于逻辑实现与图形 API 的中间位置，通过核心控制模块提供的渲染指令，调用图形 API 完成各种场景元素的绘制。逻辑实现部分调用引擎提供的各个具体模块来实现相应的功能。根据 BIM 可视化应用系统的研究内容及实现方法,依据高内聚、低耦合的模块化设计思想,以及对系统设计目标的分析,可将主引擎划分为核心控制模块、输入管理模块、资源管理模块、场景管理模块、渲染管理模块、UI 管理模块以及脚本交互管理模块。

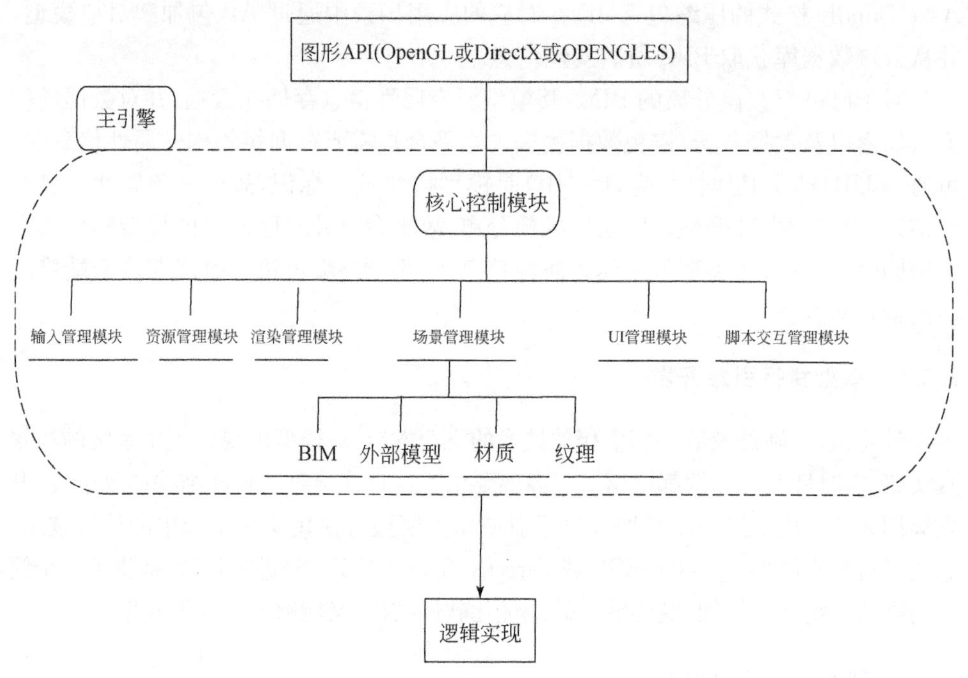

图 7-5　模型执行引擎的总体构成

3. 执行引擎各功能模块的实现

1)核心控制模块

为了对引擎的各个功能模块进行更好的管理,使其协调统一,并对上层提供抽象化接口,增强整个引擎的健壮性,引擎设计了一个核心控制模块作为各个功能模块的管理器。核心控制模块第一个被创建,最后一个被销毁,在对整个框架进行组织和协调的基础上,为逻辑实现层提供接口函数。核心控制模块主要由 CoreModule 类来负责管理各个功能模块,这些模块相应的管理类包括 InputManager、ResourceManager、RenderManager、SceneManager、GUIManager 及 ScriptManager 等,它们分别负责管理输入模块、资源模块、渲染模块、场景模块、UI 管理和脚本交互管理模块的具体功能。

CoreModule类对各个功能模块进行统一管理和维护,通过对各模块功能的把握进而实现对引擎内部的整体控制,该类负责屏蔽模块内部复杂的实现细节,并且针对外部需求提供一系列相应的接口,包括框架的初始化、日志的创建、各类设备的创建及更新、资源的加载、场景的搭建、场景的渲染及更新、资源的回收等功能。CoreModule类通过对各个功能模块的调用,将底层的图形API进行二次封装抽象化,并向高层用户提供更为简单的调用抽象接口,既限制了用户对引擎各部分功能的访问权限,使功能调用更加安全,又简化了用户和引擎各模块间的交互。

2)输入管理模块

在传统的Windows编程中,用户所有的输入信息(如鼠标、键盘、手柄等)首先转发给Windows操作系统,然后由Windows操作系统回调应用程序的窗口过程函数来进行相应的处理。这显然与模型可视化仿真系统快速响应的要求产生了矛盾。为了更快地响应用户输入,引擎中的输入管理模块使用输入管理组件DirectInput直接和硬件驱动程序进行通信,它将各种不同的硬件设备采用同样的代码进行基本处理,简化了硬件的多样性和兼容性问题,并为用户提供了统一的接口。

3)资源管理模块

在BIM可视化应用系统开发中,涉及的资源数量比较多,资源种类也比较丰富,包括BIM、地形模型、地物模型、纹理材质、字体、UI纹理等。为了更好地处理如此众多和复杂的资源,尽量提高资源管理的效率,引擎设计了一个资源管理模块。在该模块的组织结构中,使用工厂类模式来创建各种资源。由于资源类型较多,所以将Resource作为父类,所有类型的资源都继承自该类。而对于每一种Resource,资源管理模块都提供一个相应的管理器进行管理,它们都继承自ResourceManager。各种类型的资源管理器负责管理相应的资源池,并可以对资源进行检索、加载和销毁。

4)场景管理模块

在系统开发过程中一个很重要的环节就是对复杂场景进行有效的管理。以一个普通的BIM可视化场景为例,很有可能包含成千上万个模型,每个模型又由成千上万个多边形组成,因此需要一个场景管理模块来负责场景的组织和管理,在其中起核心作用的是场景管理器。场景管理器通过场景节点来封装场景元素数据,在场景管理器中场景节点通过层次关系来描述场景元素之间的位置联系,它是场景中实际移动变换的基本单元。

场景节点SceneNode主要用来将动态的对象绑定到节点上,节点则保存其所在的位置信息,使其可以判断对象所在的位置,同时可以将节点绑定到另一个节点上,变为其子节点,这样通过移动父节点就可以移动所有的子节点,并且从上到下遍历树可以快速剔除子节点。SceneManager 定义了场景管理的基本行为，它是整个场景管理模块的核心类，它提供整个场景的统一访问入口，组织场景中的对象，管理 RenderObj、Light 、Camera、Model、Animation、Physics 和渲染队列。

5)渲染管理模块

渲染管理模块是引擎中通过与硬件设备交互对场景元素进行实际渲染的模块，是引擎中必不可少的部分。它从场景管理模块的渲染队列中提取出场景元素、摄像机、光源、材质和纹理等，并在屏幕上绘制出逼真的画面。渲染管理模块的核心类是 RenderSystem 类，它接收来自场景管理模块的渲染队列，并根据给定的渲染目标以及渲染对象的类型进行高效绘制。

6)UI 管理模块

从人机交互角度看，UI 是人与机器之间传递信息的媒介，从广义上讲，界面又称用户界面(user interface，UI)，是指人与物之间相互施加影响的区域。在 BIM 可视化应用系统中通过 UI 和逻辑组合进行整合实现用户对模型的控制交互，从而完成可视化系统中较为重要的界面应用部分。

7)脚本交互管理模块

脚本是批处理文件的延伸，是一种纯文本保存的程序。一般来说，计算机脚本程序是给定的一系列控制计算机进行运算操作动作的组合，在其中可以实现一定的逻辑分支。脚本程序相对一般程序开发来说比较接近自然语言，可以不需要编译而是解释执行，有利于快速开发或进行一些轻量级的控制。

在 BIM 可视化应用系统开发中，脚本是一种辅助程序，是通过一种特定的描述性词语去编写的一种宿主程序。在实际应用中，可以执行一条或多条交互命令，如鼠标点击触发事件，按键触发事件等。用户使用鼠标、键盘或触屏等输入设备，通过点击应用系统中的 UI 触发脚本事件从而实现系统交互逻辑功能。

7.3 BIM 运维平台的关键构造技术与方法

7.3.1 BIM 运维平台的可组态性实现方法

1. BIM 运维平台的可组态性描述

BIM 运维平台的可组态性目的是构建可视化的编辑平台，让用户通过“搭积木”的方式来完成 BIM 运维平台应用所需要的各项软件功能，不需要具备专业的计算机知识，不需要编写相应的计算机程序。在整个过程中，通过针对组件及各项服务接口“拖拉拽”的形式完成 BIM 运维的配置，具体的可组态性配置内容包括如下五个方面：

(1)智能化子系统的数据采集配置，面向终端设备或智能化子系统，能够通过可视化界面配置采集终端，将底层设备的数据实时上传到BIM运维平台中；

(2)构建BIM辅助管理工具，将BIM运维模型的标准植入该平台中，用户能够基于该工具将BIM一键上传到BIM运维平台中，实现BIM的解析与应用；

(3)选择相应的模型，基于材质、模型、贴图等完善模型及场景，能够在编辑器端配置，形成各类智慧应用场景；

(4)在编辑器端配置各类功能应用，配置的内容包括场景UI、各类人机交互、各类图表资源、各类控件资源等组件，将各类组件依照逻辑逐步进行配置，完成场景的配置搭建；

(5)多源异构的数据源配置，BIM运维平台所需要的数据比较繁杂，包括设备的基础数据、BIM数据、设备实时运行数据、设备历史数据、运营业务数据、第三方提供的数据等，通过统一的数据源接口，整合所有数据资源，并以提供API的方式面向BIM运维平台。

2. 数据采集可组态化描述

数据采集的可组态化配置的难点在于智慧建筑在进行智能化设计过程中，各类智能化子系统的厂家提供的协议不一致，主流的协议包括LonWorks、BACnet、Modbus等通信协议。这些通信协议的通信速率、编码格式、同步方式、通信规程等各不相同，使得这些产品在实现互联操作时出现很大困难。因此就需要建立一套面向智慧建筑的物联网平台。基于该平台的边缘侧网关，屏蔽底层协议的不同给上层应用带来的通信障碍。这就需要数据采集端能够适配各类协议，从而实现全量设备的数据采集，同时在建筑物联网平台端能够定义内部通信并且可识别的标准编码，通过该编码实现内部数据的互通。

一般情况下，数据采集端的可视化配置一般设置在边缘网关端，通过边缘网关连接各类设备或者智能化子系统，各类通用的标准协议预先设置到网关端，通过配置各类参数实现底层设备的通信。数据采集端可组态化配置的整体流程如图7-6所示。

3. BIM辅助管理工具

构建BIM辅助管理工具是保障BIM标准化的重要手段，通过该工具，实现BIM标准化的操作，将BIM的轻量化、模型解析、所属系统、内部空间定义、对应的编码等都能够通过该管理工具进行有效的操作和管理。

在设计过程中，BIM辅助管理工具需要配置云端的服务接口内容及接口地址，

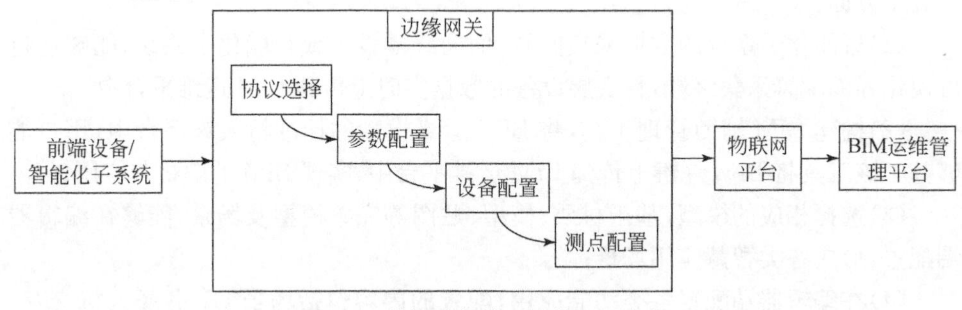

图 7-6　数据采集端可视化配置流程

目的是能够有效地将解析的内容上传到云端的服务器中，方便服务器端数据的存储和使用。

4. 模型场景编辑器

模型场景编辑器主要作用是构建各类模型场景，包括室外场景模型、建筑场景模型、BIM 建筑土建场景、BIM 建筑 MEP 场景（含管线与设备）等。通过编辑工具和资源平台提供的各类素材资源，将材质、模型、贴图、特效等资源附加到场景或者对应的模型中，构建工程实际所需的各类场景，为应用提供基础的三维场景支撑。同时，后台自动地将所要管理的空间、设备等内容基于平台统一的标准编码实现模型与数据的自动关联，最终实现了场景三维展示与模型数据的关联和统一。

5. 功能类应用配置描述

场景搭建完毕后，需要搭建各项功能类应用。界面功能及场景内部或者场景之间的功能性应用都是通过此板块进行设计的。功能类的设计主要包括 UI 界面设计、人机交互设计、图表及控件设计、策略控制设计。基于上述设计分类，将各项内容组合为一整套完整的控制体系，将功能模块化、组件化。平台提供联动规则引擎、图形化逻辑控制引擎、计算逻辑及逻辑判断规则等内容，将各项数据（如设备运行情况数据、历史数据、报警数据等）以图表或者控件的形式进行加载，并且加载过程中自动与 BIM 进行关联，从而实现功能应用的相关配置。

6. 多源异构数据源配置

由于 BIM 运维平台是一个集成性的综合平台，因此它的数据来源相对来说比较复杂。数据来源的方式主要包括数据库数据、API 数据、消息队列推送数据。此处构建一个统一的数据源管理模块，对不同形式的数据进行统一管理。数据的类型主要包括基础数据、BIM 数据、设备实时运行数据、设备历史数据、运营业务数据、报警数据、第三方提供的数据等。对于基础数据与历史数据，BIM运维平台不直接访问数据库，通过构建的数据源管理模块的微服务访问数据库，面向上层屏蔽数据库类型不统一的问题，统一基于API的形式提供数据服务。对于实时性要求比较高的数据(如设备实时运行数据与报警数据)，本书统一采用消息队列订阅的方式实现，实现数据的主动推送。

7.3.2 BIM运维平台物联网边缘网关研发

1. 边缘网关设计

边缘网关能够将不同的智能化设备采集的相关数据信息整合起来，并且把它传输到下一层次(如云端与BIM运维平台端)，因而信息才能在各部分之间相互传输。网关可以实现感知网络与通信网络，以及不同类型感知网络之间的协议转换，既可以实现广域互联，也可以实现局域互联。

物联网边缘网关的作用是实现物联网前端设备的采集与管理工作，一方面，将现场采集的数据通过调用云端物联网平台的接口，将变化的实时数据推送至物联网云服务平台；另一方面，将现场采集的数据推送给本地的其他应用服务，本地网关还可基于标准协议向第三方软件系统提供其他应用服务。同时，边缘网关也能够基于云端物联网平台进行管理，实现边缘网关的协议下发、固件升级等远程升级工作。

智慧建筑现场智能化系统众多，存在各类协议类型。智能化的数据采集往往存在数据未互联互通的障碍，没有统一的集成手段将所有的数据进行采集与集成，导致系统与系统之间的数据相互割裂，无法提供给云端使用。因此需要一种集成的监控与管理模式，将各个系统的数据能够集中处理，依照各个系统的协议进行统一转换，从而实现数据的集中上传与管理，并能够实现简单的边缘计算与分析。

系统集成的目标概括来讲就是将从末端设备采集的数据呈现在客户端软件界面上或是通过客户端软件界面的交互操作控制末端设备动作，同时能将数据上传至云端，并能够给本地的智能化应用提供基础数据支撑。

2. 网关功能

1)多设备类型接入能力

建筑智能化系统涉及的厂家众多，不同厂家的系统可能使用不同的通信协议，因此，边缘网关系统通过标准的接口方式实现对异构通信协议的集成支持，如图7-7所示，主要支持如下协议和接口：RS232/RS422/RS485/ModbusRTU/BACNETMSTP/TCP/UDP/ModbusTCP/BACNET-TCP、OPC；开放的数据库通信(ODBC)接口、WebService XML/SOAP 技术接口、MQTT 实时接口、REST API。

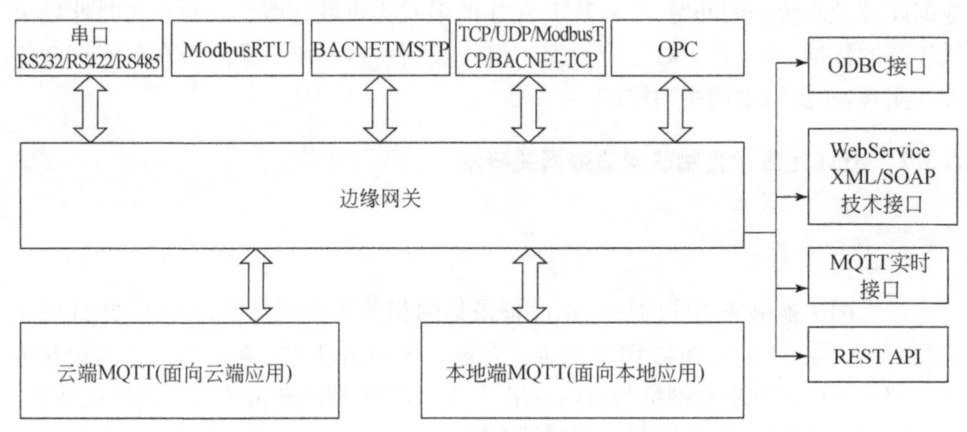

图 7-7 BIM 智慧运维平台物联网边缘网关异构协议集成接口

边缘网关的接口支持以上各类接口,同时针对各接口不同品牌、不同类型的智能化设备,云端物联网平台能够对各类协议进行管理,能够选择网关不同的协议类型,将协议 FOTA 远程下载到对应的物联网网关上。边缘网关本地不保存协议,所有的协议由云端物联网平台统一管理。云端物联网平台能够根据前端边缘网关对接的智能化子系统下载到边缘网关中。边缘网关本身具备 ODBC 接口,能够将解析后的数据通过通信接口的配置,存储在相应的数据库中,数据结构通过边缘网关的配置动态生成,也可采用默认设置。面向第三方提供 MQTT 实时数据接口、REST API 数据访问接口、WebService XML/SOAP 访问接口。针对其他物联网应用,本地端与云端的物联网应用,统一采用 MQTT 协议,保证边缘网关与其他第三方应用及云端物联网平台的数据传输。

2)网关的可管理能力

边缘网关需具备强大的管理能力。首先,要对网关进行管理,如注册管理、权限管理、状态监管等,网关实现子网内的节点管理(每个系统可以看成一个节点),如获取节点的标识、状态、属性、能量等,以及远程实现唤醒、控制、诊断、升级和维护等。基于模块化物联网网关方式来管理不同的感知网络、不同的应用,保证能够使用统一的管理接口技术对末梢网络节点进行统一管理。

3)协议转化能力

从不同的感知网络到接入网络的协议转换、将下层的标准格式的数据统一封装、保证不同的感知网络协议能够变成统一的数据和信令;将上层下发的数据包解析成感知层协议可以识别的信令和控制指令。

能够将采集的数据经过统一的封装，依照云端物联网平台的标准格式及协议，上传至物联网平台，物联网平台将采集后的数据存储至数据库，或转发至云端其他第三方应用。

3. 物联网边缘网关部署架构图

BIM 运维平台物联网边缘网关的部署形式如图 7-8 所示。

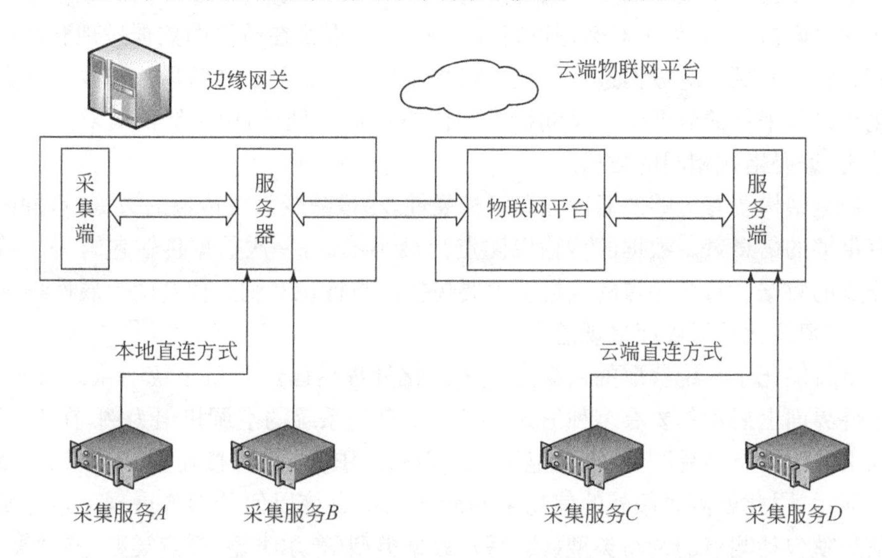

图 7-8　边缘网关部署架构图

整体架构及部署思路如下：

(1)采集端数据汇总到服务端，服务端将汇总的数据统一上传至物联网平台；

(2)服务端将采集端的数据汇总之后直接上传到云端的物联网平台；

(3)边缘网关本身集成采集端与服务端，采集端向下可以串联采集服务器，通过串联的形式汇总下游采集服务器所采集的数据(同一系统终端较分散时，采用此种形式)；

(4)边缘网关集成的采集端可直接基于协议采集及转换相应的智能化系统，将采集的数据信息直接上传给服务端；

(5)边缘网关服务端可直接连接采集端，获取采集端上传的数据信息；

(6)服务端可部署于云端物联网平台，并且可以采用分布式的形式进行部署，项目中的采集端可将地址直接配置为云端的服务端地址，由云端的服务端直接采集项目上采集端的数据(此类用于项目上数据量较少，并且采集端可以直接连接互联网的情况)。

4. 物联网网关架构设计

1)架构设计需求描述

边缘网关在建设过程中的需求如下。

(1)智能化子系统获取统一化的数据需求。

各智能化子系统提供了不同的传输线路、不同的通信协议、不同的数据结构和不同的编码格式,如果不对数据进行统一化处理,那么在最终的数据呈现和数据存储方面就需要额外对数据进行处理。因此在数据采集的最初阶段就需要将从各智能化子系统采集的数据依照华润标准编码格式进行处理,由边缘网关对外输出数据结构、编码格式相同的数据。

数据结构要有足够的通用性和可扩展性,尽量减少每次传输的数据量,同时确保有足够的信息量。数据的传输以测点为最小单位,一次数据传输包含一个或多个测点的数据。每个测点的数据至少要包括测点标识和测点值这两个属性。

(2)智能化数据界面呈现需求。

从智能化子系统获取的数据经过统一化处理后已经具备了统一格式,但数据在软件界面上展示却要有多种形式。以楼宇自控系统的空调机组为例,在HTML界面上显示时,启停控制用按钮显示,温度设定用输入框加按钮显示,新风温度用文本显示,因此就需要额外的信息来判断测点信息该以何种形式展现。这些额外的信息就包括测点的读写类型(读/写)、数据类型(布尔类型、浮点类型、整型等)。

(3)数据与业务逻辑关联需求。

除了要考虑获取的测点数据在软件界面上的展现形式,还需要考虑数据与业务逻辑的对应关系,这点尤为重要。由于前面已经定义了测点作为数据的最小单位,在数据传输时一次可能会包含一个或多个测点数据,这些测点数据并不总是属于同一个设备。同时,当在软件界面上显示多个设备(如多个空调机组)时,如何判断从智能化子系统获取的一条温度数据是属于哪个空调机组的?所以必须要有一个设备或者空间与测点的映射关系,这种关系也必须是一对多的。之所以要考虑空间与测点相关联是因为末端设备测量的参数并不总是反映其自身的属性,例如,温度传感器作为一个末端设备测量的并不是自身的温度,而是其所在的房间或者走廊的环境温度,因此将空间与设备同等对待,此处的处理方式是建立空间与设备的映射关系。

(4)垃圾数据过滤需求。

从实际的业务需求上考虑,从智能化子系统采集的数据并不总需要在软件界面上呈现,如自控系统的一些系统参数、系统时间,因此在数据采集的最初阶段就需要确定测点采集的范围。这个范围应该根据业务需要去人工划定。

另外，有些测点数据需要采集但并不是当前界面需要显示的，例如，当前是查看空调机组运行参数的界面，就不需要显示高压配电柜的运行参数，也就不需要高压配电柜对应的测点数据。这里就需要有一个动态的过滤器，能够根据最终呈现的需求来将测点数据筛选出来。

(5)数据主动读取需求。

在之前的思路中，测点数据是由下而上从末端设备经采集、处理最终呈现到软件界面上的。为了保证时效性，数据采集的频率会比较高，同时为了保证性能，一般会有“仅当数据变化时发送数据”的机制，这样就可能会出现想要查看数据时却没有数据的问题。例如，空调机组的运行状态稳定，目前的启停状态测点值为True，但直到空调机组停止前，其状态值不会发生改变，软件界面上也就无法得知空调机组的当前状态，因此在首次读取数据时需要主动地读取测点当前数据，当前所有数据读取完毕后，依照差动传输的思路实施。

(6)智能化系统写入数据(控制)日志需求。

为了实现对设备的控制或设置，需要向智能化子系统写入数据，这是与采集数据相反的过程。由于在实际的设备控制过程中往往会涉及具体的机械、电气装置动作，同时会有特殊的逻辑关系，因此写入数据对设备控制的过程必须要有相应的日志记录和操作权限。

(7)数据存储实现需求。

在系统集成工作中，应该将来往的数据存储起来。由于数据量比较庞大，综合考虑性能和功能要求，应该区分原始数据和非原始数据的存储。原始数据是指从智能化子系统采集来的最初数据，数据量庞大，格式统一，对时效性要求很强；非原始数据是指除在原始数据基础上加工处理后的数据或与业务相关的读取、写入的数据等，时效性相对要求较低。原始数据和非原始数据的存储应该区分对待。

(8)通信异常处理需求。

由于系统集成涉及的智能化子系统众多，无法避免地要采用分布式结构，同时考虑到物理网络的连通性，在数据采集的过程中应该具备一定的自我纠错功能。当网络短暂断开重连时，应该保证网络数据传输不间断。应该对每个智能化子系统的连接状态进行监测管理。同时应当具备连接系统异常状态报警功能，当网络异常或连接失效时，应当保证能够在物联网网关显示。

(9)数据局域网服务能力需求。

边缘网关应当具备给本地局域网设备监控系统提供实时数据的能力，本地局域网应当对设备与测点具有初步的管理能力，能够提供API数据接口供第三方调用。

(10)云端物联网平台通信问题。

边缘网关能够与物联网平台对接，能够将采集的数据以设备为单位，实时主动推送给云端物联网平台。同时云端物联网平台能够对边缘网关进行管理，能够通过FOTA对边缘网关进行远程升级管理，减轻终端管理的压力，对边缘网关对接的各类设备与协议实现统一管理，并能够将各类协议以及智能化对接的内容远程下载到边缘网关，实现终端数据的采集。

(11)其他问题。

物联网网关设计还常需要考虑数据传输安全加密、身份验证授权、数据云端存储、应用分布式部署、跨平台部署等问题。

2)数据流程设计

(1)简单配置流程。

测定配置是建筑智能化系统部署的基本环节。如图7-9所示，传统方法是从智能化子系统获取测点列表，以人工的方式创建设备与测点的映射关系表，将设备基础数据与智能化测点数据关联起来，从而形成设备与测点之间的映射关系。

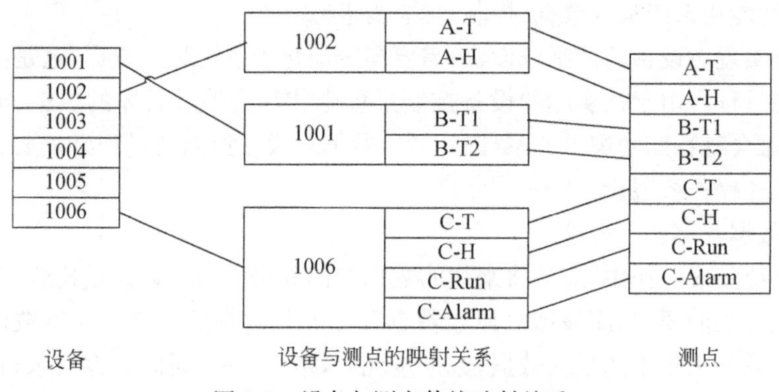

图7-9 设备与测点传统映射关系

(2)编码配置流程。

基于编码的配置流程是在业务系统中生成设备及其所需监控测点的编码，然后将设备和测点编码提供给系统集成人员，在进行系统集成的同时将测点编码与实际测点关联起来，如图7-10所示。

在设计过程，BIM运维平台支持上述两种配置流程。

第一类情况，在不需要考虑编码体系的情况下，在网关中编辑或者导入设备名称和ID，将ID与智能化系统对接测点的ID相匹配，从而形成设备与测点的对应关系，然后将设备及对应的测点数据上传至云端，云端将原始的设备ID与测点地址进行数据存储与转发。

第二类情况，在网关中将对应设备、对应测点的标准编码统一标注，并将标准编码的测点与实际测点的地址实现一一对应。数据在向外开放时，能够以标准编码的格式向外输出，从而实现数据的统一、标准化管理。

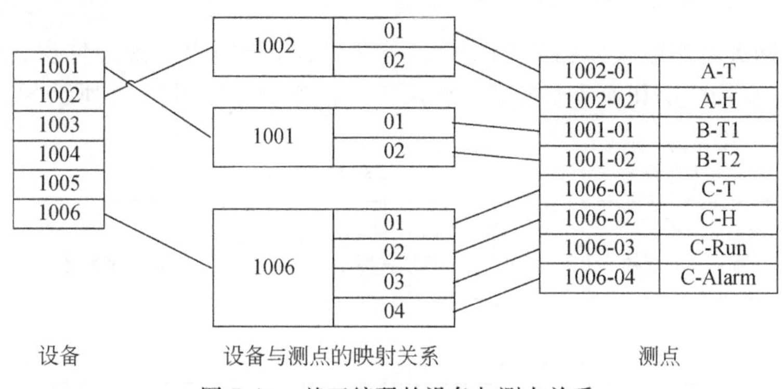

图 7-10　基于编码的设备与测点关系

(3)协议转换说明。

由于智慧建筑物联网(internet of things,IoT)应用涉及许多不同类型的传感器和设备,不同传感器或设备使用的传输协议不同。物联网网关通过不同协议与传感器/设备进行通信,将数据协议转换为标准协议 MQTT,同时将数据利用标准协议传输到云端和提供给其他第三方应用系统。

(4)数据过滤与筛选。

传感器/设备可以产生海量的数据,这会导致极高的数据传输和存储成本。在这种情况下,通常只有一小部分数据实际上是有价值的。基于物联网边缘网关,将数据产生初步的过滤,避免云端存储过于庞大。网关预处理和过滤由传感器/设备生成的数据,以降低传输、处理和存储要求。

(5)边缘计算降低控制延迟。

时间对于某些 IoT 应用来说可能至关重要。传感器/设备无法将数据传输到云端,并在采取行动之前等待获得响应。通过处理网关上的数据并在本地发出命令可以避免更高的延迟。然而,IoT 应用中的许多传感器/设备计算能力不强,电池容量有限,无法进行处理。基于网关的边缘计算,可以通过在网关本身而不是在云中执行处理来减少关键应用程序的时间延迟。

随着物联网的应用普及,物端(传感器端)将会产生海量的数据,这些数据如果不经过分析、处理、过滤就直接传送到云端,不仅网络带宽无法负荷,云端的服务器也会耗费大量的资源来应对无效或无用的信息从而导致崩溃。在一些关键的场合,数据需要被立即处理并作出实时的反馈,如果通过云端再反馈回来,相关的数据已经失去了时效性。

(6)网关安全问题。

网关减少了连接到互联网的传感器/设备的数量,因为传感器/设备仅连接到网关。然而,这使得网关本身成为目标,也是第一道防线。

3)架构设计描述

边缘网关基本层次如图7-11所示，分为四层，分别为感知延伸层、协议适配层、标准消息构成层和业务服务层。各层直接信息交互如图7-12所示。

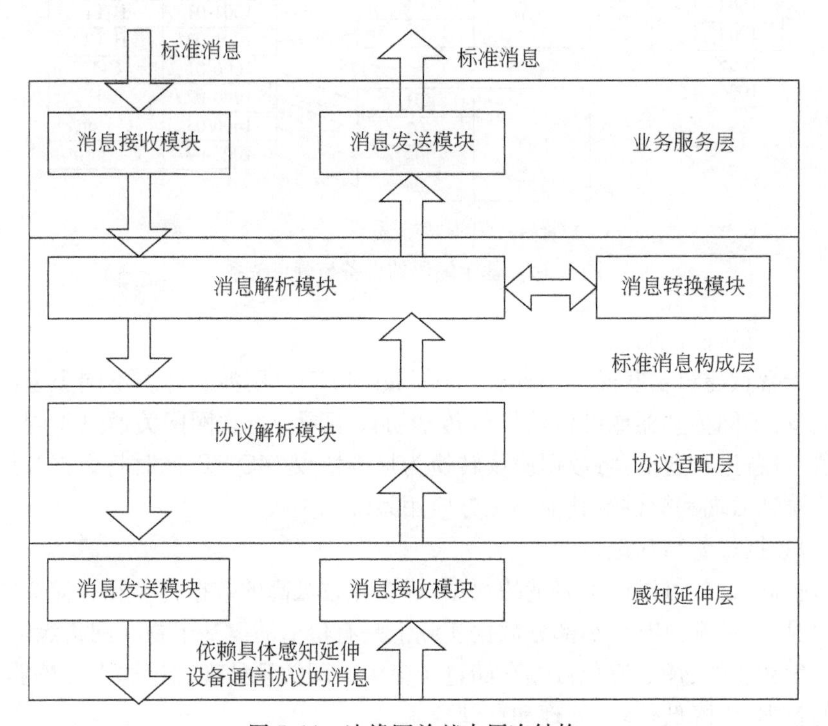

图7-11 边缘网关基本层次结构

各层与结构设计的关系如下：

采集端：感知延伸层、协议适配层；

服务端：标准消息构成层、业务服务层；

(1)感知延伸层(采集端——依据协议实现数据采集)。

感知延伸层面向底层感知延伸设备，主要实现消息的发送与接收。消息发送模块负责将经过标准消息构成层转换后的可被特定感知延伸设备理解的消息发送给底层设备。消息接收模块则接收来自底层设备的消息，发送至标准消息构成层进行解析。

感知延伸网络由感知设备组成，包括各类智能化子系统(BA系统、停车场系统、能耗系统等)、RFID、GPS、各类型传感器等。感知延伸层设备之间支持多种通信协议，可以组成LonWorks、ZigBee、Modbus、BACNET以及其他多种感知延伸网络，核心功能是实现多种协议的解析。感知延伸层解决网络内不同设备统一数据采集的问题，屏蔽底层通信差异，使得上层用户无须知道底层设备的具体通信细

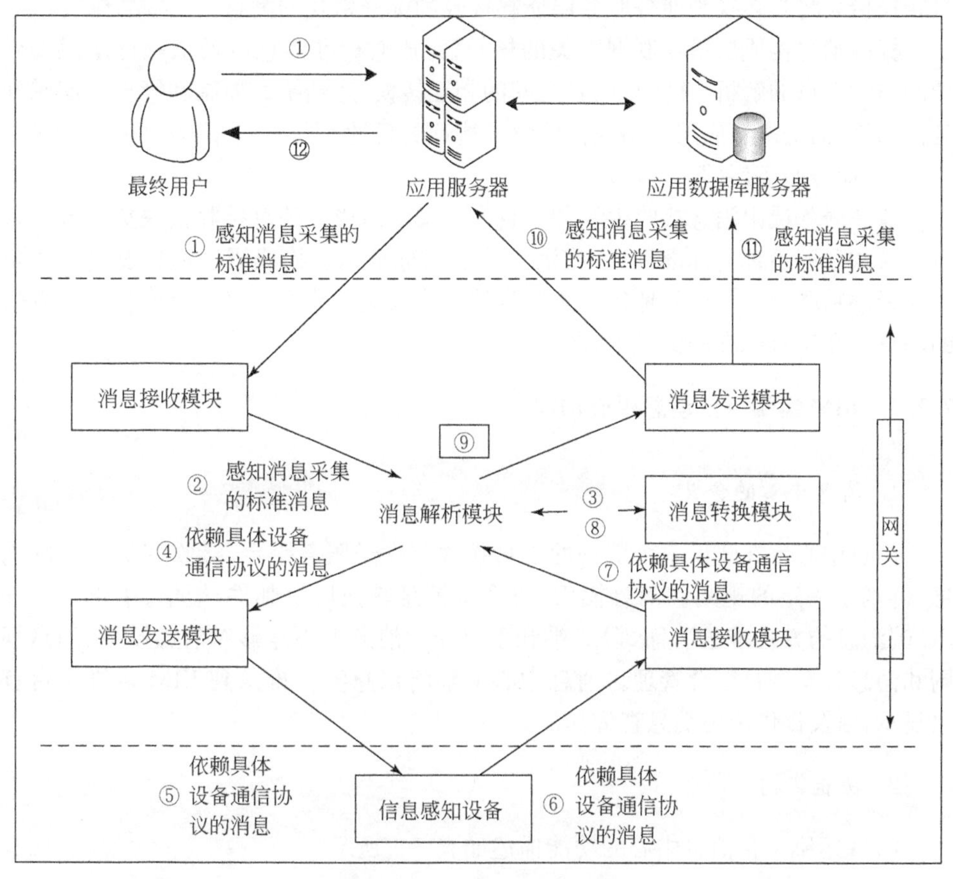

图 7-12　信息交互基础流程

节，实现对不同感知延伸层设备的统一访问。

感知延伸层既可以与其他层整合，实现统一管理，又可以以节点的形式单独存在。在该方案中主要是指边缘网关的数据采集端。

(2)协议适配层。

协议适配层保证不同的感知延伸层协议能够通过此层变成格式统一的数据和控制信令，并将解析后的数据向上传输。

(3)标准消息构成层。

标准消息构成层(服务端——将转化的 key：value 与标准格式形成映射关系，实现上层与下层的双向转换)由消息解析模块和消息转换模块组成。

消息解析模块解析来自业务服务层的标准消息，调用消息转换模块将标准消息转换为底层感知延伸设备能够理解的依赖具体设备通信协议的数据格式。当感知延伸层上传数据时，消息解析模块则解析依赖具体设备通信协议的消息，调用消息转换模块将其转换为业务服务层能够接收的标准格式的消息。

标准消息构成层是物联网网关的核心，完成对标准消息以及依赖特定感知延伸网络的消息的解析，并实现两者之间的相互转换，达到统一控制和管理底层感知延伸网络，向上屏蔽底层网络通信协议异构性的目的。

(4)业务服务层(服务端)。

业务服务层由消息接收模块和消息发送模块组成。消息接收模块负责接收来自云端物联网系统的标准消息，将消息传递给标准消息构成层。消息发送模块负责向云端物联网平台可靠地传送感知延伸网络采集的数据信息。该层接收与发送的消息必须符合标准的消息格式。

7.3.3 BIM运维平台消息中心构建

1. 消息中心的含义

消息中心旨在建设一个统一的消息接收与发送服务平台，接收其他系统的消息，再基于一定的规则和消息模板，将系统消息转换后以邮件、短信、手机消息和PC端消息的方式推送消息到PC端和手机端。消息中心能够对消息模板、消息规则和消息收发进行综合管理。消息中心能够将消息实时推送到BIM运维平台首页显示，以及提供历史消息查询功能。

2. 功能架构

BIM运维平台消息中心的功能描述如表7-1所示。

表7-1 消息中心功能描述

序号	模块	功能说明
1	消息模板	面向应用使用方定义消息模板，使用方根据自身业务需求，编辑消息内容。调用消息发送接口时可使用已经定义好的模板，只传递模板编号和相应参数生成消息内容，而不需要传递完整内容
2	规则管理	用于配置项目、发送类型，发送账号的对应管理。规则可以绑定一个项目或不选择项目作为全平台通用，同时选择每个发送方式下的发送人员，一个规则可以支持多个发送方式，同样，一个人员也支持多个发送方式。调用消息发送接口时可使用已经定义好的规则，传递相应的规则编号，系统自动根据规则编号确定发送对象及方式
3	消息管理	消息管理分为发送和展示两部分。消息发送功能为用户使用消息中心即时或定时发送通知消息。消息清单、发送的消息、接收的消息分别从系统、用户发送、用户接收三个维度展示历史消息

3. 消息中心的功能要求

消息中心解决的问题是为其他应用系统提供统一化的消息接收/发送服务，主要功能及要求如下：

(1)接收来自其他系统应用用户的消息，能够完成消息的接收、发送和保存，然后基于一定的规则以邮件、短信、消息的方式将消息或报警推送给 PC 端或手机端，并且对用户、消息和规则等方面内容进行综合管理；

(2)能够保证消息的送达，如果消息送达存在问题或无法送达，则重复发送，达到自身重复发送的阈值后，则将发送结果存储记录；

(3)消息中心能够实现扩展，可灵活地增加推送种类，并能够在平台中动态增加消息推送的规则，规则包括消息模板的定制、发送类型、发送对象的选择等；

(4)消息中心能够以微服务的方式将消息中心的接口对外开放，既可服务于自身运营平台，也可面向其他系统进行消息的推送；

(5)业务规则之间相互独立，能够适应快速更新，每个业务规则应当尽可能地控制所需地尽量小的信息量，允许不同背景、不同权限的人进行合作。

4. 总体架构

消息中心的总体架构如图 7-13 所示。

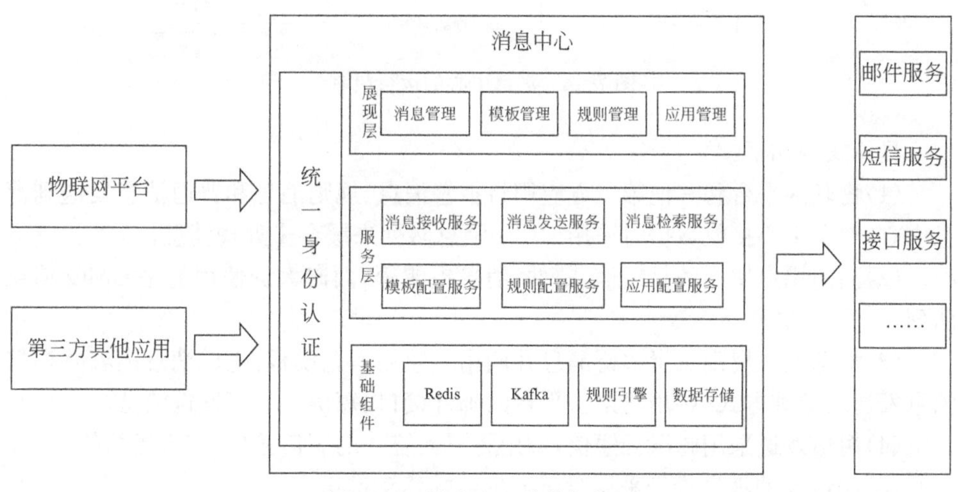

图 7-13　消息中心总体架构图

1)运行机制

消息中心系统基于 SpringCloud、Spring MVC 等框架进行设计开发，并运用 Redis 消息队列服务进行消息接收和暂存，后端程序通过 MySQL 对消息数据进行存储。其运行机制如图 7-14 所示。消息中心在接收到消息之后,首先解析消息数据,基于消息数据中的规则 ID 调用规则引擎对消息进行处理,并将结果根据规则的配置进行消息转发,发送邮件、短信、消息到 PC 端和手机端。消息发送完毕后能够基于 CMQ 消息队列将结果推送给指定的应用用户。

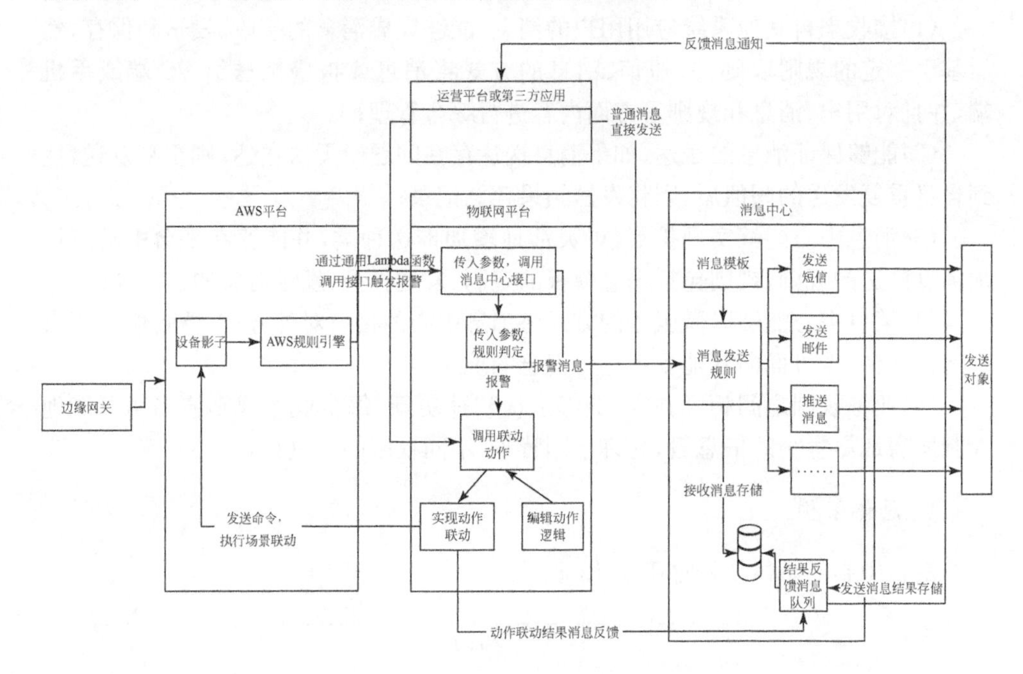

图 7-14 消息中心的运行机制

具体实现如下:

(1)物联网平台和其他第三方应用将报警消息、规则消息和普通消息发送到消息中心,消息中心接收数据时采用 Redis 消息队列来缓存未处理消息;

(2)面向用户使用的是短信、邮件、消息提醒等,面向大屏使用的是 CMQ 消息队列;

(3)消息发送规则负责解析消息并调用对应的消息模板,生成消息内容并根据消息发送对象和方式,调用腾讯云平台的邮件接口、短信接口等发送消息;

(4)短信发送采用腾讯云短信,调用腾讯云统一的短信接口,实现短信的通知;

(5)App 端的消息推送采用腾讯云平台的移动推送实现;

2)消息中心规则引擎描述

消息中心的主要作用是接收各个系统的报警消息、反馈消息及普通信息,基于预先定义的逻辑判断规则,调用消息模板,将信息发送给指定用户。

3)逻辑规则描述

(1)定义及说明。

消息：用户每调用一次API将会产生一条消息，消息的内容包括：内容的呈现、模板的设置、规则的编排等，并记录消息的发送者与接收者，以及消息最后发送的结果。

模板：能够依照模板的格式(样式)进行信息发送。自己定义模板，只向其转送参数。例如，信息为“{AAA}温度为{BBB}，温度过高”，这样只需要传递{AAA}、{BBB}参数即可，也可设置空模板，直接传递编辑好的完整的文本信息。依照规则传递参数，不必整体传递，保证消息格式的一致性。有模板的情况只需要设置参数，不需要再设置信息的内容。

模板设置内容包括模板名称、模板代码、模板内容描述。

规则：消息中心的判断逻辑规则，主要用于判断调用消息模板ID、设置发送对象(包括短信、邮件、推送消息)。

(2)消息分发模式及说明。

面向第三方应用，消息中心提供API以固定的JSON结构，供第三方应用来调用。消息发送内容统一通过消息中心中配置的消息发送规则来确定，包括消息的发送方式和发送对象。

7.3.4　BIM运维平台流媒体信息处理技术

想要在BIM上展示运维平台流媒体，大致可以分以下几个环节：视频采集、视频解码与图像抽帧、图像业务编码、图像业务解码和视频播放。具体的架构如图7-15所示。

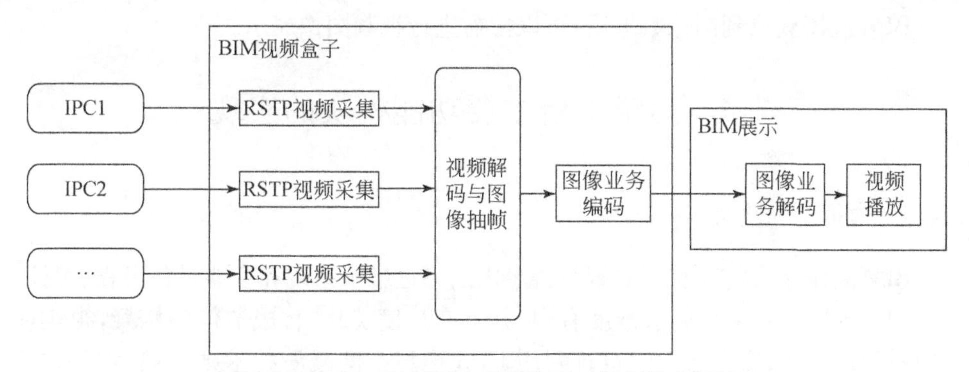

图7-15　BIM运维平台流媒体信息处理技术框架

1. 视频采集

为适应众多品牌摄像头，一般采用RSTP进行视频数据采集。

RSTP由IEEE 802.1D—1998标准定义的生成树协议(spanning tree protocol,STP)改进而来,最早在IEEE 802.1W—2001中提出,并且在IEEE 802.1D—2004标准中替代了原来的STP。RSTP完全向下兼容STP,除了和传统的STP一样具有避免回路、动态管理冗余链路的功能外,RSTP极大地缩短了拓扑收敛时间,在理想的网络拓扑规模下,所有交换设备均支持RSTP且配置得当时,拓扑发生变化(链路UP/DOWN)后恢复稳定的时间可以控制在秒级,而传统的拓扑稳定且能正常工作所需时间为50秒。每个品牌的RSTP格式,可以参考不同品牌厂家发布的标准。

2. 视频解码与图像抽帧

视频解码,一般通过RSTP视频数据进行采集,一般通过RSTP进行视频数据采集,通过H264、H265协议格式进行解码,在解码后获取图像数据。

3. 图像业务编码

对提取后的图像数据进行私有化协议图像业务编码,为BIM客户端视频提供图像数据转发服务。

4. 图像业务解码

将编码后的图像数据进行私有化协议解码,获取到图像数据,传递给BIM应用。

5. 视频播放

BIM应用获取到图像数据后,可以按需进行视频图像展示。

7.4 运维平台主要功能模块的实现

7.4.1 虚拟空间漫游

BIM运维平台需要实现对智慧楼宇内的各运维子系统和智能设备可查、可控。传统的二维展示效果图展示维度有限,并且有过度美化、合成造假的嫌疑,很难使人们看到最真实、最自然的建筑。利用BIM虚拟空间漫游技术则不然,它是在建筑模型中直接确定漫游路径和视点,这样就完全避免了合成的成分,使其展示的效果真实可信。

1. 虚拟空间漫游的含义

在BIM运维平台中,虚拟空间漫游是在BIM的基础上衍生出来的一种利用漫游动画进行方案展示的新兴技术。系统模拟真实人物视角,构建与真实建筑1∶1的数字孪生模型,用户操控视角自由地在BIM中360°自由浏览。通过虚拟空间漫游可以直观地查看整个建筑,仿佛身临其境,如图7-16所示。

在BIM运维平台中,虚拟空间漫游一般分为外部大场景漫游和单层室内漫游。外部大场景漫游主要是模拟人物行走方式,自主操作,方便用户全方位地查看整个建筑(包括所有地面建筑、道路、绿化、水景等),也可切换到行走模式,模拟人物在场景中以第三人称视角进行场景漫游,同时伴有小地图与当前所在的位置信息。在建筑内部漫游过程中,可以直观看到设备的报警状态(变红或者闪烁),以及设备运行参数,也可以随时点击设备查看其属性资料,还可以点击监控摄像头查看其实时画面。点击透明按钮可以查看隐蔽工程以便于后期维修管理。

图7-16 建筑外部大场景漫游

2. 虚拟空间漫游的工程应用价值

(1)全景查看,身临其境的体验。虚拟空间漫游可以满足用户全方位查看建筑的探索欲,BIM轻量化模型最大限度真实地还原了建筑的道路、绿化、水景、重要设备的实际样貌,通过虚拟空间漫游可以让用户沉浸式地体验,快速了解整个建筑的空间布局。

(2)空间漫游与多系统的联动。虚拟空间漫游还可以与多系统联动来配合使用,创造更多的实用价值。例如,在漫游模式下,BIM运维平台与漫游视角附近的摄像头联动，实时地小窗口显示该视角下摄像头画面，或者可以通过移动漫游视角实现对摄像头的云台控制。

7.4.2 建筑实景监控

BIM运维平台对建筑的实景监控主要包括对建筑的各区域，如电梯间、停车场、建筑外景、重要设备房（如供配电室、锅炉房、电梯井等位置）实现实时的监控。通过实景监控可以全面洞察建筑内各区域的实时运行状况，做到全局态势可查，遇事快速联动可控。

1. 实景监控的含义

建筑实景监控是指BIM运维平台与IoT平台对接，通过物联网智能视频网关和流媒体服务器，实时地获取建筑现场的视频数据。如图7-17所示，运维平台集成视频监控系统，将监控设备（摄像头）直观地加载在BIM三维模型中，管理人员可以在平台中直观地查看监控点的整体布局情况，同时直接显示所有监控设备的状态，以及摄像头的朝向。

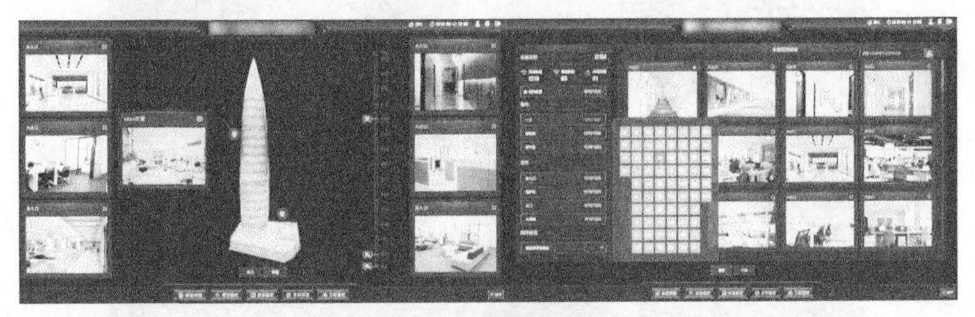

图7-17　视频监控画面

点击任一摄像头设备，可以直接查看其实时画面，也可以通过运维平台实现对摄像头的云台控制。管理员还可以同时打开多个视频监控画面，同时查看管理。

管理员可以自定义显示视频画面区域，可以针对重点关注区域的视频监控画面进行自由配置，任意拖拽替换，不用再去看闲杂多余的数据，可以第一时间看到自己关注的监控区域画面，从而提高工作效率。

运维平台支持视频监控平铺功能，对所有视频监控图像进行查看。管理者可根据所关注的区域自主配置视频墙内容，并将其保存在收藏夹中，以便于直接打开所关注的区域画面。

运维平台还支持自定义创建上屏方案，可一键全屏显示上屏的摄像头画面。管理者可根据自己实际的上屏场景需要，自定义地选择上屏的屏幕数量和布局。

单个屏幕不仅可以播放单个摄像头画面，还可以轮播多个摄像头画面，自主调节轮播频率。

2. 实景监控的工程应用价值

(1)全局监控建筑态势。建筑实景监控不是单一的集成监控系统的摄像头画面，而且可以实现对摄像头的云台控制。BIM 运维平台集整栋建筑的所有监控画面于一体，管理者在指挥中心就可以对建筑中各区域的情况了然于胸。当建筑中有人员拥堵、非法入侵等情况发生时，能够快速确认情况，做出响应。

(2)提升工作效率，降低运维成本。对建筑的实景监控还可以提高运维人员的工作效率，通过信息化手段减轻工作人员压力，降低运维人员人力成本。

(3)与其他设备、系统联动，发挥最大价值。实景监控模块还可以与其他系统联动，最大化地发挥实景监控价值。例如，与温控、烟感等传感器联动，当有火灾发生时，触发报警系统报警，能够快速定位到事故发生位置，辅助运维人员快速做出响应。

7.4.3 建筑运维业务管理

运维管理行业是在传统的房屋管理基础上演变而来的新兴行业。近年来，随着我国国民经济和城市化建设的飞速发展而产生了日新月异的变化。特别是随着人们生活和工作环境水平的不断提高，建筑实体功能多样化的不断发展，使得运维管理作为一门科学的内涵已经超出了传统定性描述和评价的范畴，发展成为集多种手段对物业实体进行综合管理，为客户提供规范化、个性化服务，并对有关物业的资料进行归类汇总、整理分析、定性与定量评价、发展预测等。这也充分表明了运维管理行业正在朝着正规化、系统化、专业化的方向发展。

1. 运维业务管理的含义

运维业务管理是对智能建筑物内所有运行设备的档案、运行、维护、保养进行管理，主要包括设备运行管理、设备维修管理、设备保养管理、维修申请工作单管理等方面内容。众多的运维业务管理模块构成了整个运维管理系统。

运维管理系统通过制订有效的维护计划，合理安排维护资源，促使维护人员高效快速地完成工作并对维护人员进行有效的考评分析，提高了维护管理的工作效率。用户针对不同设备制订相应的维修计划，提醒用户对设备进行定期维护，确保资产设备保持最佳运转状态，延长了使用期限，降低了维护成本。用户可通过业务统计和预警功能，实时查看设备统计信息和设备维护工作的执行情况，为接下来的设备维护计划做好准备，控制维护成本，为建筑的规范化运作提供可参照的依据。

运维管理系统是BIM运维平台的重要部分，它通过典型的分布式计算机网络将各子系统集成到同一个计算机支撑平台上，建立起整个建筑的中央监控与管理界面，通过一个可视化的、统一的图形窗口界面，系统管理员可以十分方便、快捷地实现建筑内被集成的各功能子系统以及相应更下层功能系统、实施、监视、控制和管理等功能。实现安防与设备监控的科学化管理，以及提升与之相适应的物业管理的智能化。

系统基于成熟、先进、实用的原则，把智能建筑使用的各智能化子系统的设备，由各自独立分离的设备、功能和信息集成为一个相互关联、完整和协调的综合网络系统，使系统信息高度共享和合理分配。

2. 运维管理的工程应用价值

1)一站式综合信息管理

BIM运维平台提供专业的运维管理服务，并且实现多端联合。运维人员可以通过客户端、网页、移动端等终端浏览、监控、查询物业管理的设施和增值服务的各功能模块。物业设施管理系统提供来访者管理、商务服务、办公服务、电子商务等增值服务功能模块。实现对智能化系统的综合管理功能，根据智能建筑设备管理的需求，提供相应的管理模块，如系统管理、报警管理、设施管理、节能管理、事件管理、信息管理、维护管理、文档管理、报表管理、日志管理等。通过智能化系统综合管理功能，提高工作人员的管理和工作效率。

2)交互式信息管理

BIM运维平台提供物业设施管理服务，可以在BIM中点击设备进行查询、保存、维护设备档案等操作，也能够进行能源计量，记录设备运行的历史数据以便使用者查询。系统可对建筑物内部各种设备资料和图纸、设备维护和维修记录、易耗品和备件的库存进行电子化管理。

同时，系统能够在设备维护检修到期前进行预警，以声音或闪烁提示，并给出实施地点、所需的准备工作信息，自动生成设备维护检修单。当各系统设备工作出现异常情况时，系统可立即调出相应位置的BIM图，显示报警设备的位置和状态等，并用多种形式(如声音、颜色、闪烁等)进行报警，同时提示相应的处理方法。

3)集中的监视和管理系统

BIM运维平台集成各子系统设备的运行数据和运行状态并进行高性能的实时监测、采集、整理、分析和储存。同时，使用者可根据权限在运维平台实现对设备的操作。

物业设施管理及设备运行监视，与建筑设备监控系统页面进行超链接及显示，只监不控。建立设施及设备档案，自动生成系统保养计划，对设施及设备运行数据进行采集和记录。实现设施设备预防性监测、设施设备自动巡查记录、综合节能管理、运行保养自动提示、维修单自动生成、保养与维修记录、备品备件管理等功能。

7.4.4 建筑能耗管理

能耗管理是BIM运维平台的重要组成部分，通过与已有能耗系统进行对接，在BIM运维平台中实时获取能耗系统数据，并通过这些数据实时统计出在运维过程中各类能耗统计信息，其中包括建筑整体的总能耗数据、按时间周期(年、月、日，自然天中的时间段等)划分的各个能耗统计数据、按系统划分的详细系统能耗数据、按实际建筑空间划分的楼层区域能耗统计数据，以及按产生的费用统计的数据等。

经过数据的沉淀累积，平台对数据进行存储分析，可按年、月、日各维度查看各时段能耗情况。平台让管理者实现掌握全局、合理用能，让能源管理实现数据化、科学化，避免能源浪费。

1. 建筑能耗管理的含义

BIM运维平台的能耗管理包括对能耗数据的实时统计和历史分析。系统根据项目业态划分能耗数据，对能耗数据的统计至少包括冷水量、热水量、中水量、雨水量、冷量、热量、燃气使用量、燃油使用量等，需依据实际建筑内部接入传感器的情况而定制相应的统计规则。

对于能耗统计在运维平台中的显示，管理者在打开平台时，通过热力图的形式能直观看到每个业态的能耗情况及每一层实时的能耗数据。在可预测的数量级上，以颜色区分能耗的数值高低，并尽量使用但不限于以图表类、纵横直方图、各类排序规则等方式进行数据的直观表达。当数据超过设定值时，系统会根据数据分析自动提醒并提出策略方案。系统会根据能耗数据进行排名，让管理者更加直观地知道哪一层哪一个业态的能耗情况，能够显示建筑模型今日、本月、本年的耗电量及该部分所占建筑总能耗值的百分比、同比上涨或下降的百分比。当值超过阈值时，可以不同的颜色状态显示。平台通过数据统计可将当日用电量最高的区域楼层及用电量最高的系统通过排名的形式展现出来。让管理者能第一时间观察到能耗的情况。

系统总能耗以及各重要能耗统计项的表达应置于平台中较为显眼的布局区域，以便运维管理人员进行直观的统筹分析决策。

2. 建筑能耗管理应用价值

BIM运维平台把各子系统数据集成在平台统一显示，方便运维人员实时查看，不用单独登录每个子系统去查看对应的数据，节约大量的时间，更好地实现对建筑的全方位管理。

BIM 运维平台统计每天、月、年或特定时间段内的各系统能耗数据，以统计图表的形式在平台展示，方便运维人员直观地了解历史能耗的高低峰情况，运维人员也可以依据数据分析的结果，及时制定合理的节能降耗策略，减少能耗消费支出。

7.4.5 建筑安全态势融合与仿真

BIM 运维平台采用人防、技防、物防相结合的三防一体的安全防范体系，实现探测、延迟、反应相协调。基于事前预警、事中处理、事后分析的三大流程步骤，构建全天候智能感知、实时发现与追踪、综合分析快速侦破的安全管理模式。

1. 建筑安全态势融合与仿真的含义

在 BIM 运维平台中，建筑安全态势包括对消防、安防、电梯、门禁、停车场等系统的实时监测，其监测的数据在 BIM 中做可视化的展示。细分来说，消防安全主要包括烟雾报警、火灾报警、电梯报警、停车场报警等场景，融合烟感器、温控器、视频 AI 分析等，对各区域实施全局监测；安防报警主要指非法入侵类场景，融合 AI 摄像头、门禁系统、红外探测系统等安防系统，实现重要区域安全保障。当有影响建筑安全的事件发生时，平台第一时间主动报警，运维平台能够在 BIM 中直接定位到该事件位置，运维平台依据不同的事件类型，对应做不同的动画仿真展示。运维人员通过动画可以直观地了解在建筑的什么位置发生了什么事件，以便快速做出响应。

建筑安全态势融合指的就是 BIM 运维平台集成各子系统的报警信息，各子系统联动，共同实现对智能建筑的实时监测。BIM 中加载各子系统的实时数据，从而实现能够在 BIM 运维平台直观地查看整个建筑的安全态势。

2. 建筑安全态势融合与仿真应用价值

BIM 运维平台实时获取消防、安防等系统的动态数据并且在 BIM 可视化展示。当运维平台监测到有影响建筑安全的事件时，BIM 能够依据不同报警类型加载不同的仿真动画。运维人员通过不同的仿真动画就可以全局地知晓当前 BIM 空间中发生了哪些报警事件。

7.4.6 建筑应急预案预演与仿真

1. 建筑应急预案预演与仿真的含义

建筑应急预案预演是以 BIM 为载体，模拟火灾发生时，规划人员的最佳逃生路线，同时联动报警系统，提醒拨打火灾救援电话，展示最近的消防中队和室外消防设施位置，消防人员到达现场时，可以为消防人员规划一条最佳救援路径，帮助快速地找到起火点，扑灭火情。应急预案预演可以细分为逃生演练和进攻演练两类。

例如，在 BIM 运维平台中，点击“消防演练”的“逃生演练”菜单，进入逃生演练界面，左侧是逃生演练的步骤，按照每一个步骤操作，会有相应的动画效果(图 7-18)。

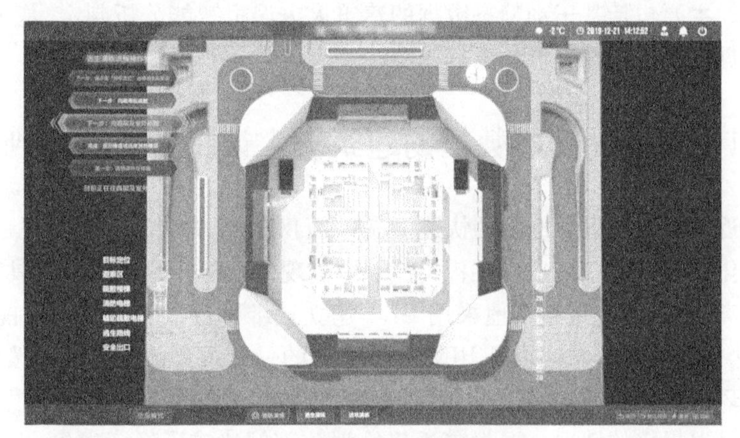

图 7-18　逃生演练应急预案仿真

2. 建筑应急预案预演与仿真应用价值

(1)模拟真实事故场景。建筑应急预案预演可以模拟火灾发生时的状况，并且依据不同状况给出不同的解决方案和逃生路线，确保在火灾发生时采取最有效的策略应对火情，保障建筑内人员的生命安全。

(2)复盘火灾事故，总结经验。火灾复现在火灾发生之后对火灾信息进行有效分析，总结风险与不足，降低火灾再现率。

第 8 章 BIM 运维平台人工智能技术应用

本章主要介绍 BIM 运维平台与人工智能技术相结合解决建筑运维过程中的相关问题。主要包括基于动静态数据的建筑火灾误报智能分析判定、基于 BIM 和物联网数据的建筑能耗智能预测等内容。

8.1 基于动静态数据的建筑火灾误报智能分析判定

随着近几十年来世界经济的快速发展,人们对建筑防火的重视程度越来越高,各种智能化消防报警系统出现在各类建筑中。现代大型公共建筑由于具有运维的复杂性和高成本性,越来越多地采用 BIM 建立运维平台以实现建筑智能化运维。其中,智能化消防报警系统也是 BIM 运维平台的一个重要组成部分。然而由于人为和外部环境等因素的影响,现代大型公共建筑的 BIM 运维平台消防报警系统常常出现大量误报警的情况。误报警不仅给消防部门造成了经济损失,而且在精神方面给值班人员带来了巨大困扰,值班人员在收到建筑内部消防报警消息时,无法判断其真实可靠性,往往需要技术人员到现场进行排查确认,这样造成了巨大的人力和物力浪费。所以如何实现 BIM 运维平台消防误报警的判定是迫切需要解决的难题。

现代关于消防误报警问题的一般解决方式大都是在火灾探测的精度方面进行改进,例如,通过设计发明新型火灾探测器或复合火灾报警系统减少火警误报的产生,或者使用多传感器融合探测技术,以提高探测精度,还有使用基于复杂事件处理(complex event processing,CEP)的消防物联网火警误报监测系统,以降低火警误报率。但是总体而言,仍然缺乏对建筑消防误报警判定方法的研究,消防误报警问题仍然是一个影响现代大型公共建筑消防运维管理的存在。

本节针对现代建筑工程上普遍出现的消防误报警问题,并结合现有的研究现状,提出一个基于动静态混合数据分析的 BIM 运维平台消防误报警判定方法。通过分析建筑火灾及误报警的成因,确定与建筑火灾误报警相关的动态数据和静态数据。从建筑物联网中获取温度、烟雾浓度、CO 浓度构成动态数据集,从 BIM 中提取建筑空间位置与建筑材料构成静态数据集。通过进行动静态混合数据分析,判定消防报警的真实可信度,确定其是误报警的概率。该方法不仅对现代大型公共建筑的 BIM 运维平台消防误报警的判定提供了有效途径,而且证明了 BIM 运维平台中的动静态混合数据的价值性,面向BIM运维平台的动静态混合数据分析的研究是十分必要且有意义的。

8.1.1 火灾误报警相关研究工作

国内外研究者已经在降低消防误报方面做出了一定的研究成果。张立宁等考虑传统单一温感探测器灵敏度偏低,并且烟感探测器存在烟谱范围较窄的不足,于是将二者结合,具有良好的互补性[43]。将收集到的温度、烟雾浓度等数据进行融合,然后对这些数据的特征信息综合分析,以期通过数学算法来提高火灾探测的精确度。常见的信息融合方法一般分为三类。第一类基于统计估计和经典方法,包括加权平均法、最小二乘法等。第二类基于信息理论的集成,包括模糊理论和聚类分析的熵理论等。第三类是人工智能方法理论,包括神经网络、遗传算法和专家系统。

丁承君等提出的基于多传感器信息融合的火灾探测器降低了单一传感器引起的漏报和误报,提高了火灾探测器的可靠性[44],但是其算法复杂度大,信息处理效率低。还有的是将无线传感器网络技术与智能火灾报警控制算法相结合,提高火灾报警的可靠性。Liang等使用BP神经网络数据融合算法判断着火、阴燃、无火三种不同环境状态的概率,从而降低火灾预警的误报率[45]。考虑到神经网络预测输出精度有限的问题,有些研究者提出各种神经网络的改进算法实现火灾的低误报预警,如黄翰鹏等提出一种结合模糊神经网络(fuzzy neuron network,FNN)模型和温度时序模型(temperature time series model,TSM)的火灾预警算法[46]。段锁林等使用改进PSO优化WNN算法进行火灾预警[47]。还有从硬件设计的角度对误报模糊分析,例如,韩会平等开发了基于CEP的消防物联网火警误报监测系统[48]。将复杂事件处理技术引入消防安全远程监控系统,一定程度上解决了火警误报漏报问题。但是复杂事件库及对应规则不够完善,难以准确解决误报问题。Sowah等将模糊和经过训练的卷积神经网络都用于早期火灾探测,并将其作为一种能够进行特征提取和分类的深度学习技术[49],该方法可有效改善火灾探测的准确度,但是算法复杂度较大。

相关学者在降低火灾误报警方面已经进行了深入的研究,并取得了一定的成果。但总体来说,存在一定的片面性和局限性,在对面向BIM运维平台消防误报警的判定方面还缺乏研究。基于此,本节提出一种基于动静态混合数据分析的BIM运维平台消防误报警判定方法。

8.1.2 建筑火灾风险及误报警成因分析

1. 误报警原因分析

随着现代经济的高速发展,人们对建筑的要求也越来越高,更多功能复杂多样的大型公共建筑出现在人类的生活工作中。功能复杂多样的大型公共建筑发生火灾的原因也是复杂多变的。火灾的发生会导致一些环境参量的变化，如温度、烟雾浓度、CO浓度等，所以有无火情的环境会有不同的温度、烟雾浓度、CO浓度。一般消防报警系统使用这些环境参量的变化特性进行判断报警，但是这些环境参量均是不定量的连续值，这就会出现许多种复杂多变的环境状态，所以用设定参量阈值的方式来进行报警造成了很多误报警的情况，而且我们无法对这些误报警的真实性进行判断。分析可知，大型公共建筑产生消防误报的原因一般可分为三类，一是消防报警设备故障；二是人员的手误触发；三是环境因素的影响。显然这三类状况的发生会产生不同于正常火情的环境参量判断，例如，当消防设备故障或人员的手误触发时，收到了火情的报警，但是此时的环境温度、烟雾浓度、CO浓度却是正常的，不会出现过高的现象。若是某一环境含有大量烟雾或类似烟雾的物体，也会触发消防报警，但是环境的其他参量不会出现增高的现象。

所以基于以上分析，我们选取建筑物联网系统的温度、烟雾浓度、CO浓度三个动态数据作为消防误报警的判定依据。

2. 建筑火灾风险概率分析

一方面，一般的大型公共建筑都有复杂多样的功能分区，按功能划分可分为几大区域，如超市商场、办公区、餐饮区、库房、走廊、停车场、设备间等。由于不同区域其功能不同，发生火灾的可能性也是不同的，例如，库房由于堆放货物多又杂，发生火灾的可能性是十分高的，走廊一般较为空旷整洁，发生火灾的可能性很低。

另一方面，现在的大型公共建筑会使用具有不同燃烧性质的建筑材料。资料显示，一般建筑材料的燃烧性可分为四个等级[50]，分别是不燃性、难燃性、可燃性、易燃性。例如，砖、瓦、玻璃、钢材、铝材等属于不燃性材料，石膏板、石棉板、难燃胶合板、纤维板等属于难燃性材料，木材、大部分有机材料等属于可燃性材料，而有机玻璃、赛璐珞、泡沫塑料等属于易燃性材料。显然建筑空间所用材料种类不同，其发生火灾的风险概率也是不同的。例如，若建筑空间所用的易燃性材料很多，则其发生火灾的可能性很高。

基于以上分析，发现大型公共建筑的功能区域划分和建筑材料种类对建筑消防误报警的判定有辅助作用，所以本书使用取自BIM的报警点所属空间位置和所使用的建筑材料种类作为静态数据来辅助消防误报警的概率判定。

8.1.3 基于动静态混合数据的BIM运维平台消防误报警判定方案

1. 设计思路

传统上，人们都是通过对火灾发生时的温度、烟雾浓度、CO浓度等环境特征参数进行分析来预测火灾发生概率。通过对现代大型公共建筑的火灾风险概率和误报警原因分析，确定了与 BIM 运维平台消防误报警的判定有关的数据有建筑内部环境的温度、烟雾浓度、CO 浓度、建筑空间的位置、建筑材料。根据是否具有时间性可将这些数据分为静态数据和动态数据。基于动静态混合数据分析的误报警判定方法，不仅考虑了传统的动态特征数据，还将 BIM 中的一些静态数据加入分析中，进行火灾误报警概率的融合判定。

基于以上分析，本节给出了消防误报警判定方法的总体思路如图 8-1 所示。当 BIM 运维平台收到火警消息时，先由消息中心显示的报警空间位置从建筑物联网和 BIM 中获取所需动态数据及静态数据，然后分别进行数据分析，由动态数据分析获得报警空间存在明火的概率，由静态数据分析获得报警空间的火灾风险概率，通过加权融合获得该建筑空间发生真正火灾的概率，从而判定该火警消息属于误报警的概率。若该融合概率十分高，则表明火警消息的真实可信度十分高，误报警的概率十分低。

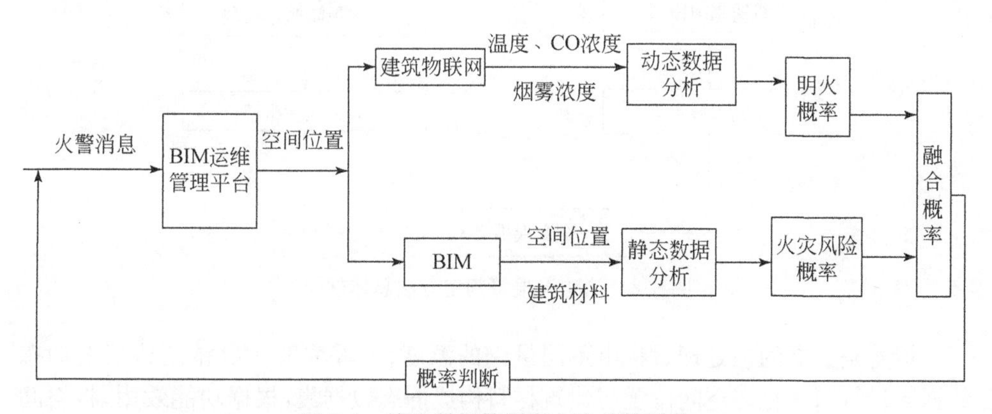

图 8-1　消防误报警判定方法总体思路

2. 总体框架

根据前面消防误报警判定方法的设计思路，给出基于动静态混合数据分析的 BIM 运维平台消防误报警判定方法的总体框架如图 8-2 所示。本节提出的 BIM 运维平台消防误报警判定方法主要分为三个模块，分别是动态数据分析模块、静态数据分析模块以及融合概率输出模块。

首先是从 BIM 运维平台获取数据。通过建筑物联网系统获得报警点所属空间的温度、烟雾浓度、CO 浓度三个环境参量数据，然后结合 BIM 获得报警点所属空间位置 ID 号，由空间位置 ID 号可获得报警点所属空间使用的建筑材料种类。

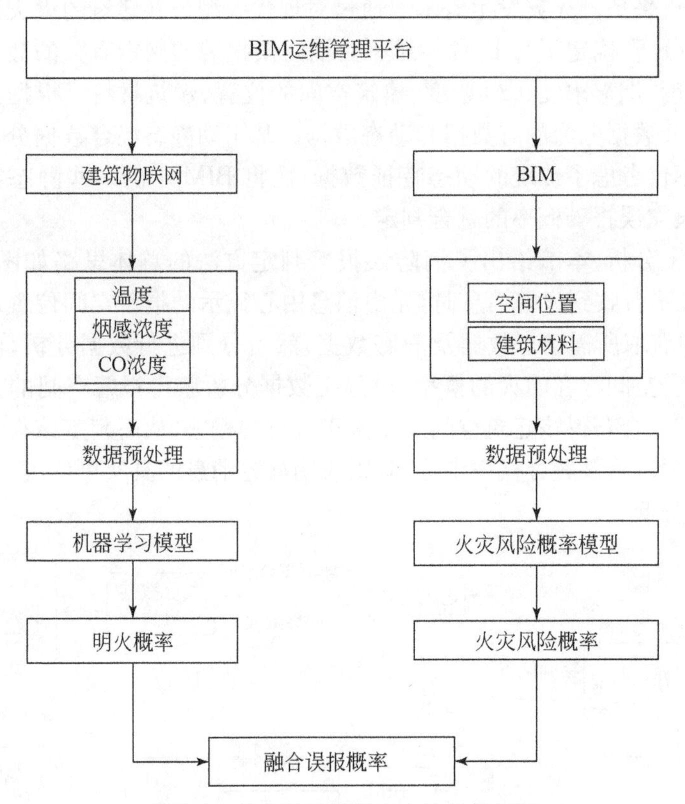

图 8-2　消防误报警判定方法总体框架

接着是数据的预处理。将由不同量纲的温度、烟雾浓度、CO 浓度构成的动态数据集进行归一化。空间位置与建筑材料构成静态数据集，根据功能效用，将空间位置归类成不同功能场所，通过采用折合成标准木材的方法计算不同种类建筑材料的含量占比。

然后是动态数据分析与静态数据分析。考虑动态数据的特点及大型公共建筑的使用背景，本节采用遗传算法优化的 BP 神经网络进行动态数据分析。将温度、烟雾浓度、CO 浓度作为 GA-BP 神经网络的输入变量，输出变量是明火概率。在静态数据分析方面，是面向建筑火灾风险概率分析建立一个建筑火灾风险概率评估的贝叶斯网络模型，将建筑空间的功能分区和建筑材料的属性类别作为贝叶斯网络结构的父节点，火灾风险概率作为子节点，通过建立条件概率表，由父节点的变化预测子节点的结果，从而确定建筑空间的火灾风险概率。

最后是对建筑空间明火概率与火灾风险概率进行加权融合，获得融合概率，从而确定误报警的概率。

8.1.4　消防误报警判定的实现

1. 基于 GA-BP 神经网络的动态数据分析

1)动态数据预处理

消防报警数据的原始样本来自 BIM 运维平台。通过建筑物联网系统获取报警点所属空间的环境温度、烟雾浓度、CO 浓度三个环境参量作为动态数据。由于温度、烟雾浓度、CO 浓度是不同量纲,为了更加方便地使用机器学习方法进行数据分析,需要对其进行归一化,获得 0～1 的不同参量值。归一化公式为

$$X'_i=\frac{X_i-X_{\min}}{X_{\max}-X_{\min}} \tag{8-1}$$

式中,X_i 表示当前输入数据;$X_{\min}$为整组数据中的最小值;$X_{\max}$为整组数据中的最大值;X'_i 为归一化后的数值。

2)基于 GA-BP 神经网络的火灾动态数据分析

选取温度、烟雾浓度、CO 浓度三个参量作为 GA-BP 神经网络的输入变量,输出量为建筑空间中存在的明火概率。基于 GA-BP 神经网络的消防报警动态数据分析框架如图 8-3 所示。

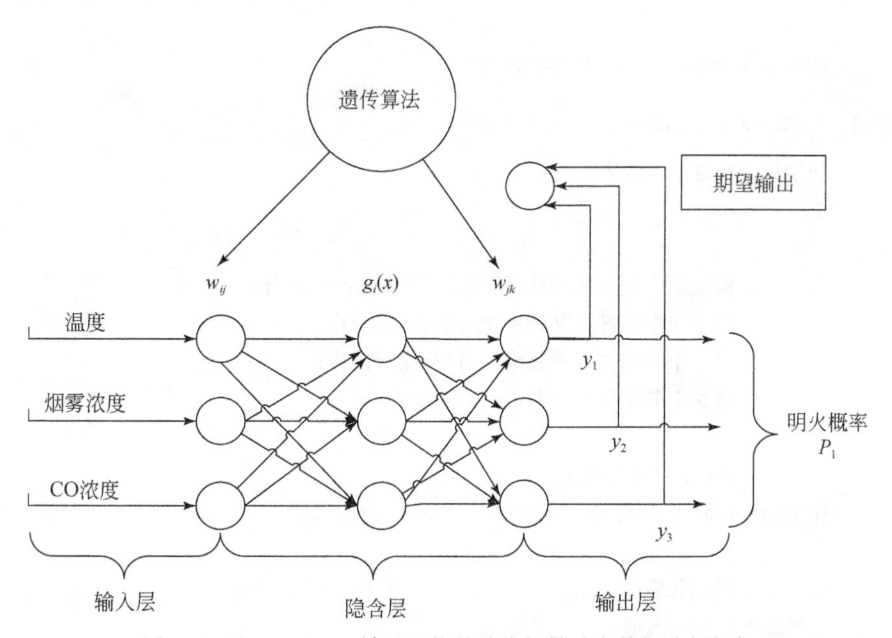

图 8-3　基于 GA-BP 神经网络的消防报警动态数据分析框架

由输入变量和输出变量确定 GA-BP 神经网络的输入、输出节点数分别为 3 和 1,

隐含层节点数的确定可以参考以下公式：

$$l=\sqrt{n+m}+a \tag{8-2}$$

式中，l 为隐含层节点数；n 为输入节点数；m 为输出节点数；a 是一个在区间[1,10]内的调节常数。

将经过预处理的动态数据按 10∶1 的比例分为训练集和测试集，先用训练集对构建的 GA-BP 神经网络进行训练，然后将测试集输入已训练的神经网络获得预测输出，并与期望输出对比，计算误差，评估所构建的 GA-BP 神经网络的预测性能。

火灾动态数据分析的 GA-BP 神经网络算法伪代码如下所示。

输入：训练集 $D=\{(x_i, y_i)\}_{i=1}^{n}$，其中输入 x_i 为温度、烟雾浓度、CO 浓度构成的归一化数据集，y_i 为明火概率 P_1；交叉发生的概率 P_c；变异发生的概率 P_m；种群规模 M；终止进化的代数 G

输出：连接权值或阈值确定的 GA-BP 神经网络

```
1: function GA-BP ( D, Pc, Pm, M, G)
2: 在 (0, 1) 范围内随机初始化网络中的所有连接权值 wij 、wjk 和阈值 b
3:    Initialize  Pop; //初始化种群
4:    repeat
5:       do {
        计算种群 Pop 中每一个体的适应度
        F = E = k ( ∑_{i=1}^{n} abs ( yi - oi ) )
        初始化空种群 newPop
        do
         {
                根据适应度以比例选择算法从种群 Pop 中选出 2 个个体;
                对 2 个个体按交叉概率 Pc 执行交叉操作;
                对 2 个个体按变异概率 Pm 执行变异操作;
                将 2 个新个体加入种群 newPop 中;
        }
        until ( M个子代被创建 )
        用 newPop 取代 Pop;
        }
6:      until ( 进化代数超过 G)
7:      获取最优权值和阈值;
8:      repeat
```

```
9：        do
           {
                  计算误差；
                  更新权值和阈值；
           }
10：       until（达到停止条件）
11：    仿真预测输出明火概率 P1
12：end function
```

2. 基于模糊贝叶斯网络的静态数据分析

1）静态数据获取及预处理

消防误报分析所需的静态数据需要从 BIM 中获取，BIM 的数据交换标准是 IFC 标准。IFC 标准是由国际组织 buildingSMART 制定的 BIM 数据标准，已被接纳为国际标准化组织（ISO）标准。目前主流的 BIM 应用软件均支持 IFC 标准，大多数软件支持的版本是 IFC2x3、IFC4。IFC 标准使用面向对象的方法定义了 6 种类型数据，包括实体、类型、规则、函数、属性集和数量集。IFC 实体通过自身的属性及父类的属性、关联属性集和关联数量集等方式进行信息的描述。可将 BIM 以 IFC 文件形式导出，再通过编制程序从 IFC 文件中提取所需数据。BIM 静态数据提取流程如图 8-4 所示。

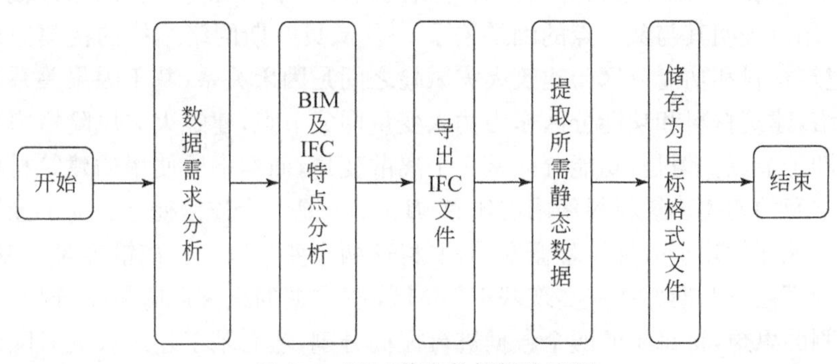

图 8-4　BIM 静态数据提取流程

经资料查询和经验分析，这里将大型公共建筑划分为七大功能场所，分别是库房、餐饮区、商场超市、设备间、停车场、办公区、走廊，如表 8-1 所示。

表 8-1　大型公共建筑的功能场所划分

功能场所类别	类别编号	功能场所类别	类别编号	功能场所类别	类别编号
库房	p_1	设备间	p_4	走廊	p_7
餐饮区	p_2	停车场	p_5		
商场超市	p_3	办公区	p_6		

由获得的报警点的所属空间位置确定其所处功能场所。通过报警点的点位ID号可从BIM中获取建筑材料种类。一般建筑材料按燃烧性质可分为不燃性、难燃性、可燃性、易燃性四类。通过折合成标准木材的方法计算该空间不同类建筑材料所占比例，如表8-2所示。

表 8-2　建筑材料的燃烧性质

建筑材料燃烧性质	材料占比	建筑材料燃烧性质	材料占比
易燃性	A	难燃性	C
可燃性	B	不燃性	D

表8-2中，A、B、C、D表示不同燃烧性质的材料所占比例：

$$A+B+C+D=1 \tag{8-3}$$

将不同位置的空间功能场所添加到建筑材料的数据集中，由此获得可评估某建筑空间的火灾风险概率的静态数据集。

2)基于模糊贝叶斯网络的火灾风险概率评估

由前面对建筑火灾风险概率的分析，确定使用建筑空间的功能分区和建筑材料对建筑火灾风险概率进行评估。贝叶斯网络每个节点都有相应的条件概率表与之对应，用以表明其与父节点的因果关系[51]。从贝叶斯网络结构的构建原理角度分析，建筑材料和功能分区与建筑火灾风险之间是因果关系，基于因果关系建立贝叶斯网络，建筑材料和功能分区作为输入变量即父节点，建筑火灾风险概率作为输出变量即子节点。但是，功能分区是一个离散变量，而本书所使用的建筑材料是指某建筑空间的四类建筑材料使用占比A、B、C、D，是一个连续变量。为了能够更加准确合理地评估建筑火灾风险概率，需要将这两个变量统一成离散变量。基于此，提出一种模糊贝叶斯方法来实现基于BIM静态数据的火灾风险概率分析，即基于模糊分割的思想，将每组的四个数据进行模糊分割，然后基于建筑火灾风险的大小归纳分类成四个不同等级空间M_1、M_2、M_3、M_4，然后将等级空间与功能分区两个离散变量作为建筑火灾风险概率的父节点构建贝叶斯网络。构建的基于模糊贝叶斯网络的建筑火灾风险概率评估模型如图8-5所示。

本书在Netica软件平台中给出了基于模糊贝叶斯网络的建筑火灾风险概率模型的一种实现，如图8-6所示。由于火灾基础数据还无法提供条件概率表参数

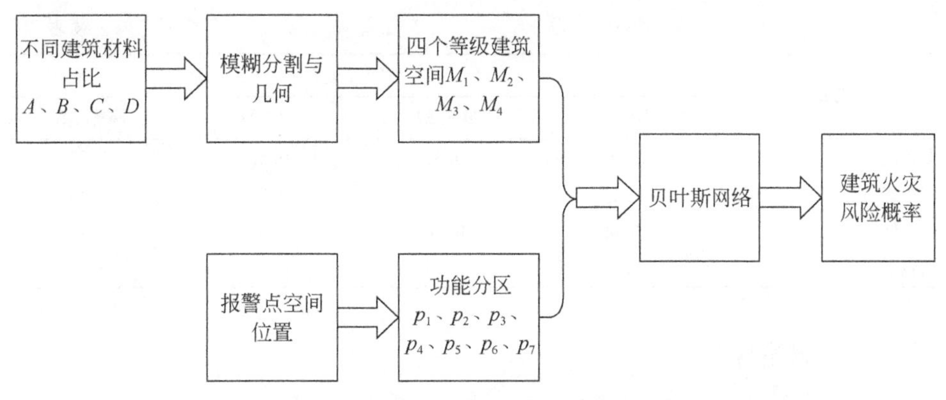

图 8-5　建筑火灾风险概率评估模型结构

估计中所需的全部数据，本书主要基于风险变化特征及历史经验数据设定条件概率值[52]，如表 8-3 所示。

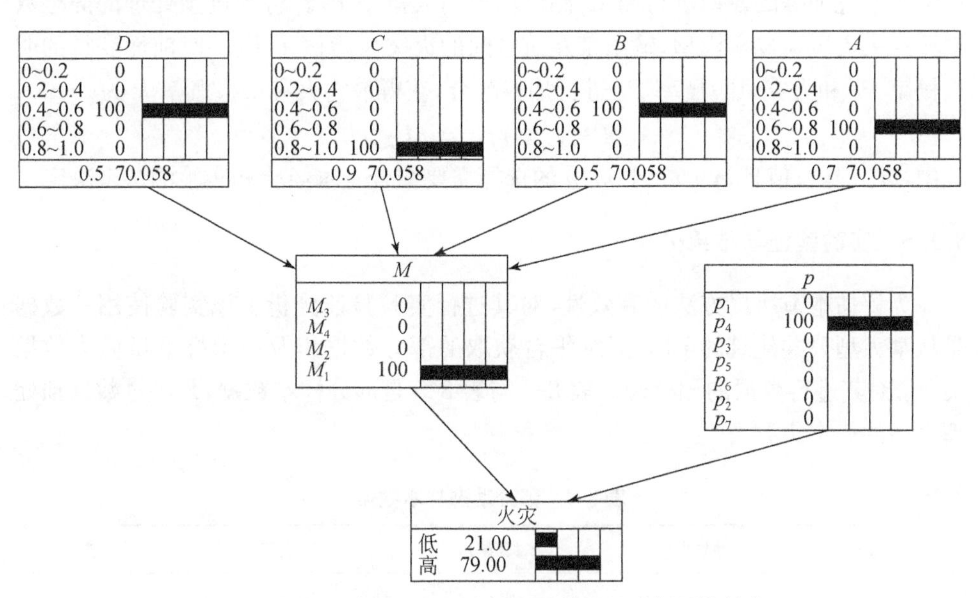

图 8-6　面向建筑火灾风险概率的模糊贝叶斯网络结构

表 8-3　火灾风险子节点条件概率

节点	空间等级 M			
	不燃 M_4	难燃 M_3	可燃 M_2	易燃 M_1
库房 p_1	0.39	0.50	0.61	0.72
餐饮区 p_2	0.33	0.44	0.55	0.66
商场超市 p_3	0.27	0.38	0.49	0.60

续表

节点	空间等级 M			
	不燃 M_4	难燃 M_3	可燃 M_2	易燃 M_1
设备间 p_4	0.21	0.32	0.43	0.54
停车场 p_5	0.15	0.26	0.37	0.48
办公区 p_6	0.09	0.20	0.31	0.42
走廊 p_7	0.03	0.14	0.25	0.36

3. 融合概率输出

将经过数据预处理的动态数据集分成训练集和测试集两部分，并手工添加标签。这里所用动态数据集的标签是明火概率。使用训练集对 GA-BP 神经网络进行训练，经过预处理的动态数据作为模型的输入，明火概率作为输出。然后使用测试集对经过训练的模型进行测试，测试输出明火概率 P_1。将经过预处理的静态数据输入火灾风险概率模型，输出某建筑空间的火灾风险概率 P_2。对前面获得的明火概率 P_1 和火灾风险概率 P_2 进行加权融合，获得最终火灾误报概率 P 为

$$P=1-(mP_1+nP_2) \tag{8-4}$$

式中，m、n 是权值且 $m+n=1$，m、n 的选择需要结合专家经验和实验测试来决定。

8.1.5 实验验证与结果分析

为评估本节所提方法的有效性，对其进行实验验证分析。该实验使用的数据是从某大型公共建筑的 BIM 运维平台获取的部分数据集及国家标准试验火数据集[52]，对其进行数据的预处理。表 8-4 与表 8-5 是部分样本数据，是经过数据预处理之后的样本集。

表 8-4　部分动态样本数据

序号	温度	烟雾浓度	CO 浓度	明火概率
1	0.20	0.42	0.48	0.30
2	0.20	0.53	0.68	0.30
3	0.875	0.18	0.35	0.70
4	0.95	0.20	0.75	0.80
5	0.975	0.20	0.80	0.85
6	1	0.25	1	0.90
7	0.90	0.22	1	0.80

续表

序号	温度	烟雾浓度	CO 浓度	明火概率
8	0.45	0.15	0.50	0.45
9	0.45	0.15	0.60	0.45
10	0.45	0.80	0.65	0.50

表 8-5　部分静态样本数据

序号	易燃性材料	可燃性材料	难燃性材料	不燃性材料	功能场所类别
1	0.1	0.3	0.25	0.35	p_1
2	0.12	0.16	0.17	0.55	p_4
3	0.25	0.24	0.36	0.15	p_3
4	0.37	0.34	0.13	0.16	p_4
5	0.44	0.21	0.18	0.17	p_5
6	0.52	0.20	0.06	0.22	p_6
7	0.63	0.16	0.03	0.18	p_1
8	0.76	0.06	0.12	0.06	p_2
9	0.84	0.03	0.01	0.12	p_3
10	0.08	0.25	0.48	0.19	p_2

在 MATLAB 2018b 实验平台上实现动态数据分析模块的程序编写与调试。输入样本数据，获得实验输出结果，如图 8-7 所示。

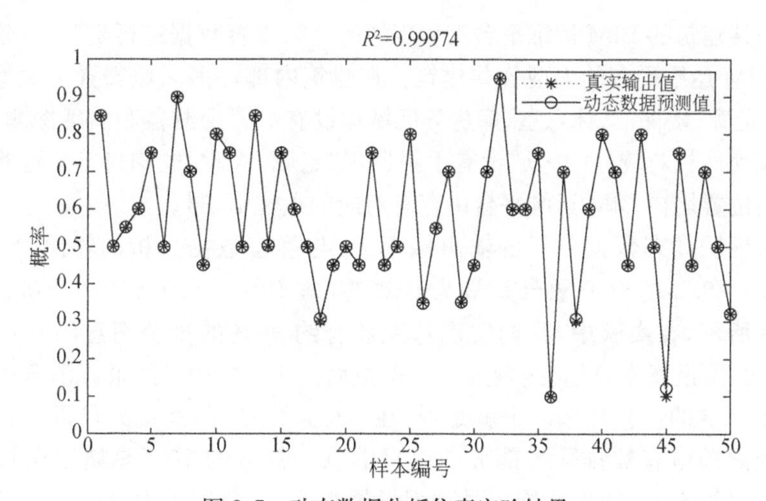

图 8-7　动态数据分析仿真实验结果

从图 8-7 可以看出，基于 GA-BP 神经网络的火灾动态数据分析的输出与期望输出结果十分接近，误差值都在可接受范围内，表明该 GA-BP 神经网络可以有效预测建筑空间的明火概率。

本节使用基于模糊贝叶斯网络的建筑火灾风险概率模型对 50 个静态样本数据进行仿真测试，结果均能达到建筑火灾风险评估的合理预期效果，测试样本输出结果如表 8-6 所示。

表 8-6　静态数据分析实验结果

序号	火灾风险概率	序号	火灾风险概率	序号	火灾风险概率	序号	火灾风险概率	序号	火灾风险概率
1	0.42	11	0.25	21	0.09	31	0.43	41	0.6
2	0.38	12	0.32	22	0.6	32	0.6	42	0.32
3	0.36	13	0.37	23	0.48	33	0.72	43	0.54
4	0.49	14	0.37	24	0.66	34	0.48	44	0.27
5	0.09	15	0.66	25	0.15	35	0.36	45	0.5
6	0.25	16	0.21	26	0.31	36	0.44	46	0.26
7	0.21	17	0.31	27	0.37	37	0.2	47	0.14
8	0.15	18	0.37	28	0.48	38	0.43	48	0.37
9	0.36	19	0.27	29	0.31	39	0.66	49	0.14
10	0.32	20	0.54	30	0.21	40	0.48	50	0.39

使用某建筑的 BIM 运维平台工程现场的消防报警数据进行实验，该建筑是一个具有 BIM 运维平台的大型公共建筑。在建筑内部许多区域安置了大量火灾探测器[53]，走廊、楼梯口、休息室、库房等区域均设有烟感探测器和温感探测器，在一些人员流动性相对较好的区域设有手报器，如走廊、大堂、电梯口等。这些消防设备的空间位置均在 BIM 运维平台中存有对应的点位 ID 号。

实验证明动态数据分析的输出概率 P_1 与静态数据分析的输出概率 P_2 以 $m=0.8$，$n=0.2$ 的权值融合是最为有效的，即 $P=1-(0.8\times P_1+0.2\times P_2)$。如图 8-8 所示，在实验中，我们发现每天会有约 90%的报警消息的判定结果是 0.7 以上的误报概率，可直接判定其是误报而排除，约 10%的报警消息的判定结果是低于 0.3 的误报概率。也就是说，在工程运维期间，运维人员可以在不进行现场排查之前就有效排除大部分的误报消息。只有约 10%是属于误报的可信度很低的报警消息，需要运维人员到现场排查确认，节省了大量的人力、物力、财力成本。

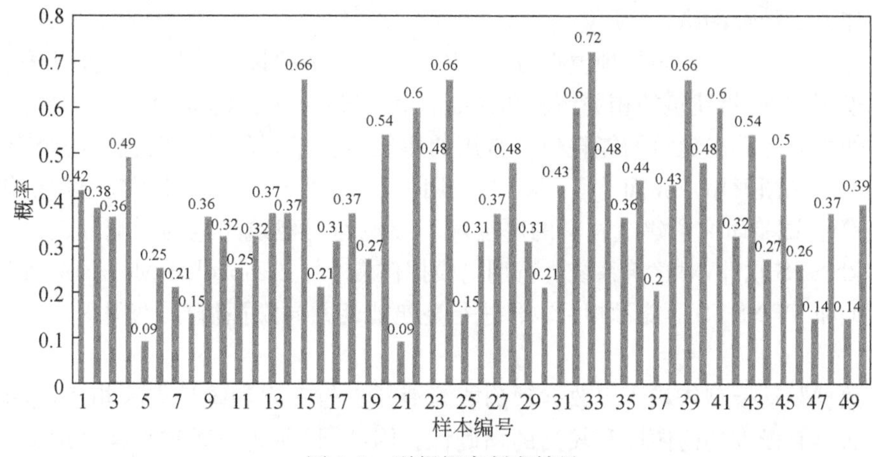

图8-8 误报概率判定结果

8.2 基于BIM和物联网数据的建筑能耗智能预测

随着世界人口和经济的发展，日益增长的能源需求引起了人类更多的关注。同时为了解决污染、碳排放、温室效应等问题，能源消耗一直是人类十分关注的问题。通过对美国能源信息管理局的能量审查，发现40%的能耗来源于建筑物[54]。近几十年来，我国的建筑能耗以5.6%的年增长率增长，是世界平均水平的2.9倍[55]。中国"十三五"规划提出了降低建筑能耗的目标，住房和城乡建设部被要求在2020年将建筑能耗增长控制在2015年水平的20%以内[56]。这项全国公认的计划要求精确控制建筑能耗，避免不必要的能源浪费。随着人工智能、大数据、物联网等新技术、新思想的发展，智能建筑、智慧城市的开发与实施已成为现代城市建设的趋势与潮流。然而，智能建筑中越来越复杂的电力能耗系统给负荷供需平衡带来了巨大的挑战。

针对面向BIM运维的智能建筑能耗预测复杂多变的问题，本节提出了一种基于动静态数据混合分析的办公建筑能耗预测方法。利用动态数据建立时间卷积网络预测模型，预测输出办公建筑逐时能耗值，提出逐时耗电系数的概念，结合静态数据估算办公建筑逐时能耗值，将逐时能耗预测值与逐时能耗估算值进行加权融合，输出能耗修正预测值。

8.2.1 建筑能耗预测相关研究

在过去的几十年中，已经提出了许多用于建筑物能耗预测的方法。总体来说，建筑能耗预测技术可以分为经典工程方法(白盒子)和数据驱动统计方法(黑盒子)，如人工神经网络。

经典工程方法也叫物理模拟方法，主要用于建筑的设计阶段。这种方法依赖能耗模拟软件，将建筑的相关信息和详细的室外气象参数信息输入模拟软件，模拟软件便可以计算出建筑的能耗值。常用的建筑能耗模拟软件一般包含两个部分，模拟引擎和图形用户界面[57]。Naji 等使用 EnergyPlus 软件设计了建筑用电模拟试验[58]。试验研究了建筑材料的厚度和不导电性对建筑用电的影响。赵艳玲利用 TRNSYS 软件，对建筑系统进行用电模拟仿真[59]。Beausoleil-Morrison 等使用 ESP-r 和 TRNSYS 等能源模拟软件进行建筑能耗共同模拟仿真，获得更加精确的结果[60]。

数据驱动模型依赖历史数据预测能源消耗。与工程和统计方法相比，数据驱动方法具有极大的简便性和较高的精确性。因此，目前研究者越来越多地关注基于数据驱动的能耗预测方法。根据 Amasyali 等的总结，在数据驱动的建筑能耗预测研究中，有将近 47%的研究使用人工神经网络算法，使用其他统计学方法的研究只有 24%[61]。Rahman 等分别使用递归神经网络算法和多层感知器神经网络算法，对建筑进行小时级用电能耗预测。结论表明，深度递归神经网络算法更加优越[62]。Banihashemi 等设计了一个基于人工神经网络和决策树算法的混合模型，并对比了单一模型的预测性能，通过实验证明了混合模型比单一模型更加优越[63]。

随着人工智能的不断发展，出现了一种深度学习算法，有望弥补现有建筑能耗预测方法的不足，对建筑能耗进行准确预测。Fan 等比较了不同类型的深度学习模型在短期负荷预测方面的性能[64]。长短期记忆(long short term memory, LSTM)神经网络是近年来最为火热的预测算法之一。Muzaffar 等利用 LSTM 建立负荷预测模型，根据负荷的历史数据选取预测模型的输入进行了短期负荷预测，结合实际算例验证了该方法的有效性[65]。

基于工程方法对建筑能耗进行准确估算既困难又费时，在实践中具有内在的局限性[66]。就统计方法而言，它们只是将建筑能耗与相关输入变量(如天气变量)联系起来，并在实践中发现了一些不足之处，其中最重要的是缺乏准确性和灵活性[67]。基于数据驱动的预测方法多数利用历史用电能耗序列来构建预测模型。然而依赖时间序列数据的缺点是预测方法具有一个基本假设，即过去的能耗变化将一直持续到现在。此外，随着建筑智能化程度越来越高，建筑具有复杂多样的能量系统。通过建筑物联网系统获取的历史能耗时间序列，常常受设备异常、环境干扰等因素影响而包含许多异常值。所以，仅仅基于历史时间序列的能耗预测值存在可信度低的问题，不能很好地致力于未来的建筑能耗运维调控。

8.2.2　时间卷积网络概述

1. 时间卷积网络基本原理

时间卷积网络(temporal convolutional network,TCN)有两个重要特点,第一点是网络可以实现输出、输入长度相同。第二点是未来不会“泄漏”过去的信息[68]。为了实现第一点,TCN 基于一维完全卷积网络(fully convolutional network,FCN)建立网络架构[69]。其中一维完全卷积网络通过填充零的方式来保持后续层与先前层的长度相同。为了实现第二点,TCN 使用因果卷积。其中 t 时刻的输出仅与前一层中时刻 t 及更早的元素卷积。其中 TCN 的架构元素如图 8-9 所示,主要包括膨胀卷积、残差块以及残差连接示例。

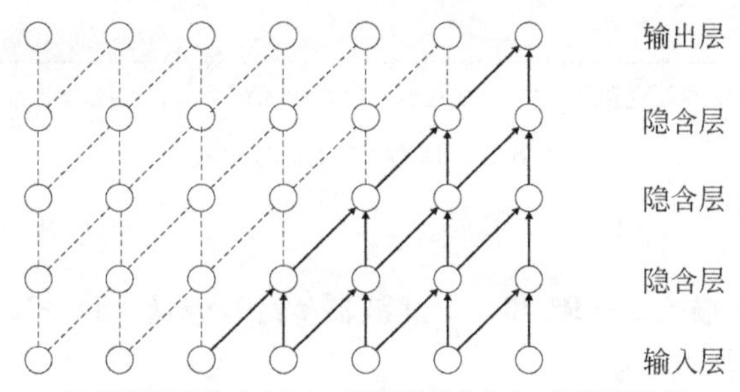

(a)扩张因子为d=1,2,4，滤波器尺寸为k=3的膨胀卷积

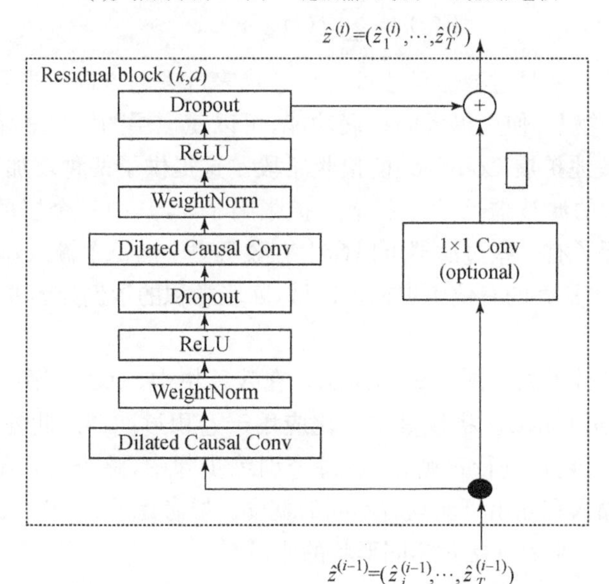

(b)TCN残差块(当残差输入和输出具有不同的维数时，添加1×1卷积)

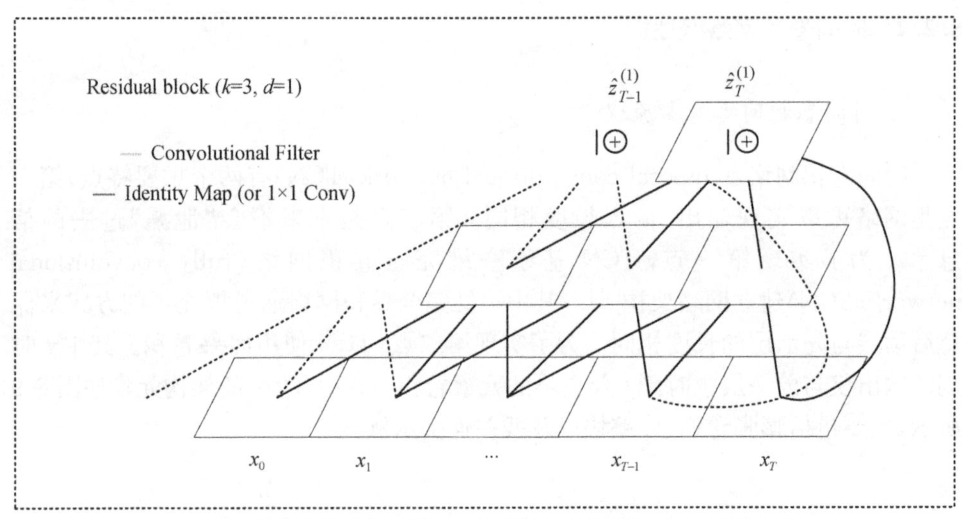

(c)TCN中残差连接的示例(直线是残差函数中的滤波器，曲线是恒等映射)

图 8-9　TCN 中的架构元素

1)膨胀卷积

对于一维序列输入 $x \in \mathbf{R}^n$ 和一个滤波器 $f:\{0,\cdots,k-1\} \rightarrow \mathbf{R}$,序列元素 s 上的膨胀卷积运算 F 被定义为

$$F(s) = \sum_{i=0}^{k-1} f(i) \cdot x_{s-d \cdot i} \tag{8-5}$$

式中,d 是扩张因子;k 是过滤器尺寸;$s-d \cdot i$ 代表过去的方向。当 $d=1$ 时,扩张卷积减小为规则卷积。使用更大的扩展功能,可以使顶层的输出表示更广泛的输入范围,从而有效地扩展 ConvNet 的接收字段。这提供了两种增加 TCN 感受野的方法:选择较大的滤波器尺寸 k 和增加扩张因子 d,其中一个层的有效历史是 $(k-1)d$。这确保了有一些过滤器可以命中有效历史中的每个输入,同时还允许使用深度网络生成非常大的有效历史输入区域,膨胀卷积的示例如图 8-9(a)所示。

2)残差块

基线 TCN 的残差块如图 8-9(b)所示。在残差块中,TCN 有两层膨胀的因果卷积和非线性单元 ReLU。将权重归一化应用于卷积过滤器。此外,在每个扩张的卷积后加入空间衰减进行正则化:在每个训练步骤中,整个通道都被归零。但是,在 TCN 中,输入和输出可能具有不同的宽度。要考虑差异的输入输出宽度,依靠另外的 1×1 卷积来保证接收相同形状的张量[67]。

3)残差连接

增加网络深度可以提高所提出的模型的网络表达能力。但是,如果网络层非常深,则梯度信息的值可能会“消失”。然而增加网络深度的残差网络,可以解决网络训练期间“渐变消失”的问题。TCN 由残余连接模型堆叠,并且每个残差块包含一个分支,用于学习转换函数 $f(x)$。转换函数的输出连接到下一个残差块的输入,可以描述为

$$o = \text{activation}(x + F(x)) \tag{8-6}$$

2. 时间卷积网络的相关研究工作

对于时间序列数据的分析,最常用的神经网络是 RNN[70]。然而,RNN 通常不直接用于长期记忆计算;因此,出现了被称为 LSTM 的改进 RNN[71]。LSTM 可以处理数千个甚至数百万个时间点的序列,并且即使对于包含许多高频和低频成分的长时间序列也具有良好的处理能力[72]。然而,最新的研究表明,作为卷积神经网络家族成员之一的 TCN[73]在处理非常长的输入序列方面比 LSTM 表现出更好的性能[74]。

Lea 等首次提出了一种时间卷积网络,用于对视频动作进行分割[75]。但是,这种方法的缺点是它需要两个独立的模型。由此,TCN 可以克服以上方法的缺点,它可以依靠一个统一的模型有层次地捕获两个不同级别的所有信息。随着 Yan 等最近发表的关于 TCN 在天气预报方面的研究工作[76]的成功实施,行业内出现了许多有关 TCN 的原理、优化、应用等各方面的讨论。他们的研究工作中最有意义的是对 TCN 和 LSTM 的预测性能进行了较为精细的对比实验。对比实验结果之一是,相比 LSTM 或其他方法,TCN 更为适合基于时间序列数据的预测任务。除了天气预报这类较为常见的时间序列预测任务,拼车和在线导航也是人们生活中常见的案例,拼车和在线导航服务可以通过预测每天行驶车辆的数量以及路线来调整交通拥挤的路段。基于此,Dai 等提出了一种混合时空图卷积网络(H-STGCN),他们采用的方法是依靠图形卷积计算空间依赖性,基于分段-线-流-密度关系将未来时刻的车流量等效转换为时间[77]。近年来,学者越来越重视声音事件定位和探测领域(SELD)的研究。为了了解在自动导航中,周边环境的不同会有什么不同的影响,Guirguis 等提出了一种新的用于声音事件定位的框架,即 SELD-TCN[78]。根据他们的研究成果,SELD-TCN 是训练最快的声音事件定位体系结构。在零售业务中,常常因海量的数据计算而给人们带来巨大的工作量。为此,概率预测是一个较为合适的解决方案。概率预测方法特别适合用于预测大量的时间序列数据,可以轻松地从大量历史序列数据中找出数据间的内在联系,从而预测未来事件的可能性。例如,Chen 等提出了一种基于卷积神经网络的密度估计和预测框架,该框架可以了解到序列之间的潜在相关性,可以用于估计概率密度[79]。

8.2.3　办公建筑能耗预测研究方案

1. 办公建筑用电能耗预测研究思路

本节工作的研究思路按照问题是什么、如何解决问题、如何实现解决方法三个步骤进行，本节工作的研究思路如图 8-10 所示。

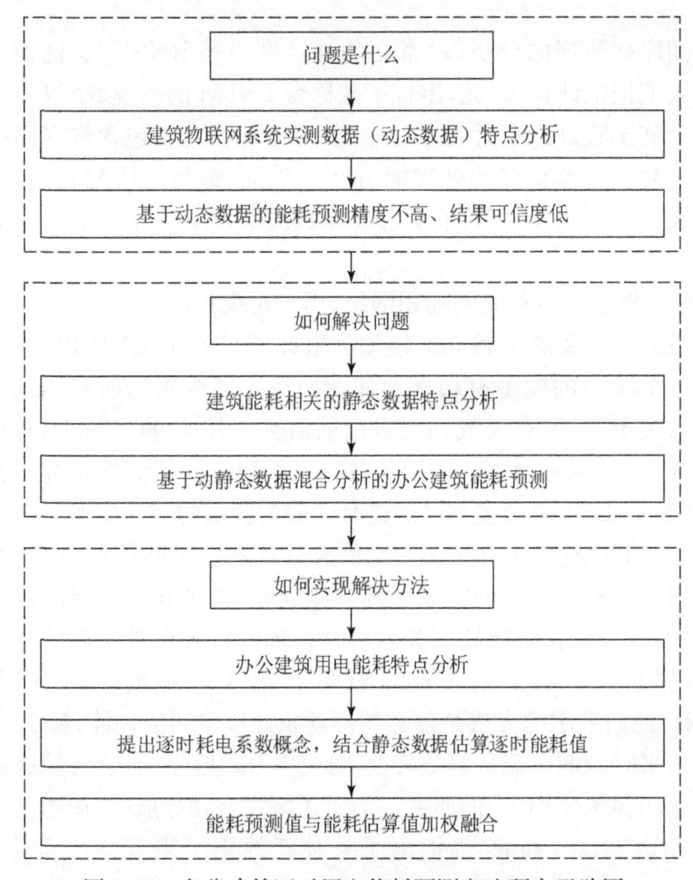

图 8-10　办公建筑逐时用电能耗预测方法研究思路图

1)问题是什么

通过对建筑物联网系统实测数据(动态数据)的特点进行分析,了解到由于受传感器设备老化或故障、周围环境变化等因素影响,从建筑物联网系统采集到的动态数据往往包含大量的异常值,然而仅仅基于动态数据分析的建筑逐时能耗预测存在精度不高、结果可信度低的问题。所以,如何实现办公建筑高精度、高可信度的逐时能耗预测是本书要解决的问题。

2)如何解决问题

动态数据的异常值问题导致一般的逐时能耗预测方法精度不高、结果可信度低,然而异常值的存在是由动态数据的时序性特点决定的,所以如何降低异常值的影响是解决问题的关键。通过对与建筑能耗相关的静态数据特点分析,确定由静态数据分析预测建筑逐时能耗可以解决预测结果可信度低的问题,由此提出基于动静态数据混合分析的逐时能耗预测方法。

3)如何实现解决方法

首先基于时间卷积网络建立逐时用电能耗预测模型,利用动态数据获得逐时用电能耗预测值,接着对办公建筑用电能耗的特点进行分析,确定办公建筑用电能耗规律,然后提出逐时耗电系数的概念,用于实现基于静态数据分析的办公建筑逐时用电能耗估算,最后通过加权融合的方式获得办公建筑逐时用电能耗预测修正值。

2. 建筑物联网系统实测数据的特点分析

建筑物联网系统一直是建筑智能化运维管理的重要组成部分。为实现更好的智能化运维管理工作,建筑物联网系统往往使用大量的探测器、传感器等设备对建筑运行状态进行实时的监测,建筑能耗管理系统就是其中一个重要的组成部分。然而从庞大且复杂的能耗管理系统中采集的能耗历史数据常常包含许多异常值,通常是由测量误差、噪声、瞬态运行工况、传感器故障、极端工况和运行故障等产生的。

一方面,数据质量是影响能耗预测模型准确性的关键因素之一,训练数据集中存在的异常样本对数据驱动模型的预测能力具有严重的负面影响,轻则降低模型预测精度,重则导致模型建模失败。另一方面,单纯基于时间能耗序列建立预测模型虽然简单高效,效果明显,但是严重依赖历史数据的特点往往使预测结果对异常值的存在极度敏感。历史能耗序列中包含着因受到设备故障、环境变化等因素影响的能耗变化特征,但是未来时刻不一定会出现相同的异常情况,所以利用建筑物联网系统实测历史能耗数据预测输出的未来能耗值将是可信度不高的。

3. 动静态数据混合分析的必要性

基于前面的分析结果,我们知道实测数据的异常值会造成预测结果的精度不高和可信度低的问题。但是对于智能建筑能耗管理系统的实测数据来说,异常值的出现是不可避免的。为了实现基于历史能耗时间序列预测输出更加准确且更高可信度的未来时刻能耗,就需要尽量减小异常值对预测结果的影响。考虑到智能建筑运维管理系统中,除了能耗时间序列这类的动态数据,可直接产生用电能耗的空调系统、照明系统等耗电设备参数这类静态数据也是可以从建筑智能运维管理系统中获取的。由于静态数据在时间性上是不会连续变化的，所以，通过静态数据对建筑用电能耗的估算值是不包含异常值特征的能耗绝对值。综上所述，本节提出了基于动态数据分析与静态数据分析相结合的建筑用电能耗预测方法。

4. 办公建筑用电能耗特点分析

办公建筑耗能主要源于空调、照明、插座和动力系统等。因为办公建筑主要服务于管理事务性的工作人员，所以每天人员密度、耗能规律等都比较稳定。

一般来说，办公建筑在一年中会有大约80%的时间是在运行的。建筑内办公人员一般在每天的8:00～18:00工作，还存在工作日和休息日的区别。但是总体来说，办公建筑的运行能耗规律在时间上是严重依赖时刻的。一方面，建筑内办公设备和室内照明设备的开启数量以及动力设备的使用情况直接取决于人员数量。所以对于照明、插座和动力系统，不同时刻的能耗情况是基本稳定的，并且不同时刻产生能耗的设备使用率与建筑的人员在室率正相关。另一方面，人员在室率与时刻存在强相关性。可以通过统计分析获得某一办公建筑稳定的逐时人员在室率变化模式。因此照明、插座、动力系统的逐时耗电率与时刻强相关。

虽然办公建筑的空调系统用电能耗影响因素众多，并且随着季节变化波动也较大，但是随着工作日、双休日、节假日变化，依然有着很强的规律性。而且，针对办公建筑的不同功能分区，空调系统耗电的规律与人员分布率存在强相关性。例如，日常办公区在工作时段，空调系统存在稳定变化的耗电量，但是走廊、楼梯间等区域可能不存在空调系统耗电情况，也就是说，空调系统的逐时耗电率与时刻存在强相关性。所以，可以针对办公建筑的不同功能分区，以及工作日和休息日，通过统计学方法衡量空调系统的逐时耗电情况。

综上所述，由于办公建筑自身存在十分稳定的运行规律，以及各系统能耗与时刻都存在较强相关性，本书提出逐时耗电系数的概念，用于表征可以综合办公建筑所有系统耗电特点以及建筑能耗变化规律的逐时耗电设备使用率的量化值。针对不同季节以及工作日和休息日的区分，利用逐时耗电系数与不同功能分区包含的所有可耗电设备的额定功率可以估算出该办公建筑相应季节的某工作日或休息日逐时能耗值。

8.2.4 预测方法的实现

1. 预测方法流程框架

本节所提出的基于动静态混合数据分析的办公建筑逐时能耗预测方法的整体

框架如图 8-11 所示，并针对该方法预测流程做简要说明。

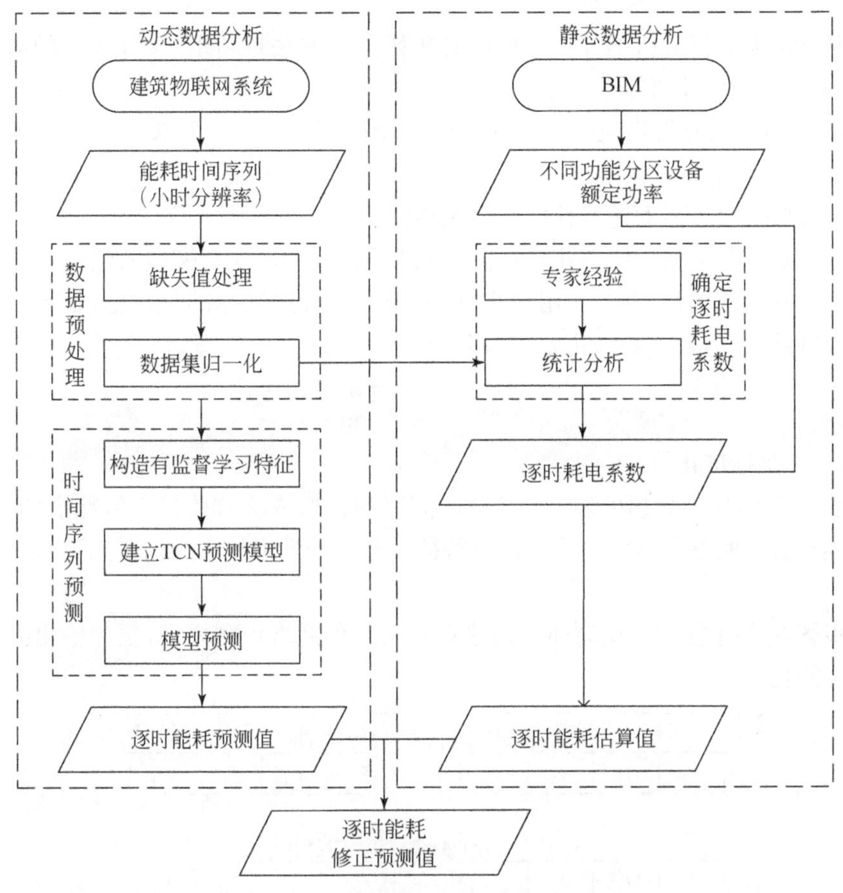

图 8-11　能耗预测方法总体框架图

所提出的预测方法主要包括两个部分，一部分是动态数据分析过程，也就是基于时间卷积网络的能耗序列预测过程；另一部分是静态数据分析过程，也就是办公建筑逐时总能耗估算过程，估算公式为

$$P(t)=\sum_{n} z_n^k(t)\,p_n \tag{8-7}$$

式中，n 为办公建筑各功能分区；k 为不同模式种类；p_n 为各功能分区耗电设备额定功率；$z_n^k(t)$ 为各功能分区的逐时耗电系数。

最后，在前两部分的分析基础之上，将逐时能耗预测值与逐时能耗估算值进行加权融合，获得逐时能耗修正预测值。

2. 动态数据分析过程

基于动态数据分析的办公建筑逐时能耗预测方法是利用 TCN 建立的时间序列预测模型，具体实现步骤如下。

步骤 1：对从建筑物联网系统获取的原始能耗序列进行缺失值处理和数据集归一化。

(1)缺失值处理：通过线性插值填充缺失值。

(2)数据集归一化：归一化可以减少模型预测误差，提高模型的收敛速度和训练效率。在目前的研究中，使用最小-最大归一化方法来标准化数据，处理后的数据分布区间为[0,1]。归一化公式如下：

$$x_{\text{norm}}=\frac{x-\min}{\max-\min} \tag{8-8}$$

式中，x_{norm}是标准化值。

步骤 2：将标准化预处理后的能耗时间序列构造成具有监督学习特征的样式，以使其符合时间卷积网络的输入输出特征。有监督学习特征的构造流程如图 8-12 所示。

步骤 3：基于能耗历史时间序列建立时间卷积网络预测模型，预测输出办公建筑逐时能耗值。

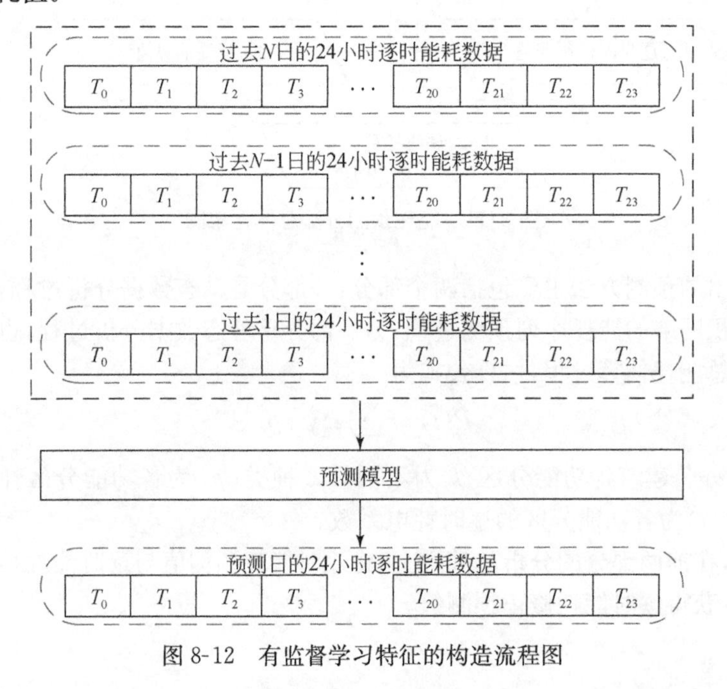

图 8-12　有监督学习特征的构造流程图

3. 静态数据分析过程

步骤 1:对经过数据预处理的能耗数据集进行统计分析,分析不同季节、休息日、工作日等建筑用电能耗在时间上的变化规律性。

以南京(无供暖、四季分明城市)为研究案例。一方面,全年可分为制冷季(7 月、8 月、9 月、10 月)、采暖季(1 月、2 月、11 月、12 月)、过渡季(3 月、4 月、5 月、6 月);另一方面,划分工作日(周一至周五)与休息日(周六、周日)。将某办公建筑一年的运行能耗数据分为六类,分别为:①制冷季的工作日;②制冷季的休息日;③采暖季的工作日;④采暖季的休息日;⑤过渡季的工作日;⑥过渡季的休息日。通过取均值、整合等方式统计分析六类数据的规律性,最终提取出可代表每类数据综合变化特征的一日 24 小时逐时能耗量化值 $P^k(t)$,其中,$k=1,2,3,4,5,6$,$t=0\sim23$。

步骤 2:通过调研办公建筑空间区域设置、用电设备设计使用等标准以及办公建筑的一般运行模式经验,辅助能耗规律统计分析确定逐时耗电系数。

通过调研多个办公建筑功能分布特征并结合一般办公建筑设计规范标准确定建筑的功能分区包括办公室、过道与电梯间、卫生间、设备房与地下室、大厅等。由于不同功能分区的人员密度的逐时变化规律存在巨大差异,并且人员密度对建筑的用电能耗存在直接的影响,所以不同功能分区的逐时耗电系数将是不同的。综合考虑不同功能分区的人员密度变化规律以及专家经验确定各功能分区的逐时能耗占比 $m_n(t)$(n 表示不同功能分区)和办公建筑的能耗设计总容量 P。结合上一步骤的逐时能耗量化值 $P^k(t)$,确定不同功能分区的逐时耗电系数为

$$z_n^k(t)=\frac{P^k(t)\times m_n(t)}{P} \tag{8-9}$$

步骤 3:结合逐时耗电系数与不同功能分区面积占比以及耗电设备额定功率等静态数据参数,估算办公建筑不同季节、工作日、休息日的逐时能耗值。估算公式为式(8-7)。

4. 实验验证与结果分析

(1)本节实验所使用的数据是从某办公建筑收集的一年实测逐时运行能耗记录以及建筑内部不同功能分区的所有耗电设备额定功率值。先核对原始能耗序列,所采用的数据预处理主要包括缺失值的处理以及数据差距极大时的归一化处理。

(2)制冷季的工作日①、制冷季的休息日②、采暖季的工作日③、采暖季的休息日④、过渡季的工作日⑤、过渡季的休息日⑥,六种模式下的逐时能耗量化值 $P^k(t)$,如表 8-7 所示。

表 8-7　六种模式下的逐时能耗量化值 $P^k(t)$

时刻	①	②	③	④	⑤	⑥
0:00:00	18.9107	18.2492	34.0147	32.8871	20.8636	20.5031
1:00:00	18.8663	18.5536	34.1479	33.2400	21.2124	21.0781
2:00:00	18.7606	18.2536	34.7245	33.4828	21.4075	21.6675
3:00:00	18.9037	18.1116	35.3157	33.9925	21.6386	21.8725
4:00:00	18.8949	18.2015	35.7688	34.5493	24.7029	22.0837
5:00:00	36.5026	18.3681	56.6503	34.8921	34.4563	22.7143
6:00:00	38.7150	18.2679	54.8490	35.2230	41.3674	23.2143
7:00:00	42.8483	18.6039	56.0662	35.0640	42.4708	22.0706
8:00:00	49.4013	18.5413	57.5303	34.3690	45.4870	21.1206
9:00:00	53.0667	18.1643	55.9917	32.7925	47.8295	20.1406
10:00:00	55.7989	18.1148	54.2857	30.1931	48.8299	19.2106
11:00:00	57.6693	18.1958	52.6083	28.6775	49.8396	18.4925
12:00:00	59.5520	18.7549	51.0332	27.6525	49.8379	18.1165
13:00:00	61.5306	19.6564	49.7246	27.2484	50.5916	17.9256
14:00:00	62.3617	20.7408	49.2375	27.1550	50.4371	17.8431
15:00:00	61.1313	22.0342	48.4342	27.0268	48.8813	17.9468
16:00:00	56.5832	22.6625	46.1599	27.5500	45.5668	18.0906
17:00:00	50.5204	22.8709	44.5203	29.2509	39.7057	17.9425
18:00:00	20.4496	22.3725	24.9709	28.9981	23.9148	18.2531
19:00:00	18.6541	21.9690	28.0098	30.4684	19.0862	18.3775
20:00:00	18.4599	21.0434	30.1020	30.6631	19.2108	19.0950
21:00:00	18.6201	20.3827	32.2411	31.6290	19.5958	18.9481
22:00:00	18.6280	19.6613	32.7676	32.7209	20.0207	19.7575
23:00:00	18.8281	19.1166	33.5851	32.5671	20.4828	19.7318

以模式类别③为例，按照式(8-9)计算，获得办公建筑各功能分区的逐时耗电系数 $z_n^k(t)$ 如表 8-8 所示。

表 8-8　各功能分区逐时耗电系数 $z_n^k(t)$

时刻	办公室	电楼梯间	设备房	卫生间	餐厅	大厅
0:00:00	0.1857	0.0285	0.0314	0.0057	0.0201	0.0143
1:00:00	0.1865	0.0287	0.0315	0.0057	0.0201	0.0143
2:00:00	0.1896	0.0292	0.0321	0.0058	0.0204	0.0146
3:00:00	0.1929	0.0297	0.0326	0.0059	0.0208	0.0148
4:00:00	0.1953	0.0301	0.0331	0.0060	0.0210	0.0150
5:00:00	0.3094	0.0476	0.0523	0.0095	0.0333	0.0238
6:00:00	0.2995	0.0461	0.0507	0.0092	0.0323	0.0230
7:00:00	0.3062	0.0471	0.0518	0.0094	0.0330	0.0235
8:00:00	0.3142	0.0483	0.0532	0.0096	0.0338	0.0242
9:00:00	0.3058	0.0471	0.0517	0.0094	0.0329	0.0235
10:00:00	0.2965	0.0456	0.0501	0.0091	0.0319	0.0228
11:00:00	0.2873	0.0442	0.0486	0.0088	0.0309	0.0221
12:00:00	0.2787	0.0429	0.0471	0.0086	0.0301	0.0214
13:00:00	0.2716	0.0418	0.0459	0.0083	0.0292	0.0209
14:00:00	0.2689	0.0414	0.0455	0.0082	0.0289	0.0207
15:00:00	0.2645	0.0407	0.0447	0.0081	0.0285	0.0203
16:00:00	0.2521	0.0388	0.0426	0.0078	0.0272	0.0194
17:00:00	0.2431	0.0374	0.0412	0.0075	0.0262	0.0187
18:00:00	0.1363	0.0210	0.0231	0.0041	0.0147	0.0105
19:00:00	0.1529	0.0235	0.0259	0.0047	0.0165	0.0118
20:00:00	0.1644	0.0252	0.0278	0.0050	0.0177	0.0126
21:00:00	0.1761	0.0271	0.0298	0.0054	0.0189	0.0135
22:00:00	0.1789	0.0275	0.0303	0.0055	0.0192	0.0138
23:00:00	0.1834	0.0282	0.0310	0.0056	0.0198	0.0141

本节使用从某办公建筑获取的动静态数据集进行实验验证，其中动态数据集包括 2010 年 1 月 1 日 0:00:00 至 2010 年 12 月 31 日 23:00:00 的小时级能耗序列，静态数据集包括建筑内部所有耗电设备安装额定功率和各功能分区的空间属

性。分别对单纯基于动态数据的预测方法(动态方法)和基于动静态数据混合分析的预测方法(动静态混合方法)进行了实验,其中在基于动静态数据混合分析的预测方法(动静态混合方法)中,本节对能耗预测值与能耗估算值加权融合的权值选定进行了分析。图 8-13 是预测性能评估指标 R^2(拟合度,见式(8-10))随能耗估算值的权值变化曲线,图中曲线表明,当能耗估算值的权值取 0.3 时,该方法的预测性能最好。

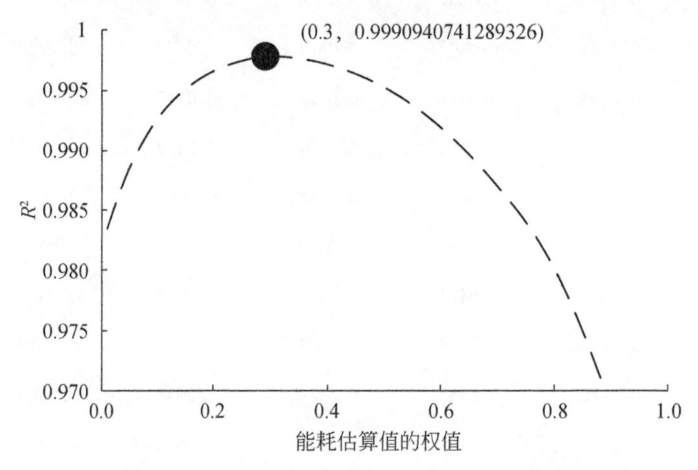

图 8-13 不同权值下预测方法的性能变化图

$$R^2 = 1 - \frac{\sum_{i=1}^{n}(y_i - \hat{y}_i)^2}{\sum_{i=1}^{n}(y_i - \bar{y})^2} \tag{8-10}$$

式中,y_i 为真实值;$\hat{y}_i$ 为预测值;$\bar{y}$ 为真实值的均值;n 为样本数量。

对比分析两种预测方法的优越性,两种预测方法的性能比较如表 8-9 所示。从表 8-9 中可以看出,本节提出的基于动静态数据混合分析预测方法(动静态混合方法)的输出误差要比动态方法低得多,与动态方法相比,动静态混合方法的 RMSE、MAPE、MAE 分别降低了 28.25%、24.14%、26.76%,说明动静态混合方法在预测精度方面是优于动态方法的。

表 8-9 两种预测方法性能对比

预测方法	RMSE	MAPE	MAE	R^2	CV-RMSE
动态方法	2.1252	3.8895	1.4599	0.9876	5.54%
动静态混合方法	1.5248	2.9505	1.0693	0.9938	3.98%

图 8-14 是不同预测方法下 2010 年 9 月 28 日(工作日)的预测输出能耗对比曲线图。从图中曲线中可以直观地看出基于动静态数据混合分析的预测方法(动静态混合方法)的预测性能优于基于动态数据的预测方法(动态方法)。

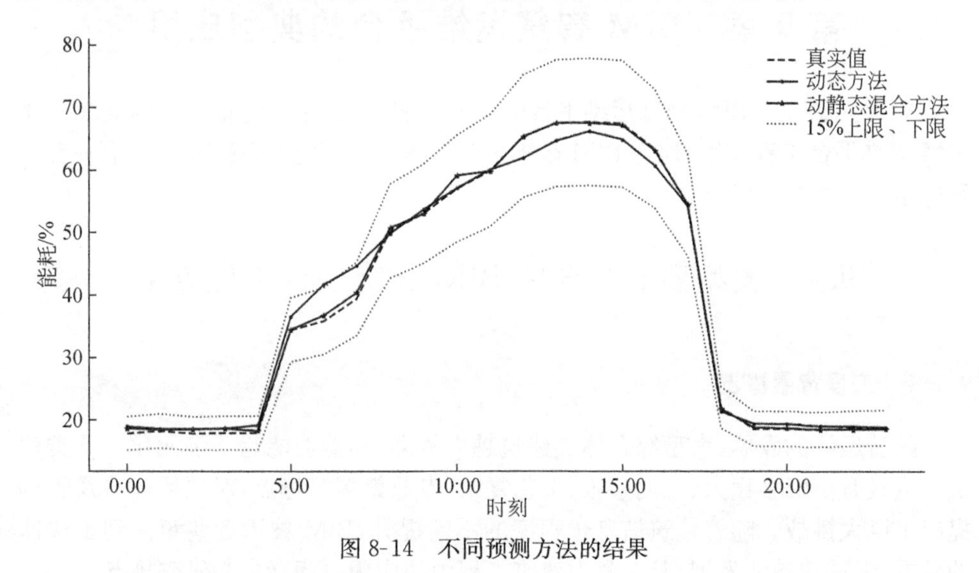

图 8-14　不同预测方法的结果

第 9 章　BIM 智慧运维平台的典型应用

本章主要讨论 BIM 智慧运维平台的典型工程应用，主要包括大型商业综合体 BIM 运维平台工程应用、地铁 BIM 运维平台工程应用、产业园区 BIM 运维平台工程应用三大类典型场景。

9.1　大型商业综合体 BIM 运维平台工程应用

9.1.1　工程背景概况

随着经济的发展，大型综合体类建筑越来越多，涵盖功能趋于多元化。此类建筑普遍具有投资金额大、工期紧张、工艺复杂、专业繁多等特点，对项目建造及管理提出了巨大挑战。随着建筑信息化程度的不断提升，BIM 技术近些年得到了快速的发展，促进建筑业发展，其在各类建筑工程中的应用也逐渐成为研究热点。

某大型商业综合体项目位于深圳市南山区高新技术产业园东区，地处福田 CBD 与“特区中的特区”前海深港合作区之间。总建筑面积达 75 万平方米，上有 5 栋甲级写字楼及 1 栋国际性高端商务型公寓。

该项目高端购物中心位于深圳最具创新活力的南山区，2017 年 9 月开业。以百亿投资打造的全新“街区＋Mall”，有近 300 个店铺、逾 1000 个品牌，含超 10 个时尚旗舰大店、逾 2000 平方米的室内儿童乐园、24 小时不打烊国际美食餐饮街。总建筑面积约 46 万平方米，其中商业建筑面积 22.8 万平方米，由 9 栋建筑组成，其中 1、2、3、9 栋为商业加写字楼，4～8 栋为商业建筑。地下室面积 23.2 万平方米，停车位 3489 个。

建筑的整个生命周期当中，开销最大的部分是后期的维护。在 BIM 技术不断完善的同时，BIM 运维也慢慢成为项目中最关键的一部分了，对于业主而言，BIM 运维越完善，自己的管理成本就会越低。

为了实现该商业综合体项目 BIM 运维平台的“集约建设、资源共享、规范管理”，在不重复建设的前提下，结合工程实际情况，利用大数据、云计算、BIM 技术和 IoT 技术，采用在统一平台上，将数据信息与服务资源进行综合集成，提高该项目的运维管理水平和综合服务水平。

9.1.2 BIM运维平台应用方案

BIM运维平台建设区别于传统的智能化系统和机电系统，是希望为管理方提供一套更为智慧、安全、长效的综合管理平台，将智能化、机电设备、环境管理、能源管理、环境品质管理、信息化决策等一系列专项服务进行融合，达到提升管理效率、流程优化、提高建筑管理服务品质的目的。

1. 设计目标和原则

1)设计目标

通过整体平台的建设，整体实现商业综合体物业管理的标准化、系统运行的智慧化、数据展示的形象化、辅助决策支撑的专业化，协助领导与管理人员更好地进行运维管理工作。

(1)目标一：智能化管理的提升。

基于底层智能化系统改造，构建智能化的运行管理体系，由过去人工的工作转化为智能化设备的监控与感知，实时获取现场状态，降低物业人员的工作劳动强度、提升项目物业管理人员的工作效率。

(2)目标二：安全管理模式的优化。

标准化项目安全管理流程与管理模式，将原有零散的安防措施联动起来，当商场出现安全问题时，能够第一时间获取相关事件以及现场的监控画面，联动相应的安防措施做出反应。

(3)目标三：标准化流程体系的建设。

将物业管理中涉及的设备管理、维修工单管理、维护保养、设备巡检等工作流程基于不同的业态标准化，方便物业人员使用的同时，便于数据的统计分析。

(4)目标四：物业管理模式的精细化。

由于系统面向的人员包括工程维修人员、安保人员、客服人员，基本上囊括了商场物业管理相关的所有人员。系统基于日常的数据统计与分析，可逐步生成各类人员日常工作的统计信息，基于各个项目的绩效统计算法，逐步生成相应的绩效排名，满足项目上物业精细化管理的需求。

2)设计原则

(1)先进性。

系统的建设采用业界主流的云计算理念，广泛采用虚拟化、分布式存储、分布式计算等先进的技术与应用模式，并与具体业务相结合，确保先进技术与模式应用的有效适用。

(2)可扩展性。

系统的计算、存储、网络等基础资源需要根据业务应用工作符合的需求进行伸缩。在系统进行容量扩展时，只需要增加相应数量的硬件设备，并在其上部署、配置相应的资源调度管理软件和业务应用软件，即可实现系统扩展。

(3)成熟型。

系统的建设，需要采用各种成熟的技术手段，实现各种功能，保证云计算中心的良好运行，满足业务需求。因此采用腾讯云系列产品，作为整个中心建设的技术支持。

2. 建设目标和意义

1)提高建筑运行维护管理水平、快速反应能力和工作效率

BIM作为在建筑全生命周期的重要应用，基于BIM运维平台进行建筑整体的运维与管理将势在必行。在建筑实际运维管理过程中，将建筑的空间信息、物联网应用、物业管理与动态的数据信息相结合，形成5D模式下的综合管理。平台作为整个建筑的载体，实时监控建筑的重要数据与信息。在各类事件发生时，可以在最短的时间内发现问题并及时通知管理人员，协助管理人员找到最佳的解决方案与解决思路，将会大大提升建筑的反应能力，提高工作效率。

2)提高建筑整体监测与控制能力，降低能耗，降低成本

将建筑内部的楼宇自控、安防管理、消防管理、能耗管理、统计分析等各个子系统进行统一的集成与管理，BIM运维平台通过总线技术，对设备进行集中监控与数据存储。通过平台可以实时查看各个设备当前的运行状态、实时参数、各类报警信息，也可以对设备进行远程组合控制或通过设定时间自动定时控制，从而提高了管理人员的工作效率与及时性。同时，平台自动汇总统计各子系统的实时数据，多维度分析各阶段各区域的能耗情况，为企业节能减排提供有效的辅助决策，降低企业运维成本。

3)提高建筑的物业管理服务水平，增强业主的用户体验

通过平台实现了物业的精细化管理，将规范、计划与实际管理相结合，按时、按需指导物业人员及时处理相关业务，保证建筑正常运行，同时提高了建筑整体的服务质量。通过公共服务、微信公众号等入口方式，提高用户体验，第一时间反馈与接收用户的实际需求，与用户之间形成面对面的互动，提高物业管理的服务质量与工作效率。通过BIM的形式，让物业相关信息更加直观，用户通过模型可以快速定位自身想要的信息，提高用户的体验。

4)提高建筑整体展示能力与培训、模拟演练能力

平台基于虚拟现实技术，将BIM根据建筑实际的精装修效果进行模型的轻量化与渲染工作，使之能够与建筑现场的精装修效果保持一致。可以通过渲染后的该建

筑模型了解当前建筑的运行状态及基本情况。同时,管理人员也可以通过本平台,实现基于虚拟现实的培训工作以及模拟演练工作,增加培训与模拟演练的真实性。

3. 软件架构

BIM 运维综合平台应当包括综合管理端与移动终端(含 App 端与微信端)。综合管理端主要是基于平台的 C/S 与 B/S 的混合架构,实现基于 BIM 的本地与远程的运维与管理;移动终端则主要是基于市场的主流操作系统(包括 Android 与 IoS),实现移动式的运维与管理功能。其软件架构如图 9-1 所示。

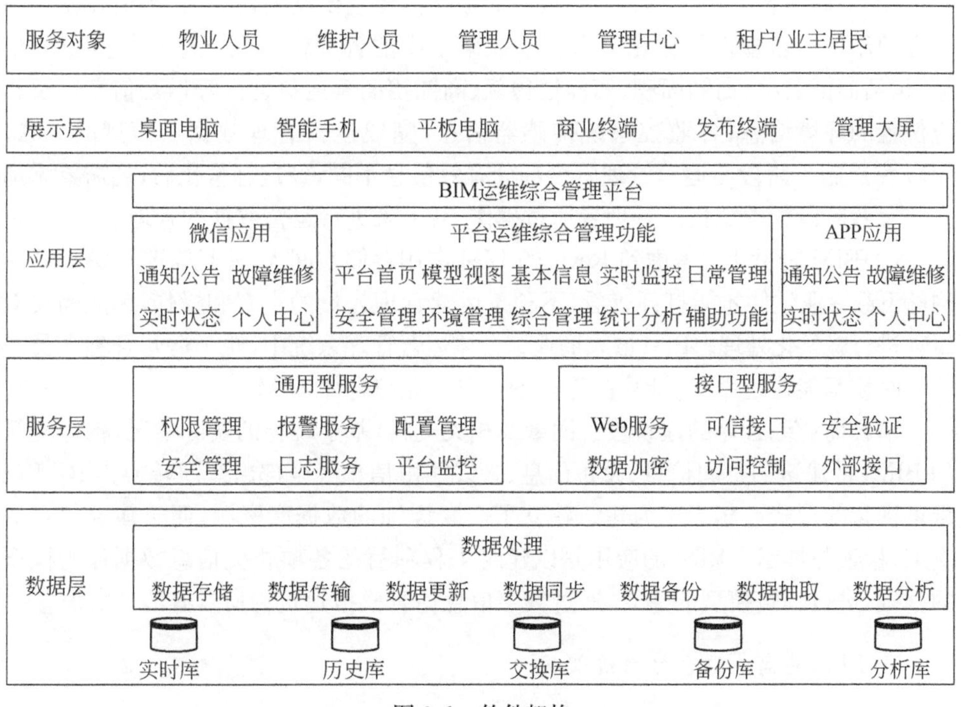

图 9-1　软件架构

BIM 智慧运维平台建设内容主要包括:

(1)平台运维综合管理。运维平台主要是实现对建筑整体运维的管理,主要包括 IBMS 集成管理、物业管理、安全管理、环境管理、日常运营管理等。平台充分利用 BIM 的优势,通过综合集成的管理思想与智能化的管理手段,将整个商场建筑的所有实时信息与业务应用在 BIM 运维平台上进行统一的管理,实现建筑稳定、安全、智能化的运行。

(2)内部移动终端应用。移动终端主要面向运维人员与内部管理人员,当平台中有报警或提示信息时,移动终端可以第一时间同步接收相应的信息。移动终端主要通过运维、物业、应用等三个方面，与 BIM 运维平台进行信息的交互，查找运维平台中的资料信息、接收各类任务计划、反馈现场实际的信息，与管理人员形成互动，从而保障整套 BIM 智慧运维平台的日常正常运行。

4. BIM 的商业综合体运营管理模型构建

(1)BIM 的构建。利用 Revit 软件构建商业综合体 BIM，并将运营模型以商业综合体各楼层分区为基本单位进行运营管理。对于已经在设计、施工等阶段进行 BIM 技术应用的项目可以直接利用项目的 BIM 竣工交付模型。

(2)关联运营管理数据。在完成商业综合体建筑模型的建立后，需要在模型内部空间添加运营管理得到相关数据。在模型中的各商铺经营区域添加其空间信息，包括商铺名称、商铺面积、商铺销售额、商铺招商营运负责人等运营信息以及相应位置的环境信息、各监控系统传感器信息，完成运营管理数据与模型的关联。BIM 完成施工阶段与运营管理阶段部分有效信息不同，经过轻量化后，还需要添加一些运营阶段相关数据。管理者通过操作 BIM 来进行运营数据的管理。

(3)BIM 轻量化。考虑到 Revit 的 BIM 占用存储空间大，并且需要从 Autodesk 网站下载专业软件才能打开查看，不利于运营管理人员的查看和操作，因此需要对 BIM 进行轻量化处理。BIM 嵌入商业综合体运营管理系统中，便于运营管理人员在任何时候都能通过手机、计算机等设备查看商业综合体 BIM。

结合商业综合体的建筑竣工图纸及相关资料，基于现场的实际情况，构建建筑的 BIM，将建筑的空间信息、设备信息、管线路由信息等全部由蓝图转换为 BIM 三维可视化的形式。相当于为建筑建立了一套详细的数据库资源，便于建筑信息的查询、检索与展示。BIM 的应用是以建筑工程项目的各项相关信息数据作为模型的基础，进行建筑模型的建立，通过数字信息仿真模拟建筑物所具有的真实信息。

5. BIM 的商业综合体系统架构

BIM 运营管理系统主要用于商业综合体运营信息的可视化展示和管理。相关主体可以通过该系统实现对各类运营管理数据的查询与统计，完成对相关管理信息的添加、更新、删除和访问等操作。运营管理团队可以通过该系统对商业综合体任意空间进行查看和定位，同时该系统会通过不同色块或图案表达空间的状态，如商户所在店铺的经营状态、租赁状态、安全状态等。系统的可视化直观表达更有助于商业体运营管理效能的提升。

商业综合体 BIM 建立后，明确该模型的展示内容和展示方式。根据系统的功能内容，确定可视化展示的内容主要有商户管理的可视化、空间管理的可视化、能源消耗的可视化、安全状态的可视化。

(1)商户管理的可视化。商业综合体内的商户管理主要包括招商进度管理、租赁管理和合同管理。对正在进行招商的铺位进行品牌储备标注，正在经营的铺位进行租金缴纳情况标注，对存在合同纠纷的商铺进行标注。

(2)空间管理的可视化。商业综合体内的空间管理主要是商业业态的空间分析、空间规划、空间分配的问题。通过在 BIM 中标注和统计出现人流密集的区域，发现商业综合体内部的客流优势空间，并在附近规划合适的品牌和业态；通过统计和标注各类业态的空间信息、销售信息和客流信息，对各业态经营贡献情况进一步分析，为下次业态的选择做决策参考。

(3)能源消耗的可视化。利用 BIM 和相关能源设施设备、能源计量系统的相关运行数据，生成按区域、楼层和房间划分的能耗数据，对能耗数据进行分析，发现高耗能位置和原因，并提出有针对性的能效管理方案，降低建筑能耗。

(4)安全状态的可视化。商业综合体的安全管理主要依靠项目内安全巡查系统的传感器搜集到的商业综合体内的各项数据。该传感器的位置可以通过 BIM 展示，以发生火灾为例，当商业综合体某一空间出现火灾险情，该位置的传感器通过红色显示表示探测到火灾危险，通过及时对该位置派遣相应管理人员清除险情后，该位置的传感器又通过绿色显示代表环境正常，并通过该空间区域的视频画面进一步确认处理情况。

9.1.3　BIM 运维平台工程应用实例

1. 首页总览

平台首页的信息浏览主要是在建筑整体 BIM 的基础上(以整个建筑的整体模型作为 BIM 的载体)，承载着整栋建筑运维与管理的各种应用，对该建筑的 BIM 信息、报警信息、用户关心的数据信息等进行集中的展现。如图 9-2 所示，用户通过首页的信息浏览界面，宏观上可以直观地了解整栋建筑的整体运维情况，局部上可以按照区域、按照系统分别查看建筑结构和设施设备，提高建筑运维管理效率。

2. 空间管理

如图 9-3 所示，通过 BIM 可以三维可视化展示商业综合体，各业态可通过设定不同区域颜色来辅助运营管理人员进行业态分析与规划，其空间展示的具体功能主要包括公共空间分析、商铺空间分析(通过 BIM 运营管理系统中的可视化模型)，便于运营管理人员了解商业综合体场内的空间情况，以及在模型内进行美陈与推广方案的可视化预览。通过对商业综合体场内消费者公共活动空间的提取，可以根据当前各商铺的人流情况，分析当前设客流动线情况、客流分布密度等。

图 9-2　首页总览 BIM 软件界面

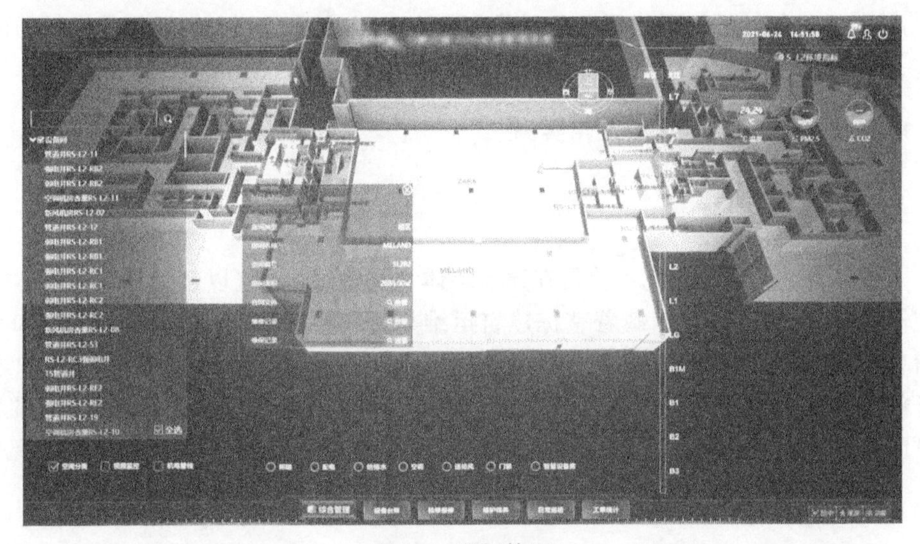

图 9-3　空间管理

3. 安防管理

1)视频监控

平台集成视频监控系统，将监控设备(摄像头)直接加载在 BIM 三维模型中，管理人员可以在平台中直观地查看监控点的整体布局情况，同时显示所有监控设备的状态,以及摄像头的朝向。如图 9-4 所示,点击任一摄像头设备,可以直接查看其实时画面,管理人员也可以同时打开多个视频监控画面,同时查看管理。

图 9-4　BIM 与视频融合监控软件界面

管理人员可以自定义显示视频画面区域,可以针对重点关注区域的视频监控画面进行自主配置,任意拖拽替换,不用再去看闲杂多余的数据,可以第一时间看到自己关注的监控区域画面,从而提高工作效率。

平台还支持视频监控平铺功能,对所有视频监控图像进行查看。管理人员可以根据当天要关注的区域进行自主分配视频墙内容并且收藏在收藏夹里,以便直接打开所关注的区域画面。

2)门禁管理

平台通过集成刷卡门禁系统,对整个建筑的所有出入口通道进行管制,通过人脸识别或身份识别系统,将对应的管制信息上传到 BIM 平台中,BIM 平台能够实时地展现当前门禁的开关情况、人员基础情况、建筑区域内的人员活动情况,并将人员进出数量进行统计。

如图 9-5 所示,BIM 平台能够直观地展现门禁设备的空间布局情况以及运行状态信息。点击任一门禁设备,可以查看其设备详细信息、出入情况等信息,并统计人员进出数量。当出现异常报警时,平台能够快速定位到异常的设备位置,并通知相应的管理人员,同时可以联动附近摄像头,自动加载附近摄像头,管理人员可以按需点击查看摄像头实时画面,让管理人员第一时间了解现场情况。

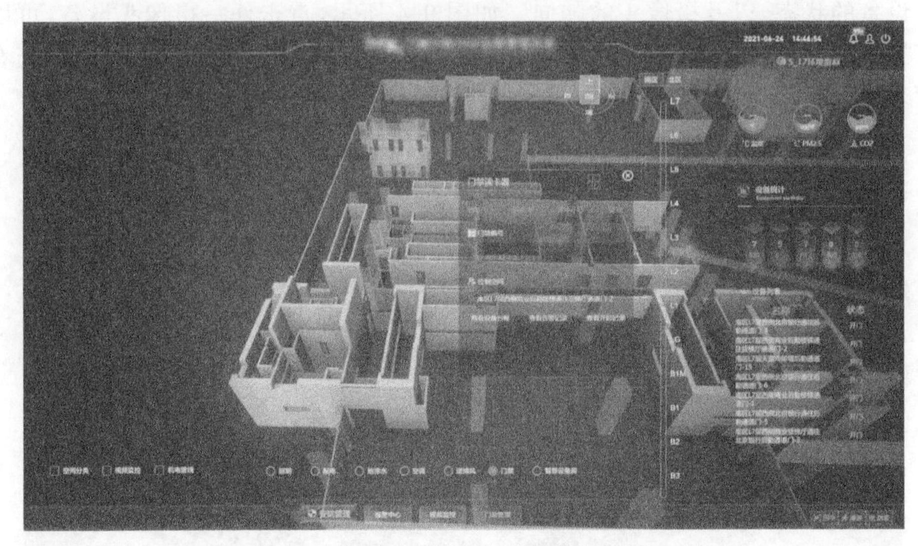

图 9-5　BIM 运维中的门禁监控软件界面

3)报警中心

BIM 运维平台对接入侵报警监测系统,BIM 平台能够直观地展现入侵报警设备的空间布局情况以及运行状态信息,如图 9-6 所示。

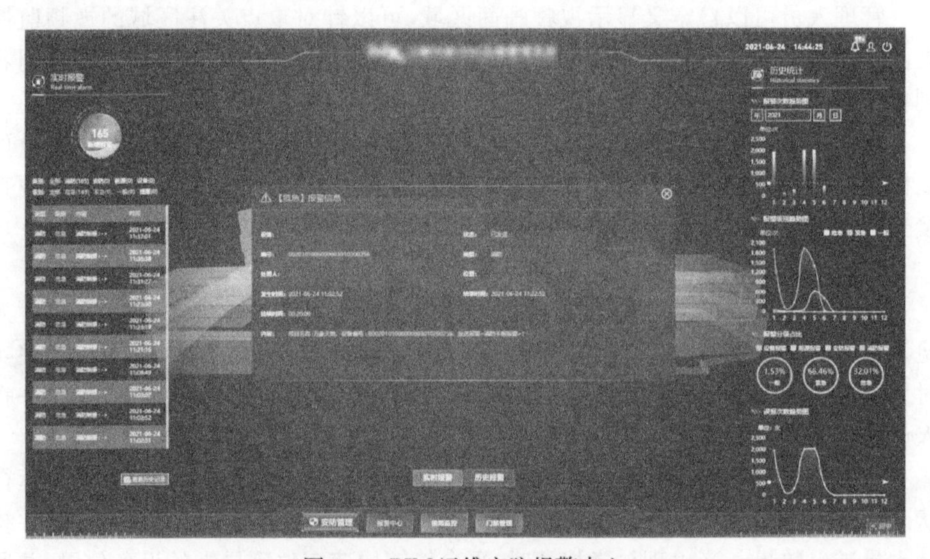

图 9-6　BIM 运维安防报警中心

当出现异常报警时,平台能够快速定位到报警的设备位置,并通知相应的管理人员,同时可以联动附近摄像头,自动加载附近摄像头,管理人员可以按需点击查看摄像头实时画面，让管理人员第一时间了解现场情况。

4. 智能监控

1）暖通系统监测

平台根据实际业务逻辑，将系统数据进行专业化、分层级的精简化提炼，结合模型三维可视化联动，实现更直观高效的在线监测，设备实时数据读取联动报警提醒，减少值班人数。如图 9-7 所示，通过 BIM，对空调的工作状态和故障状态进行监控，管理人员通过 BIM 运维界面可以清楚地查看各个房间的空调开关情况，并实时地显示各个房间的温度值。对于异常的温度值，进行报警提示，管理人员能够在 BIM 及相应的设置界面上及时地启停空调。

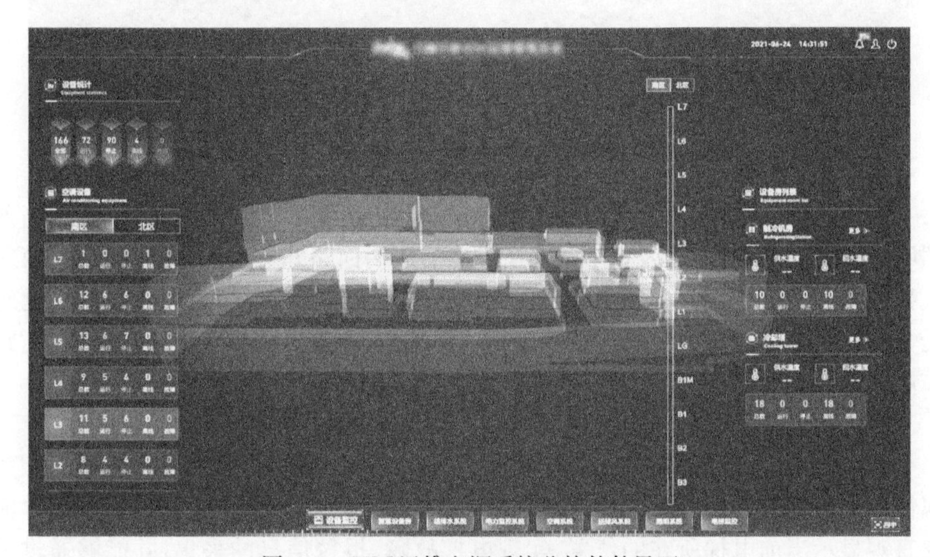

图 9-7　BIM 运维空调系统监控软件界面

当系统设备如新风机组、空调机组出现故障或意外情况时，集成系统将利用其报警功能在监视工作站上显示相应的报警信息，提示维修人员。维修人员可以直接定位到发生故障报警的区域位置，可漫游查看，并回溯到上游管线。

2）照明监控

平台对接照明系统，在 BIM 平台上，通过照明系统获取对应的数据，通过灯光渲染，模拟灯光的开关，如图 9-8 所示。系统采用建筑整体与对应楼层分别展示的方式。

管理者在照明系统首页可直观地看到整个项目的灯光开启情况、照明实时的用电情况及当日的用电高峰时段。平台根据项目的业态分布，划分出不同业态的照明开启数量，让管理者更加便捷地了解照明系统运行态势，从而达到降低能耗的目的。

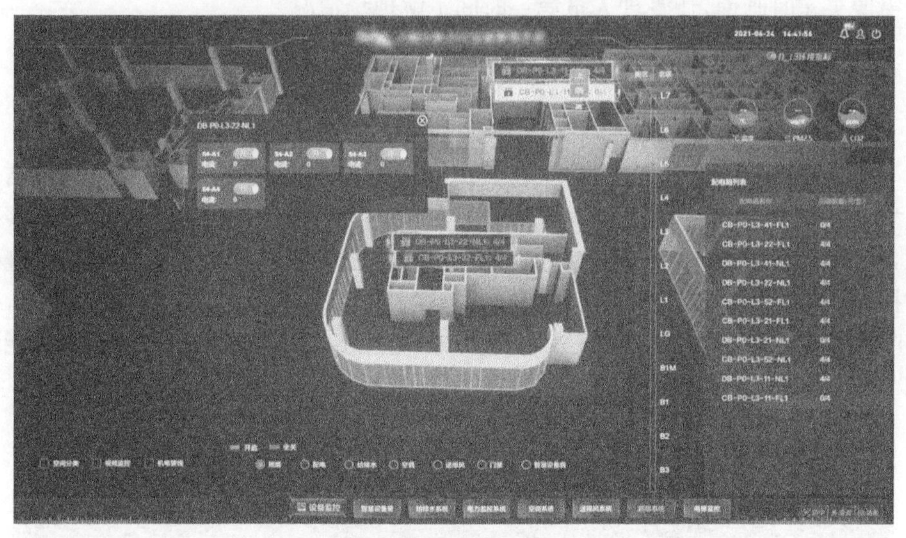

图 9-8　照明区域控制

管理者可以在照明系统首页点击任意一层进入单层照明场景，即可看到当前照明的回路空间位置，以及每个空间所控制的照明回路开关状态，也可以通过第一人称视角漫游查看空间中照明灯具的分布位置，为管理者提供更加直观的视觉感受，还可联动视频监控，实时查看现场的画面，让管理者更加高效地管理运维，达到节能的目的。

3)电梯监控

BIM 运维平台能够对电梯的基本信息进行查看，如图 9-9 所示。电梯的相关属性信息包括直梯、扶梯、电梯型号、大小、承载量等。通过电梯运行状态监视，能够直观显示当前电梯所在的位置，实现电梯故障、报警信息的采集，并能够通过平台的移动管理终端中的报警应用程序第一时间通知相关管理人员。

BIM 运维平台对电梯的实际模型进行渲染，物业管理人员可以清楚直观地看到电梯的能耗及使用状况，通过对行人动线、人流量的分析，可以帮助管理者更好地对电梯系统的策略进行调整。

在 BIM 中，直梯实体模型可基于建筑整体进行展示，扶梯实体模型可基于局部进行展示。点击相应的电梯内部或者扶梯附近的摄像头，可实时查看内部或附件的视频实时监控画面。

4)停车场管理

BIM 运维平台可以实现停车楼管理功能，如图 9-10 所示。管理者通过停车管理首页可以直观地了解停车场实时运营情况，可以看到出入口位置及出入口名称、当日入场量及实时的拥堵情况、各个出入口的实时监控画面，从而进行指挥调度。

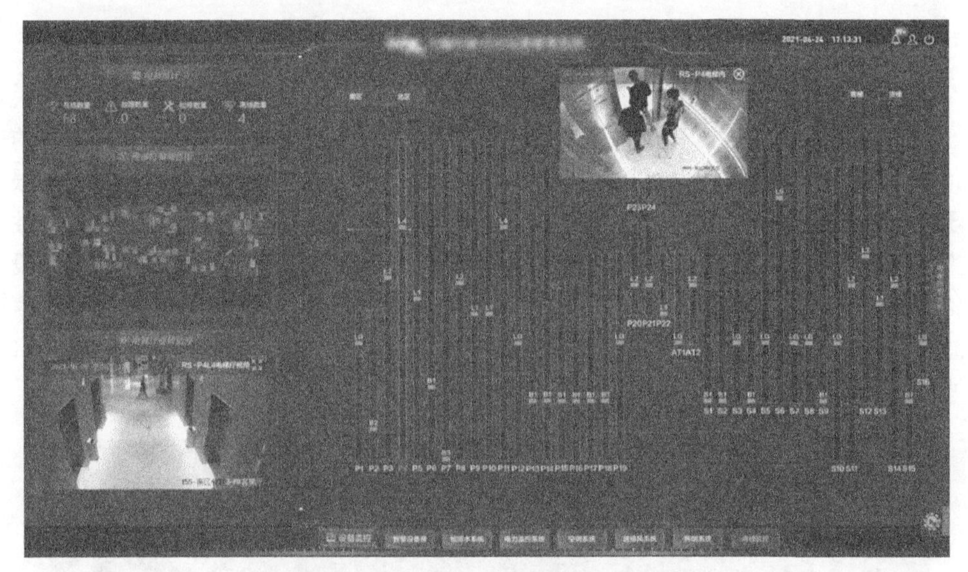

图 9-9　BIM 运维平台电梯监控软件界面

通过停车管理单层，能够查看单层停车场的内部结构、车辆出入记录、场内位置、当前位置的状态信息等，将停车场内的停车位数目、当前空闲停车位数目、当前车辆停放数目等信息实时地显示在 BIM 平台上，方便管理者对空闲车位的调度。

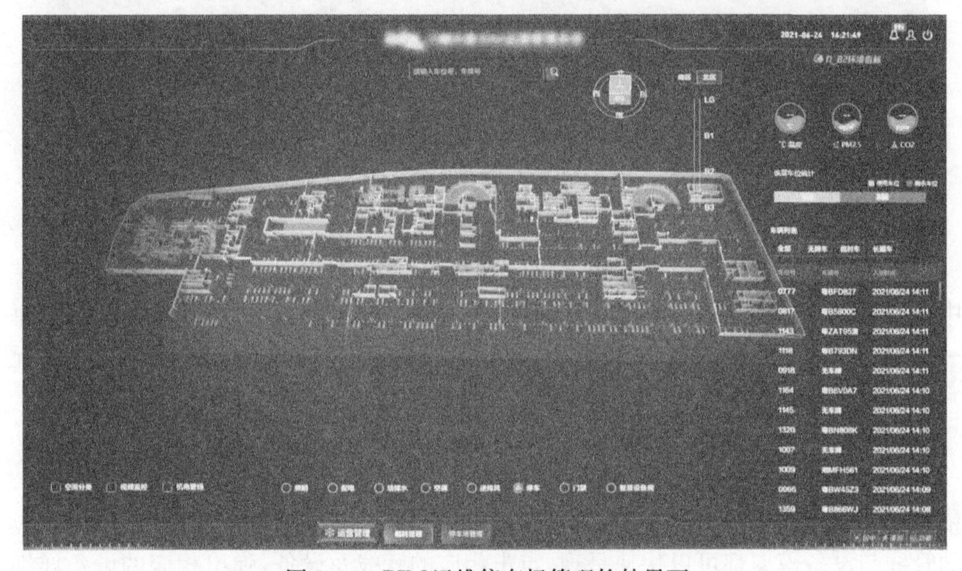

图 9-10　BIM 运维停车场管理软件界面

5. 运维管理

1)设备台账

BIM运维平台对工程内各系统的设施设备应建立相应的档案库,为工程内的每一个设施设备提供从出厂接入到撤离工程的全生命周期的数据记录(包括但不限于设施设备基础信息、手册资料信息、巡查检修信息等),并由系统根据设备的唯一性生成二维码数据,将这些唯一性数据在进场时登记注册到系统中,建立相应的设施设备档案,并可以在设备的运行维护过程中,随时抽调设施设备的任意档案数字化信息实现输出、查阅、打印等实际功能,同时支持移动终端查询与录入,如图9-11所示。

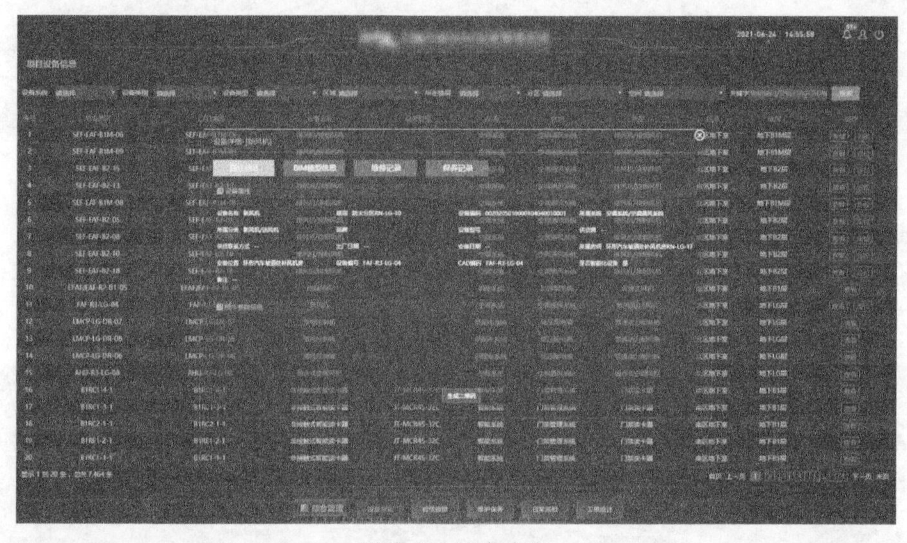

图9-11　设备台账

对于设施设备每一次的巡查或检修等维护操作,需建立其独立的台账记录(其中包括文字、图片、相关历史维护人员的联系方式等数据),以供巡查检修人员在每一次维护操作时结合这些历史档案记录,对实际的各个设施设备进行快速的情况判定,并在最短的时间内计算出最有效的维护手段。

2)系统查看

BIM运维平台中的系统查看是对平台中的各个系统进行全面的管理与查看。依照空调、通风、供配电、给排水等进行分类,点击相应的系统及子系统名称,对应的管线与设备模型都可以快速呈现,点击相应的管线及设备,弹出相应的设备详细信息,了解设备的基本信息与运行情况。可以随时将图件透明化,让管线看起来更加直观清晰,如图9-12所示。

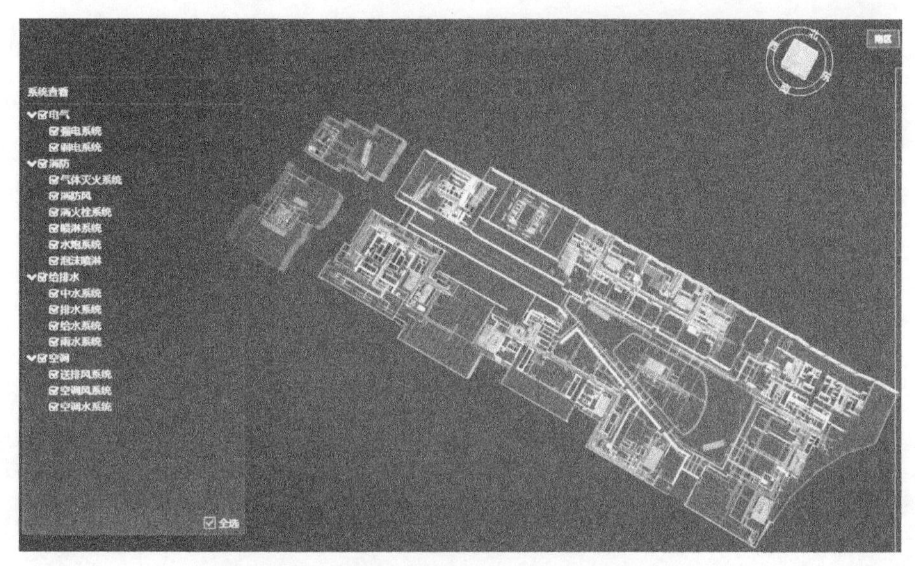

图 9-12　BIM 运维平台中的综合管线查看软件界面

3)检修报修

BIM 运维平台对接入系统的设施设备进行实时故障监测,当建筑中某个设施设备发生故障后,平台将自动调取该设施设备在平台档案库中相应的资料(包括设施设备硬件信息、设施设备手册、厂家信息、常见故障台账记录与问题处理手册、检修故障所需工具材料等数据)。

当检修人员完成设施设备检修任务后,结合该次检修的相关设施设备实际情况,通过扫描二维码等形式利用移动终端对设备进行检修工单的提交工作,对设施设备检修的情况与过程做出综合评估后提报资料(包括但不限于文本、语音、图片、视频等资料数据)。这些资料将累积在该设施设备档案库的检修记录中,以供运维后期管理决策或其他检修人员使用。BIM 运维平台中的工单详情软件界面如图 9-13 所示。

4)维护保养

平台可依照建筑的实际情况制订维护保养计划,通过选择维保方式(内部、外委)填写维保内容、维保周期制订计划。同类设备可复制多项维保内容。年度维保计划也可在往年计划的基础上进行修改保存。BIM 运维平台中的维护保养软件界面如图 9-14 所示。

维护保养状态分为未开始、进行中、逾期的(逾期未完成、逾期已完成)、已完成。进行中的计划指当月需执行的维保项目,班组分配维保人员,可选择多名维保人员。若维保方式为外委,则需选择外委公司、填写联系电话。确认分配后,维保人员去现场进行维保。维保完成后,由班组填写维保结果并关闭此项计划。

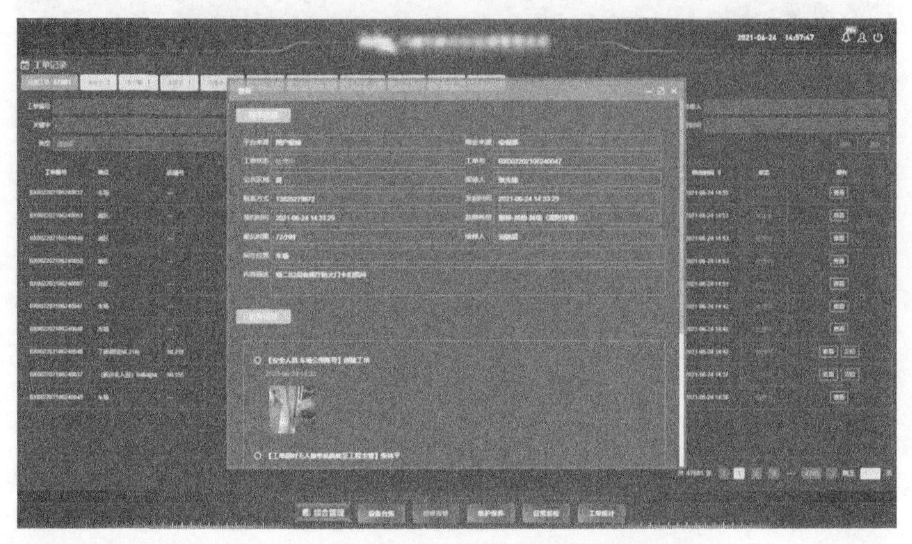

图 9-13　BIM 运维平台中的工单详情软件界面

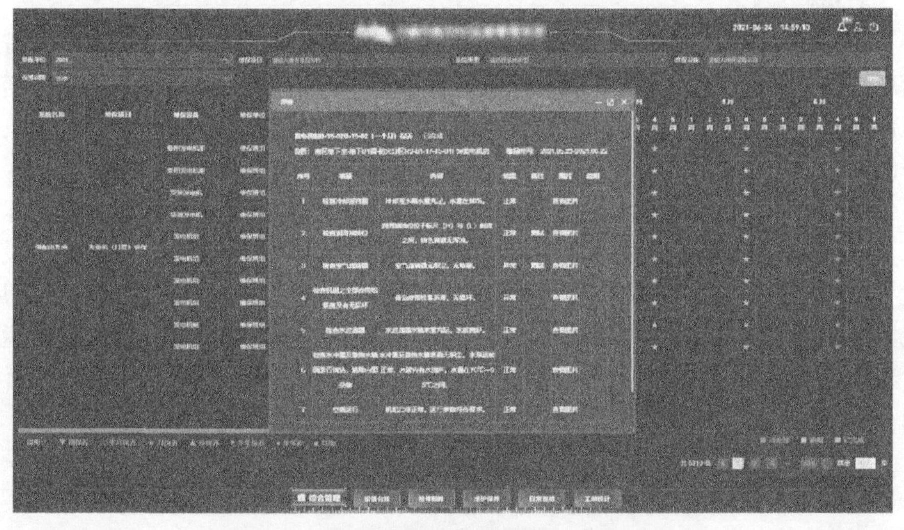

图 9-14　BIM 运维平台中的维护保养软件界面

将设备维保的相关操作指导书等资料文件导入系统中,方便巡检人员查阅。维保计划关联设备,可以在模型中定位到维保的目标设备。

9.1.4　应用效果

基于 BIM 的商业综合体运维系统,在经济层面,可以在较长的运营管理阶段显著降低人力成本和能源消耗成本；在技术层面，可以充分利用现有的技术完成系统开发工作，并实现系统的功能目标；在法律法规层面，满足各项标准政策的制度规定也是可行的；在操作层面，BIM的商业综合体运营管理系统的数据整合、分析与共享功能具有易用性，其具体的管理方式具有可视性，这都保证了后续运营管理的操作可行。

(1)应用BIM技术和互联网技术搭建的信息化管理平台，实现了BIM运营管理过程中相关主体的多方协同工作，以及运营管理团队对运营工作的统一管理。这在一定程度上提高了商业综合体项目的运营管理能力。

(2)BIM运维平台可以在商业综合体全生命周期发挥其价值，并且借助BIM运维平台对运营数据的深入分析推演，可以反向为项目的可行性研究、立项、设计和建造提供参考，降低项目开发风险。

(3)BIM运维平台可实现运营工作的信息化管理，为管理决策及时提供可量化的决策依据，发挥运营过程中数据资源的价值。

(4)BIM运维平台可实现运营工作的精细化管理，进而带来运营效果的提升，提升消费者的体验，增加项目收益提升的概率。

9.2　地铁BIM运维平台工程应用

9.2.1　工程背景概况

地铁BIM运维平台运用物联网、大数据、云计算、人工智能等技术，搭建信息化与工业自动化深度融合的一体化城市轨道交通，打造智慧车站与智慧服务系统，形成新时代城市轨道交通的智慧大脑，驱动轨道交通技术、经验、知识的模型化、标准化、软件化，令业务和组织更具弹性化。构建基于轨道交通＋互联网＋物联网的多专业、多系统协同演进的开放、融合、智能的车站智慧服务支撑平台(如穗腾OS1.0)。选取广州某地铁站进行智能化及信息化的模式验证，为智慧车站建设提供先行先试经验，为行业推广树立应用典范。

工程建设涉及自动售检票、智能客服、智能边门、站台门防夹、安检、视频监控、室内定位、乘客信息显示系统(passengers information display system，PIDS)、导向、智能照明、卷闸门、火灾报警系统(fire alarm system，FAS)、建筑自动化系统(building automation system，BAS)等多个专业。项目基于物联网的车站智慧服务系统将统一对这些专业系统接入管理，实现各种设备和系统的互联互通，并通过智能化处理和分析挖掘数据价值，支撑创新的管理模式和应用，实现便捷精准乘客服务、安全灵活全景管控功能，打造示范车站智慧管理中枢，为实现地铁全线全网规模推广积累经验、奠定基础。

9.2.2 BIM 运维平台应用方案

运用上述基础框架及关键技术的研究成果，以广州某地铁站为研究对象，搭建基于云平台的开发及模拟测试环境，研发由一个平台层＋四个应用组成的基于物联网的车站智慧服务平台系统。系统设计架构如图 9-15 所示。

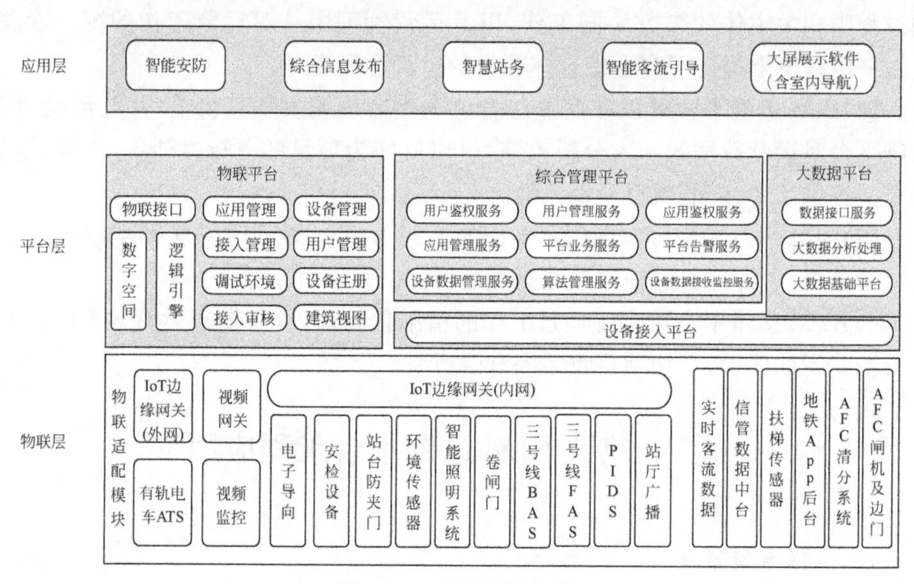

图 9-15 系统总体架构

1）物联层

物联层是物联网体系对现实世界进行感知、识别和信息采集的基础性物理网络。物联层的主要功能是识别物体与采集信息，为物联网后续信息处理和相应决策行为提供海量、精准的数据信息支撑等。

2）平台层

平台层是运行于物联层之上的一个以软件为核心，为应用服务提供开发、运行和管控环境即中间件功能的层次。物联层所要解决的是 IT 资源的虚拟化和自动化管理问题，而平台层需要解决的是如何基于物联层的资源管理能力提供一个高可用的、可伸缩的且易于管理的云中间件平台。平台层位于物联层与应用层之间，它利用物联层的能力，面向上层应用提供通用的服务和能力。

3）应用层

应用层包括智能安防、大屏展示软件、智慧站务、智能客流引导、综合信息发布等应用程序及功能模块的后台服务部分。应用层后台服务程序通过接口实现与平台层及应用层其他后台服务程序的数据交互。

用户通过应用层可视化操作界面(如 PC 客户端、Pad 应用、大屏展示、App、公众号等),对系统进行可视化操作,实现人机交互。

物联适配模块是基于高效的通用接口技术,通过特定的系统交换层面和标准的通信协议,无缝兼容不同设备或系统。其可以转换多种协议,如 RS485/232、BACNET、OPC、Modbus 等。

物联层是通过物联适配模块实现设备或系统的无缝链接,主要包括 IoT 边缘网关(外网)、IoT 边缘网关(内网)、视频网关、设备接入平台四部分,如图 9-16 所示。

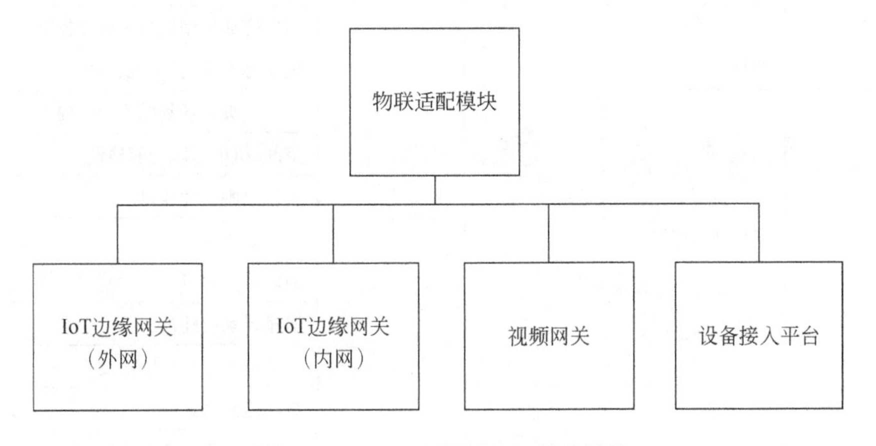

图 9-16　BIM 运维物联适配模块结构

9.2.3　BIM 运维平台实施过程

根据实际建设内容,整体实施计划分三个阶段,如表 9-1 所示。

表 9-1　BIM 运维平台实施计划

实施阶段	实施者	实施内容
需求调研阶段	项目总监	需求调研并输出需求、方案文档
系统建设阶段	实施团队(架构组、物联网组、模型组、开发组等)	完成全部模型处理及系统建设
试运行阶段	测试组	系统上线试运行及培训

其中系统建设阶段又分为四个阶段,各阶段部分建设内容可并行,如表 9-2 所示。

表 9-2 BIM运维工程实施阶段与内容

建设阶段	建设项	实施团队	建设内容
第一阶段：平台基础架构建设	数据中台基础架构建设	架构组 物联网组	数据中台基础架构建设
	物联网平台		物联网平台基础架构建设
	业务中台		业务中台基础架构建设
	云平台		云平台基础架构建设
第二阶段：建模	图纸校对	模型组	根据已有图纸，现场进行准确性校对
	建模		根据校对后图纸按标书要求建模
	模型一致性校对		对已完成模型进行一致性校对
	模型处理		模型标准化、轻量化、渲染
第三阶段：BIM可视化运维平台建设	通用功能建设	开发组 UI组	平台首页大场景模型功能建设
			空间、机电系统功能建设
			单层漫游功能建设
			空调系统建设
			新风系统建设
			送排风系统建设
			智能电力监控系统建设
	安全管理	开发组 UI组	视频监控功能建设
			闸机报警管理功能建设
			电梯系统管理功能建设
			消防报警管理功能建设
			安防统计功能建设
			客流监控功能建设
			广播系统功能建设
	智能运维	开发组 UI组	车辆智能运维系统建设
			信号智能运维系统建设
			供电智能运维系统建设
			高效环控系统建设
			实时客流预测系统建设
			隐患挖掘与评估系统建设

续表

建设阶段	建设项	实施团队	建设内容
第三阶段：BIM 可视化运维平台建设	能源管理	开发组 UI 组	能耗分析
			数据查询
			能耗报表
			能耗报告
			能耗定额
			能耗报警
			节能诊断
	环境管理	开发组 UI 组	环境质量检测功能建设
			智能照明功能建设
	后台管理功能	开发组 UI 组	资产管理功能建设
			系统联动功能建设
			告警管理功能建设
			维保管理功能建设
			巡检管理功能建设
			维修管理功能建设
			工单管理功能建设
			统计分析功能建设
			管线查看功能建设
			角色管理功能建设
			BIM 显示管理
	消安联动功能	开发组 UI 组	消防安全综合监管态势功能建设
			消防标识与逃生演练功能建设
			应急救援与视频联动功能建设
			应急事件联动处理功能建设
	移动终端应用	开发组 UI 组	设备台账功能建设
			检修报修功能建设
			维护保养功能建设
			设备巡检功能建设
			值班管理功能建设

续表

<table>
<tr><th>建设阶段</th><th>建设项</th><th>实施团队</th><th>建设内容</th></tr>
<tr><td rowspan="20">第四阶段：平台数据集成</td><td rowspan="18">数据集成</td><td rowspan="18">物联网组
开发组
实施组</td><td>集成空调系统</td></tr>
<tr><td>集成新风系统</td></tr>
<tr><td>集成送排风系统</td></tr>
<tr><td>集成电力监控系统</td></tr>
<tr><td>集成视频监控系统</td></tr>
<tr><td>集成车辆智能运维系统</td></tr>
<tr><td>集成信号智能运维系统</td></tr>
<tr><td>集成供电智能运维系统</td></tr>
<tr><td>集成高效环控系统</td></tr>
<tr><td>集成实时客流预测系统</td></tr>
<tr><td>集成隐患挖掘与评估系统</td></tr>
<tr><td>集成门禁系统</td></tr>
<tr><td>集成梯控系统</td></tr>
<tr><td>集成消防系统</td></tr>
<tr><td>集成能耗系统</td></tr>
<tr><td>集成广播系统</td></tr>
<tr><td>集成道闸系统</td></tr>
<tr><td>集成环境监测系统</td></tr>
<tr><td>报警规则配置</td><td>物联网组
开发组
实施组</td><td>对已集成系统进行报警规则配置</td></tr>
<tr><td>数据调试</td><td>物联网组
开发组
实施组</td><td>对已集成系统进行数据调试</td></tr>
</table>

9.2.4 应用效果

1. 工程应用功能展示

结合 BIM 运维平台在地铁站的应用，重点说明基于 BIM 的地铁站可视化漫游控制功能。BIM 运维平台可视化漫游控制技术，依据该地铁站的过厅层、站厅层、站台层的现场实际情况进行图像采集，并按照现场的建筑结构、设备设施等进行仿真精细渲染，最终结合现场运行设备实际数据，达到在漫游中进行可视化控制的目的，如图 9-17 所示。

图 9-17　站厅层可视化漫游场景

用户漫游场景中，可以通过鼠标和键盘的控制，以第一人称的形式进行漫游行动。在站厅层中，对电梯设备进行 1∶1 还原仿真，并接入电梯运行的实时数据，对电梯设备的在离线状态、运动方向、故障次数、环境温度、电机电流等数据进行模型和界面上的综合展示，让用户在漫游场景中就能够直观地了解现场的电梯运行状况，如图 9-18 所示。

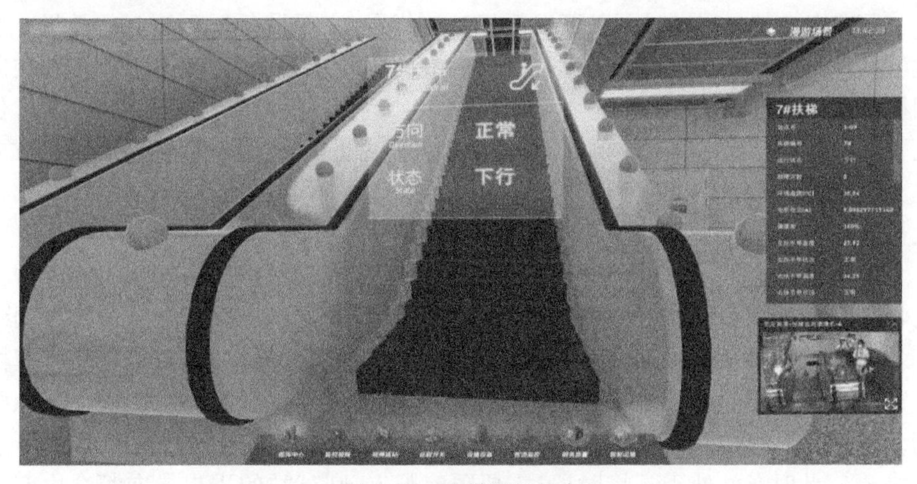

图 9-18　电梯运行状态

同时，每部电梯通过联动附近的摄像头画面，能够查看现场实际电梯的运行情况，方便用户远程查看现场状况。

漫游中站厅层的所有闸机设备也进行了可视化还原。根据图纸和现场闸机的实际位置，对每部闸机进行了空间位置校正，不仅接入了闸机的设备运行状态数据，也对闸机的控制指令进行了对接。用户在漫游过程中，当靠近附近的闸机时，闸机上会显示出当前运行的数据面板，有设备名称编号、设备在离线状态、进出方向等数据，如图 9-19 所示。

图 9-19　闸机设备可视化

用户点击各个闸机时可以下发闸机控制指令，实现设备远程控制的效果。通过下发进闸、出闸、双向指令来改变闸机的进出方向，下发开启和关闭指令来控制闸机设备的运行停止。控制完成后闸机的实时运行情况同步给漫游中的设备，保证了设备的运行状态统一。例如，修改闸机方向由进闸变为出闸，则现场闸机方向也会随之变动，如图 9-20 所示。若采用关闭操作，则现场的闸机会双向关闭，禁止人员进出。

对于每个闸机上方的电子导向，漫游中也对其进行了数据接入，让每个电子导向的状态标识可以与现场的设备相对应，清楚地展示闸机的进出方向，如图 9-21 所示。

同时对电子导向设备也有多种控制模式进行远程操控，例如：模式 0、模式 1.1、模式 1.2、模式 2.1、模式 2.2、模式 2.3、模式 2.4、模式 3.1、模式 3.2、开启、关闭。通过这些模式的统一调控来改变整个车站电子导向的运行模式。例如，开启模式 3.2，此时车站处于高峰时段，需要限流限人，则车站的进出导向都会由双向进出改为单向进入，如图 9-22 所示。

进入站台层时可以看到，通过接入列车进出站 PIDS 信息，可以实时了解到列

图 9-20　控制闸机方向

图 9-21　BIM 运维平台中的电子导向

车实时到站时刻，如图 9-23 所示。

当列车到站时，通过模拟列车进出站以及站台门开关的动画来生动地体现现场列车的实时运行情况，如图 9-24 所示。

2. 工程应用效果分析总结

自 2019 年 9 月 9 日上线以来，BIM 运维平台实现了一个平台(物联网平台)、

图 9-22　BIM 运维平台中更改闸机模式

图 9-23　BIM 运维平台进出站 PIDS 信息

四个应用(智能客流引导、智能安防、智能站务、综合信息发布)和一个大屏展示软件(包含室内定位)的功能需求,在提高车站安全管理效率的同时简化了车站管理流程。利用智能安防中的 AI 算法,车站管理人员可以随时掌握车站重点区域可能带来危险隐患的乘客行为,并采取相对应的措施防止意外发生。车站管理人员通过智能客流引导应用的功能,可以联动多个系统,在面对客流情况不断变化的情况下,及时有效地采取应对措施。通过智能站务的功能,呈现了车站内的设备情况、告警情况、值班人员信息等重要信息,提升了车站日常站务管理的效率。通过综合信息发布应用,车站管理人员可以以最快的速度将各种信息推送给乘客或者值班

图 9-24　BIM 运维平台中列车开门动画

人员，提高了信息传达的速度。

系统的成功实施解决了现有业务系统的互联互通问题，打破了传统地铁行业子系统业务升级困难、算法不可复用、车站子系统管理复杂等困局，为车站实现物联化、无人化、智慧化奠定了基础。

项目已经完成主体开发并在该地铁站进行示范应用，为城市轨道交通行业科技进步、行业发展甚至行业业务开发新生态的形成起到重要的推动作用。

基于物联网的车站智慧服务系统属于行业内首创，可以有效破解标准欠缺、系统割裂、数据孤岛、信息离散、固化封闭的城轨行业发展困局，解决覆盖城轨全专业的用户应用问题；还可提升构建信息化、智能化、无人化、高效节能的智慧化城轨运营体系水平，大大提高多专业多系统协同演进的综合一体化的大型系统发展质量，从而更好地服务公众出行、服务城市发展。将引领城轨行业的技术创新，还将带动产业互联网＋的转型升级。

(1)通过打造具有开放、可持续迭代的平台架构，可彻底解决现有城轨工业控制系统封闭、定制、架构固化、升级扩展困难等问题，避免代价昂贵的改造，甚至推倒重来。而且可以实现业务快速、便捷的扩展、升级，适应城轨未来技术、业务、服务的不断发展，并可由此促进城轨业务开发新生态的形成。

(2)云-边-端一体化，算力、存储等资源弹性自适应调度技术，大幅提升了系统的可灵活部署能力，可实现对已有资源的最优化利用，大幅降低系统部署对现场资源的配置要求，减少了系统部署对现场的改造成本。

(3)通过智慧化管理和决策分析,提高管理决策能力,实现提质增效。

(4)通过站内导航、更多信息发布、更高效的客流控制等功能进一步提高服务质量,提升乘客乘车体验。

(5)通过对车站照明、扶梯、电梯等设备进行智能控制,可减少能耗,节约运营成本。

(6)通过可视化、集中化、场景化、移动化、智能化、联动化的站务管理体系,大幅减轻站务工作强度,提高工作效率,减少人力成本。

以智能巡站为例:目前人工巡站需 2 小时一次,每次需 30 分钟以上,若采用智能视频巡站,仅需要 3 分钟。一年可节约工时:365×(18/2)×(0.5－0.05)＝1478.25 小时,约为 61 天。若加上一键开关站、智能站务、智能客控、综合信息发布、智能安防等功能,节约的工时将更加可观。

车站智慧服务系统符合新时代广州轨道交通的总体目标,主要体现在以下几个方面:

(1)通过建设"互联互通、智能生态、信息共享"的现代综合交通运输体系,实现高效运输、智慧运输的高供给效率,有助于建设拥有强大运输保障能力、运输效率、优质服务品质和科技创新引领、管理体制完善、具有国际影响力的先进轨道交通体系,服务交通强国战略。

(2)利用互联网、物联网、大数据、人工智能与轨道交通尝试融合,构建交通运输创新发展体系,引领轨道交通科技进步,使客服与运维数字化、可控化,为轨道交通提供更安全可靠的技术支撑,为乘客提供更便捷精准的个性服务,为设备运营维护提供更精准的设备智能感知、设备状态刻画,为城市轨道交通行业的智慧车站建设树立工程标杆,为智慧车站建设提供先行先试经验。通过研究成果在广州塔示范站的应用验证,积累设备接入、数据交互、系统互操作、业务设计、功能联动、平台构建等方面的应用经验,为新线智慧车站设计提供工程数据。

(3)提升地铁服务质量,为乘客提供安全舒适的城市轨道交通智能化服务。在互联网、物联网、大数据、云计算等技术不断发展的背景下,构建以用户为中心、以人工智能技术为核心、以乘客为对象、以数据为驱动的新时代轨道交通信息集成系统的架构体系,满足政府、企业、乘客对城市轨道交通的智能化、高品质的需求,满足市民幸福出行方面的要求。

9.3　产业园区 BIM 运维平台工程应用

9.3.1　工程背景概况

2019 年,《中国—东盟信息港建设总体规划》获国家批复,东盟港某大型产业园进行智能化建设。项目用地为工业用地，项目规划总用地面积为16万平方米，总建筑面积为44.5万平方米。其中一期建设项目有企业总部生产研发楼(多层)、员工食堂(多层)、配电室(地下)及楼梯口，总建筑面积11.2万平方米。二期建设项目有微小企业生产研发楼(高层)、员工宿舍(高层)，总建筑面积33.3万平方米。在该产业园的BIM运维管理实际需求的基础上，实现整个BIM运维平台的“集约建设、资源共享、规范管理”，在不重复建设的前提下，结合园区的实际情况，利用大数据、云计算、BIM技术和IoT技术，研发了22个功能模块。

9.3.2 BIM运维平台应用方案

1. 平台建设目标

BIM运维平台的建设目标包括：

(1)丰富监控手段，提高园区的运维管理水平；

(2)增强对整个园区的综合管控能力；

(3)全面提升园区的物业管理服务水平；

(4)集成园区的安防体系进行全面的监测；

(5)为园区的整体优化分析提供数据依据；

(6)为园区提供全生命周期的持续有效的管理。

2. 平台服务角色

以下从多个层面来分析园区BIM运维平台面向单位领导层、管理层、指挥监控与数据分析层、操作层等用户角色所需提供的功能服务。

1)领导层

从单位领导层角色看，平台需要以下功能：

(1)基于平台统计分析，全面了解项目现状；

(2)能够实时汇总项目运营管理相关数据，实现数据统计汇总与智能分析；

(3)面向集团多项目情况，能够通过DashBoard(商业智能仪表盘)全面了解整个项目的运营情况。

2)管理层

从单位管理层角色看，平台需要以下功能：

(1)基于平台集计划、组织、控制、反馈于一身，避免管理环节出现纰漏和盲点，有效保证管理及时到位，全面掌控项目当前状态；

(2)明确各个岗位的职位与业务，做到岗位、流程、方法、方案等有规程可依；

(3)通过平台可快速了解项目的现状，对历史数据进行统计分析，为项目提供更好的管理依据。

3)指挥监控与数据分析层

从指挥监控与数据分析层面看，平台需要以下功能：

(1)基于指挥中心大屏 BIM 视图，实现项目运营的综合展现、态势呈现与应急指挥；

(2)基于平台数据统计汇总，为物业管理专家、设备运行分析工程师及节能优化专家提供数据依据与支撑。

4)操作层

从执行操作层面看，平台需要以下功能：

(1)明确职责，规范工作程序及相应的工作表单；

(2)基于平台规范化的管理模式，在权责范围内最大限度地调动员工的工作积极性和主动性；

(3)协助操作层依照规范及规定保质保量地完成相应的工作。

3. 平台优势

BIM 运维平台具有如下优势。

1)模型轻量化

在保证模型信息完整和视觉效果的同时，进行模型轻量化处理，实现平台运行的流畅性。

2)信息轻量化

在繁多、冗余的海量信息中，提取关键信息。帮助使用者用最少的时间，获取日常所需信息，一屏即得。

3)智能化

平台能推动运营管理模式的升级，将物业传统人工管理模式升级为 BIM 智慧运维模式。实现数据的互联互通，将物业人员各个岗位日常工作、综合管理、统计分析与应急指挥融合成一个统一的整体，构建一体化的整体解决方案。

4)安全性、开放性

改变传统连接方式，打破传统智能化监控模式，整体采用物联网架构体系设计，如图 9-25 所示。

利用平台，能实现同步实时存储，快速连接，简捷配置；还能支持网关云端协议下载，实现标准物联网协议便捷部署。

(1)稳定性与可集成性。基于物联网国际通用 MQTT 协议连接，保证稳定性与可集成性，可面向其他第三方提供标准的数据接口。

(2)易维护性。边缘网关的模式采集及上传数据，出现故障直接替换备用网

图 9-25　物联网架构体系

关，整体远程升级即可使用，避免重新调试。

(3)联动性与连通性。集成各个智能化系统，全面打通系统之间的隔阂，实现场景的联动；实现所有报警的统一汇总与转发。

(4)安全性。相比传统数据集成方式，采用更加安全的 CA 证书认证方式，构建安全的物联网应用体系。

(5)构建一体化的 BIM 与 IoT 运维平台。基于 BIM 与 IoT 的园区运维管理平台具有如下优势：基于全生命周期式的管理，将数据信息从开始就进行存储；物联网与管理系统全面打通，上下游信息畅通无阻；信息变化一致，可形成统一体系数据积淀，实现有效数据分析。

4. 园区 BIM 运维平台功能架构

图 9-26 为产业园区 BIM 运维平台总体功能结构。

1)BIM 运维平台 GIS 大地图首页

平台首先以 GIS 大地图效果展示，俯视视角为主视角，俯瞰整个地图园区所在位置、园区产业链所在位置以及园区有利的地理位置和便捷的交通情况。点击建筑分布，以东盟港为中心，散射出射线，链接到各个产业位置，形成交相辉映的交互效果。点击交通分布，高亮显示各个主线路，标记出高铁站、地铁、机场位置，如图 9-27 所示。

2)园区首页

点击园区图标进入园区首页，如图 9-28 所示，以模型为基本载体，首页大场景模型除了以写实的手法还原项目及周边环境样貌外，还有数据相交互，展示现实与科技的碰撞感。清楚明了地看清每一栋建筑在园区的位置。管理者从园区首页可以了解到项目图表信息及三维可视化信息。

3)综合数据

BIM 运维能够呈现园区运行综合数据。如图 9-29 所示，右侧的信息面板展示了当日室外环境(天气、温度、湿度、PM2.5、空气质量)、室内外环境的对比，体现出室内环境的健康情况。综合面板右侧还展示了停车场、出入口管理、停车收费、工单统计以及室外照明等情况。左侧的面板报警中心，实时显示未确认的报警信息(报警级别、报警类别、报警内容、报警时间)；点击报警内容可直接切换到当层视角显示报警具体情况，详情了解项目未完成报警的信息和进度。左侧面板还显示能

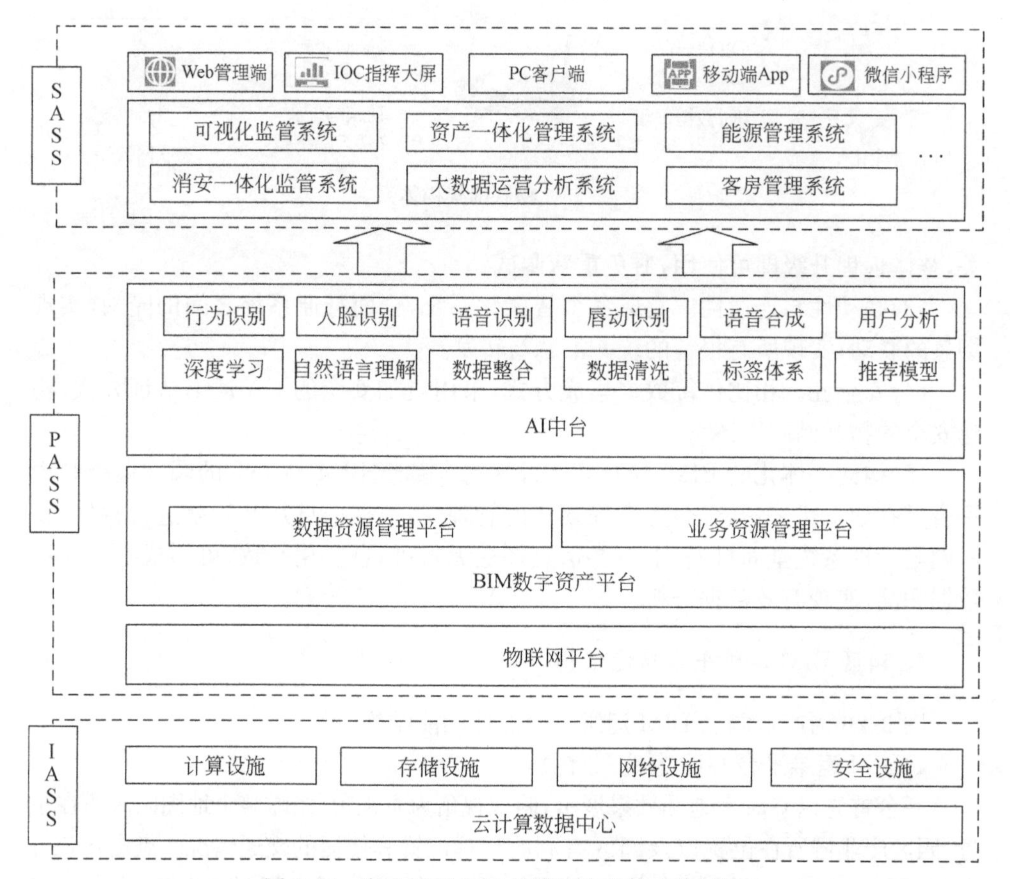

图 9-26　产业园区 BIM 运维平台总体功能结构

图 9-27　GIS 大地图首页

耗监控、租售统计、消息通知、今日值班信息等。直观了解当日能耗健康情况，联动报警系统，当时能耗异常时会报警提醒，提醒物业人员核查建筑内用电情况。还可直观了解每日用水、用电能耗高峰。

图 9-28　园区首页

图 9-29　综合面板数据

4)三维空间管理

(1)大场景漫游。平台能够实现大场景漫游,如图 9-30 所示。

图 9-30　大场景漫游

(2)楼栋管理。平台还可以实现对园区建筑楼栋的精细化管理,如图 9-31 所示。第一步了解空间的实际利用情况(实时),第二步确保空间资源的最大利用率。

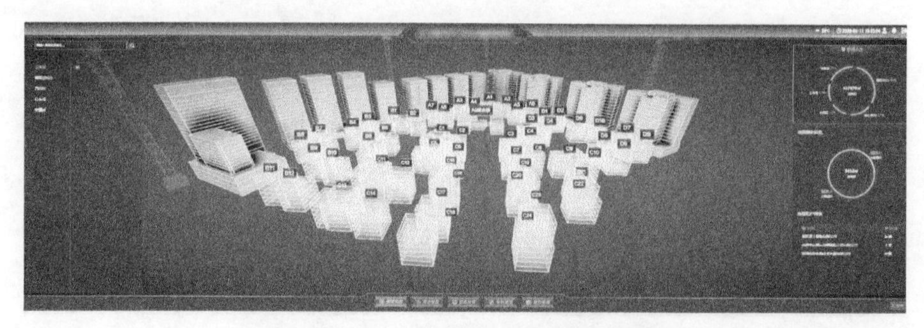

图 9-31　园区 BIM 运维平台的楼栋选择

左侧操作栏按建筑空间分组为公区、租区、自用区、空置区、设备层、停车场等。通过将建筑楼层分组，实现快速导航与模型的交互。当选择进入建筑后，进入楼层选择页面。

(3)单层选择。BIM 运维平台的空间分布，用色块、文字表示该楼层空间分类。当选择进入单层后，空间分类默认勾选，左侧会出现空间树，可对空间进行分类勾选查看。点击左侧导航栏一级菜单，会在右侧模型中出现相应三维空间位置。点击单个房间，可显示房间属性名称/租户名称、房间面积、合同文件、维修记录、维保记录等，如图 9-32 所示。

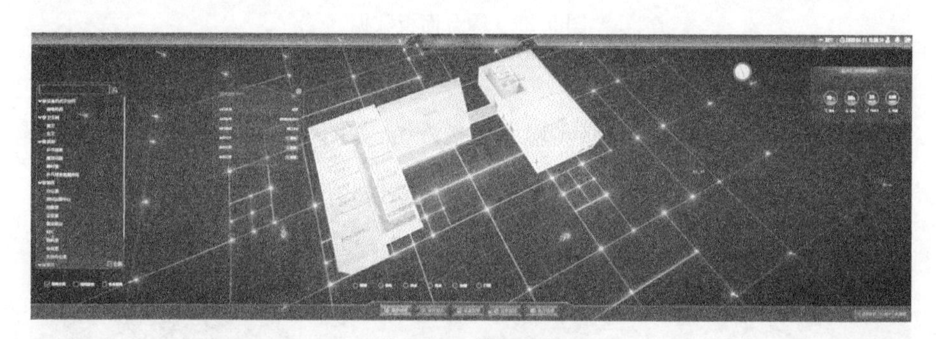

图 9-32　单层选择

5)智慧安防管理

(1)出入口管理。管理者通过 BIM 运维平台，可以直观了解停车场的相关重要信息。首先可以直观了解停车场实时运营情况，在停车场首页即可看到关键数据及画面。通过数据对比分析，了解一段时间内的运营情况，进行数据趋势分析，辅助管理人员进行修改管理决策，如图 9-33 所示。

(2)视频监控。BIM 运维平台融合视频监控功能，能够让管理者直观地看到重要位置的监控视频。首页为实体大场景，显示所有室外摄像头点位。右边为可配置的 8 个重要位置视频展示。与中间模型交互：当鼠标移入左右侧视频上时，中间

图 9-33　出入口管理

模型对应摄像头点位会高亮提示，点击视频可放大，再次点击可缩小。当鼠标点击模型中摄像头点位为两侧六个实时画面中的一个时，则相对应画面框高亮提示。若点击的摄像头不属于八个实时画面中的任意一个，则会拉出弹框，显示实时画面。长按该画面可拖拽至六个实时框替换任意画面。BIM 运维平台的室外视频如图 9-34 所示。

图 9-34　BIM 运维平台的室外视频

(3)视频监控平铺。通过底部按钮可从首页切换成平铺模式，所有视频监控图像可以在这里进行查看。左侧快捷导航栏为预设分类，点击分类，右边平铺的视频变成对应视频；左侧快捷导航栏中“我的收藏栏”为用户自定义视频部分。用户可在右侧所有视频中勾选出自己需要的分组，并可通过再次勾选取消该视频右侧平铺的视频展示区，随左边选中而变化；点击视频可变大，再次点击会缩小；当鼠标点击某个视频进行拖动时，界面会切换到首页，可以将点击的视频拖动到首页 8 个视频区域的任意区域，以用来更换首页的展示视频。可随意配置视频分组和所属类别。右侧上方为搜索区，可根据搜索内容找到对应的视频。

(4)视频监控(单层)。平台可实现对某一楼层的视频监控融合功能。如图 9-35 所示，左侧为选择区，选择不同的分类，上方出现不同树或表格。右侧为数据展示区，展示当层的数据指标。在当层设备列表总可选择不同属性设备进行显示。

点击列表中的设备，模型中对应的设备会提示并弹出视频框，再次点击可隐藏。中间为单层模型区，上面默认显示全部视频设备，点击设备可弹出视频，再次点击可关闭。

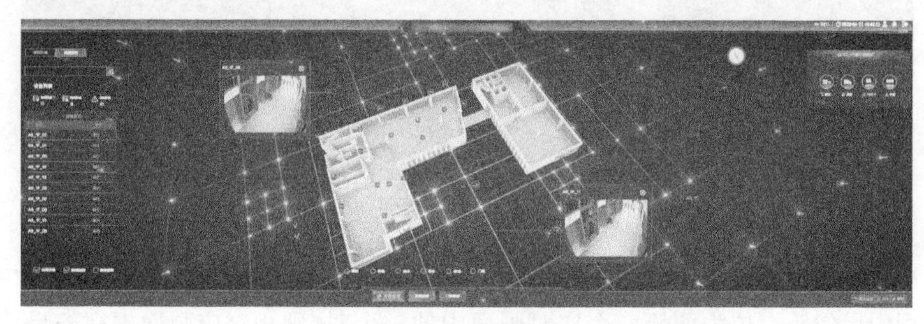

图 9-35　单层视频

(5)电梯监控系统。通过 BIM 智慧运维平台，能够做到园区电梯故障实时报警及处理。一旦有电梯发生故障，会主动定位，立即调取视频流，第一时间在大屏端呈现该故障电梯的轿厢内和所停靠楼层大厅的监控画面，联动对讲保证电梯乘客安全，同时以多端的方式(短信和 App 报警)通知安防人员进行处理。报警画面如图 9-36 所示。

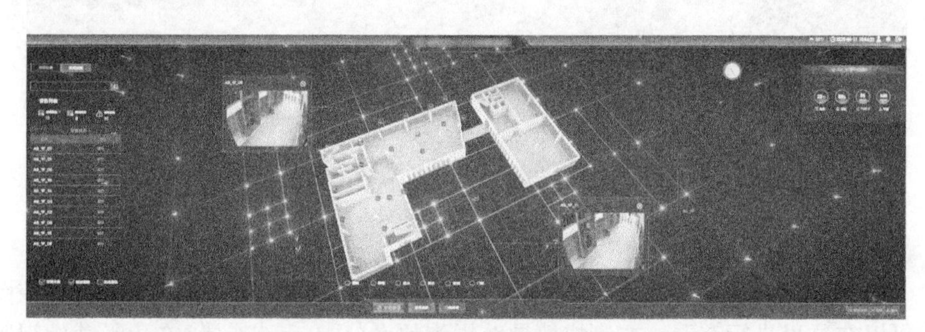

图 9-36　BIM 运维平台的电梯故障报警

(6)门禁系统。结合 BIM 空间，可一键式了解每个门禁的出入情况，如图 9-37 所示。当门禁出现强制性闯入等情况时，平台自动报警并联动摄像头调取发生报警闯入周边的摄像头画面，让管理者能够第一时间了解现场情况并指挥调度。门禁模块中，左侧显示所有门禁设备状态，以及门禁报警次数的统计排行和门禁实时开启记录，做到全生命周期记录查看。

6)综合管理

(1)喷灌系统。BIM 运维平台具有园区绿化喷灌系统监控功能。如图 9-38 所示，进入喷灌模块，左侧显示空气湿度趋势图、降雨量与土壤湿度统计、空气湿度

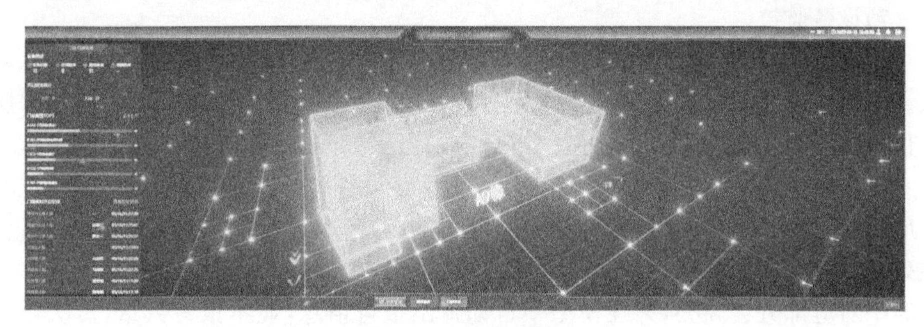

图 9-37　门禁系统

等。智能分析土壤干湿状态，判断状态之后喷灌进行喷洒措施。左侧第二个界面显示喷灌水量，用于折算水费，以提高物业费用折算效率，还显示喷灌时长与土壤湿度趋势、设备喷灌水量分布等。右侧总体显示所有回路以及设备状态统计。

图 9-38　喷灌系统

(2)能耗管理。BIM 运维平台能够实现园区能耗的可视化管理，如图 9-39 所示。主界面用热力图的形式表示能耗的用电情况，用户可以通过颜色的深浅了解楼层的用电情况。点击楼层则显示当层近 24 小时用电负荷逐时区曲线图。用户可以点击主界面下方进行播放，可播放过去 24 小时的热力图变化情况。

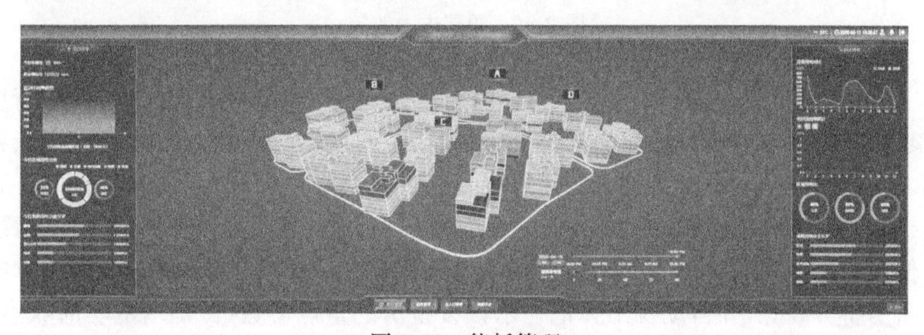

图 9-39　能耗管理

7)设备监控

(1)电力监控系统。平台电力监测总览页,应能满足物业管理人员日常信息需求。左侧悬浮框展示设备统计数量及设备房列表。右侧以三维模式展示设备房所在位置。左侧设备房列表与模型一一对应。当鼠标停留至左侧设备房列表时,右侧对应设备房将会高亮,并自动拉出弹框显示该设备房的重点参数(变压器的铁心温度、设备房24小时用电负荷监测图、服务范围)。当某设备房有摄像设备时,会在列表中显示摄像头标签。当某设备房内设备发生报警时,该设备房模型及左侧列表中对应部分会高亮,并在模型中自动弹出报警信息,显示报警数量,再次点击可收回。点击列表可进入设备房漫游视角。

(2)电力监控系统(单层)。在平台中,可进入任意单层视图。单层视图展示所有配电箱点位及设备房点位。点击配电箱显示电箱名称、编号、实时参数(状态、累计用电量、电流、电压、运行时长)、近24小时电流走势图、系统缩略图(以图例形式展示该配电箱的上游)、用途(影响范围)、设备台账、告警记录、抄表记录。单层模式下可叠加勾选空间分类、视频监控及机电管线:点击勾选空间分类,展示该层空间分布。点击空间分布可以查看空间信息(同模型视图下空间查看功能)。点击勾选视频监控,展示该层所有摄像头点位、摄像头状态及监控方向,点击摄像头可显示实时监控画面。可点击勾选机电管线,实现分专业分类别展示管线,如图9-40所示。

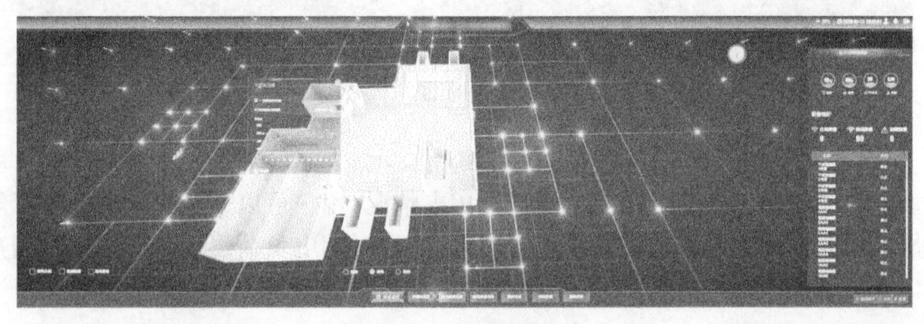

图9-40 单层电力监控

(3)空调监控系统。平台的空调监测总览页,应能满足物业管理人员日常信息需求。如图9-41所示,将空调重要机房(包括空调水、空调风)及参数展示在该界面。左侧悬浮框展示设备统计数量及设备房列表。将空调分为四类空间机房:制冷机房、冷却塔、板换机房及风冷热泵房。中间以三维模式展示设备房所在位置。左侧设备房列表与模型一一对应。当鼠标停留至左侧设备房列表时,模型中对应设备房将会高亮,并自动拉出弹框显示该设备房的重点参数(冷却塔的实时状态、挡位、电流电压)。右侧是室外环境指标,包括温度、湿度、露点温度和风向。当某设备房有摄像设备时，会在列表中显示摄像头标签。当某设备房内设备发生报警时，该设备房模型及左侧列表中对应部分会高亮，并在模型中自动弹出报警信息，显示报警数量，再次点击可收回。点击列表可进入设备房漫游视角。空调监控系统需要实时监测各楼层各空间末端风口实时温度，当温度超过一定设定范围时会产生报警。当某楼层出现末端风口温度报警时，中间模型中对应楼层会高亮，同时弹出报警框显示报警数量，点击楼层标尺即可进入对应楼层界面。

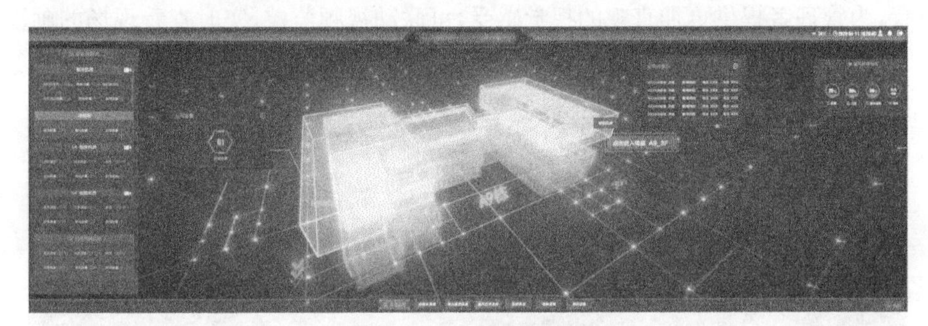

图9-41　空调监控系统

(4)空调监控系统(单层)。在平台中，可进入任意单层视图。单层视图展示所有空调末端点位、空调风机、风机盘管及设备房点位。单层右侧分为三块，第一块是楼层空间信息，包含楼层属性信息及环境参数信息；第二块是设备统计信息，统计单层设备分类及状态；第三块是VAV(变风量)与AHU(空调箱)出风量的对比，当发生温度报警时，管理人员通过此数据对比可辨别是末端出现问题还是主机。模型部分，由于单层末端VAV设备数量多且密集，在每个VAVbox旁显示其实时温度，用颜色区分温度偏高、正常、偏低。点击VAVbox显示阀门开度、实时温度、设定温度、需求风量、设备台账、告警记录，如图9-42所示。

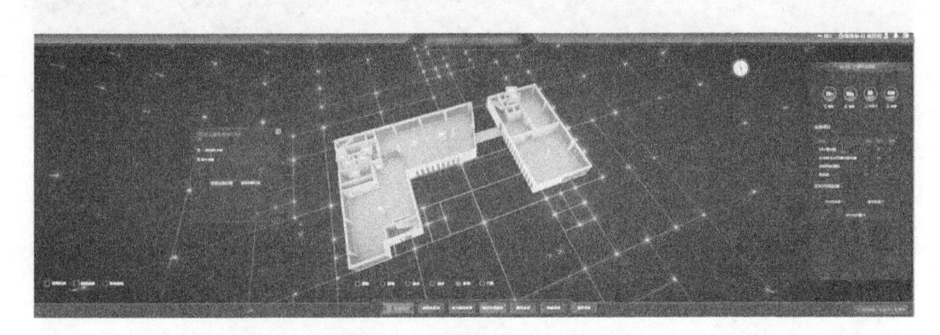

图9-42　空调监控系统(单层)

(5)照明监控系统。平台对接照明系统，在BIM平台上，如图9-43所示，通过照明监控系统获取对应的数据，通过灯光渲染，模拟灯光的开关。系统在展示过程中,采用建筑整体与对应楼层分别展示的方式。管理者在照明监控系统首页可直观地看到整个项目的灯光开启情况、照明实时的用电情况及当日的用电高峰时段。平台根据项目的场景分布,划分出不同业态的照明开启数量,让管理者更加便捷地进行照明管理,从而达到降低能耗的目的。管理者可在照明监控系统首页点击任意一层进入单层照明场景,可以看到当前照明的回路空间位置,以及每个空间所控制的回路开关,也可以通过点击漫游以第一人称视角漫游查看空间回路灯灯点位位置,为管理者提供更加直观的视觉感受,可联动视频监控,实时查看现场的画面,让管理者更加高效地管理运维,达到节能的目的。

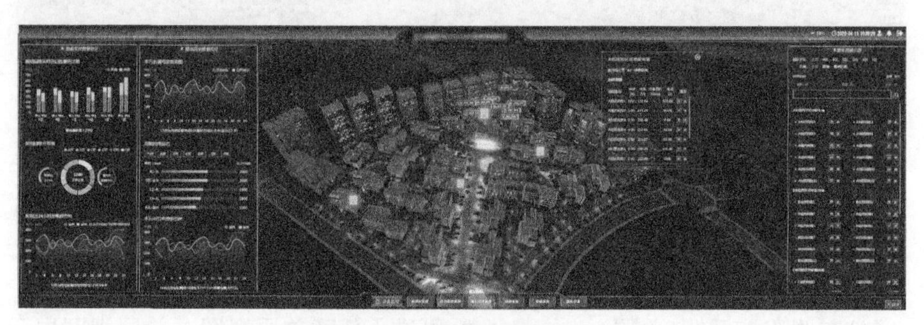

图 9-43 照明监控系统

(6)照明监控系统(单层)。每个空间的明暗度与该空间的照明回路开启数成正比。当需要开启或关闭某个空间的照明时,鼠标放到模型上点击空间,与之关联的配电箱图标高亮并高亮显示哪些回路是服务于该空间的,并且显示回路的开关状态,点击回路开关按钮实现远程开关该空间的照明。右侧是近 24 小时照明用电走势图及近 7 天各时段平均用电量统计。如图 9-44 所示。

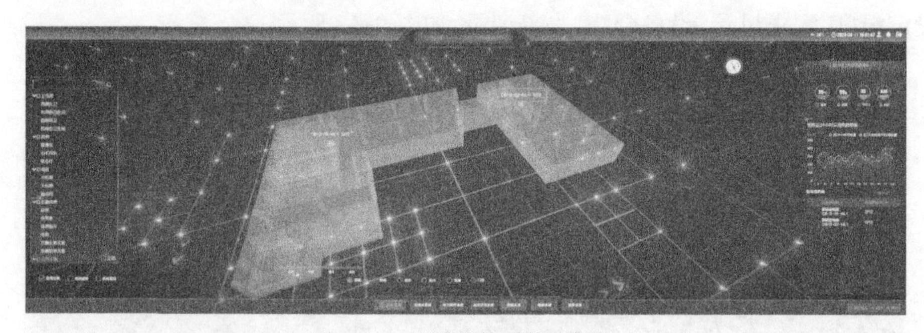

图 9-44 照明监控系统(单层)

8)移动终端 App

通过部署于移动终端上的 App,可以随时随地掌握重要报警、工单信息、内部通知,智慧建筑的整体态势等(图 9-45)。App 页面包括:

建筑健康指数：展示当前建筑的状态信息。

设备信息查看：管理或运维人员通过平台发布任务或相关信息，信息推送到现场人员的移动终端，现场人员通过移动终端接收到任务或信息进行实际操作或查看。

推送信息：能够将所有的报警信息、提醒信息、推送信息主动发送给移动终端，并能够根据用户的角色权限在移动终端上分别汇总显示，并可供查看详情。

我：可查看内部通知或通告，点击“我”，便可查看通知的详细信息。

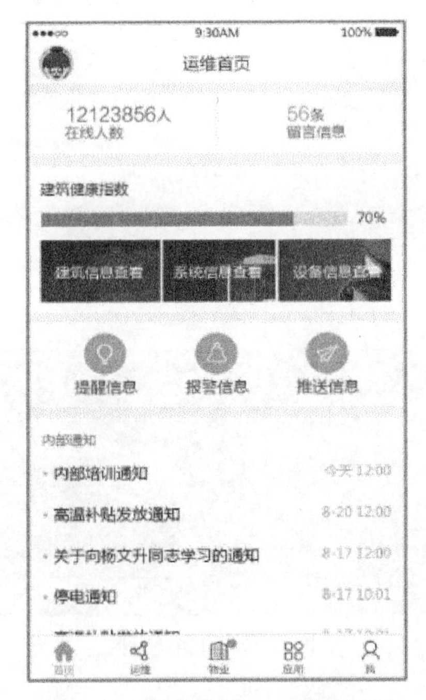

图 9-45　移动终端 App 运维界面

9）日常运营管理

（1）设备台账。查看所有设备详细信息，实现设备定位。

（2）线上工单。改变传统业务流程，实现在线化的申报处理工单，使得物业报修服务更加便捷、高效，如图 9-46 所示。

（3）检修报修。查看所有工单状态、工单信息，实现定位查看工单。

（4）维护保养。完善保养规则，上传保养手册，制订保养计划。

（5）工单统计。图表相结合的形式，更直观地展示报修比例、报修分布、完成工单人员排行、报修频率、工单状态以及工单日期分布，如图 9-47 所示。

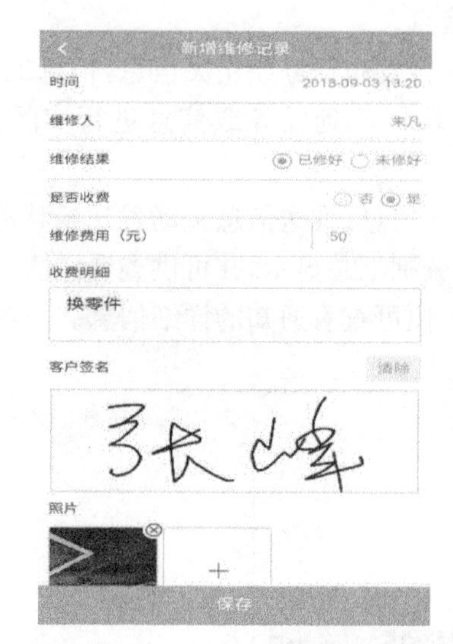

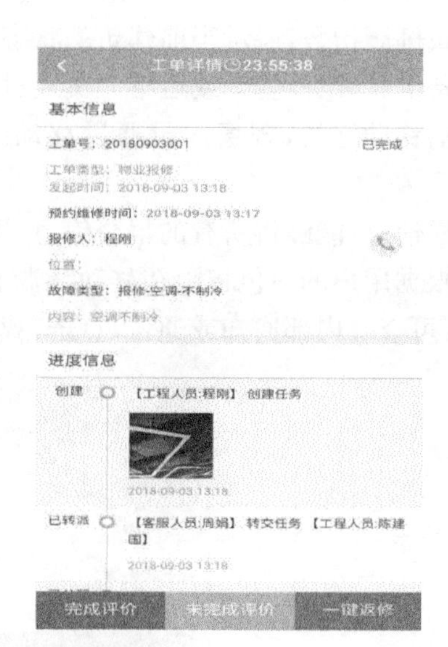

图 9-46　App 报单流程

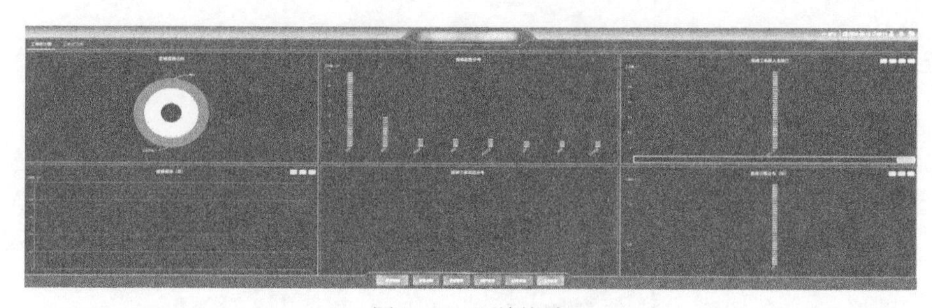

图 9-47　工单统计

9.3.3　应用效果

BIM 运维平台是一个基于 BIM，服务于运营者的管理集成平台，它将设计、施工、运营各个阶段的信息承接，并集成在一起，打造建筑全生命周期的智慧建筑。

采用物联网整体架构，利用云端服务作为集中管控中心，将建筑运维过程中的各个系统（如安防、消防、物业、自控、能耗、空间等）统一整合，实现人、设备与建筑之间的互联互通，同时结合数据分析、性能分析与模型分析，为建筑的运维管理提供综合性的平台，更好地发挥建筑的功能与作用。

BIM 运维平台为园区和园区内的企业，带来如下显著好处：提高智慧园区的运行维护管理水平；提高智慧园区的物业管理服务水平；增强园区内部用户体验。

还包括如下其他效益：

(1)BIM 的模型再利用。设计和建设期花费大量资源形成的模型，在运营管理中得以再利用。

(2)能耗分析与节能降耗。基于 BIM 的模型与建筑运营数据信息,结合算法与设备运行规律实现建筑性能优化分析,为建筑的节能与健康运营提供依据。

(3)提高运营管理效率。降低图纸及模型的阅读难度,用更加简单的方式来呈现,实现“所见即所得”,传感器部分代替人工巡检。

(4)可视化档案。包含建筑运营数据信息、建筑空间与位置信息、设备属性信息和运行维护信息,不同专业系统的关联信息等。

(5)数字化转型。将物业管理由劳动密集型转为技术密集型。

参 考 文 献

[1] 丁梦莉，杨启亮，张万君，等. 基于BIM的建筑运维技术与应用综述[J]. 土木建筑工程信息技术，2018(3)：74-79.

[2] 杨启亮，马智亮，邢建春，等. 面向信息物理融合的建筑信息模型扩展方法[J]. 同济大学学报(自然科学版)，2020，48(48)：1406-1416.

[3] 丁梦莉，杨启亮，张万君，等. 面向工程运维的防护设备建筑信息模型(BIM)实体扩展与验证研究[J]. 防护工程，2018(3)：38-44.

[4] Ding M L，Yang Q L，Xing J C，et al. Research on underground device operation and maintenance management system based on BIM server[C]. Proceedings of the International Conference on Smart City and Intelligent Building(ICSCIB 2018). Berlin：Springer，2019：601-608.

[5] 邹荣伟，杨启亮，邢建春，等. 基于动静态混合数据分析的误报警判定方法：面向建筑信息模型运维平台[J]. 中国安全科学学报，2021，11(1)：1-8.

[6] 孔琳琳，杨启亮，邢建春，等. 面向国防工程火灾应急管理的BIM扩展研究[J]. 防护工程，2021，43(2)：52-61.

[7] Wang Y，Wang X，Wang J，et al. Engagement of facilities management in design stage through BIM：Framework and a case study[J]. Advances in Civil Engineering，2013(3)：1-9.

[8] East E W，Nisbet N，Liebich T. Facility management handover model view[J]. Journal of Computing in Civil Engineering，2013，27(1)：61-67.

[9] 赖华辉，邓雪原，陈鸿，等. 基于BIM的城市轨道交通运维模型交付标准[J]. 都市快轨交通，2015，28(3)：78-83.

[10] 姚守俨. 施工企业BIM建模过程的思考[J]. 土木建筑工程信息技术，2012，4(3)：100-101，105.

[11] 薛刚，冯涛，王晓飞. 建筑信息建模构件模型应用技术标准分析[J]. 工业建筑，2017，47(2)：184-188.

[12] 王勇，张建平，胡振中. 建筑施工IFC数据描述标准的研究[J]. 土木建筑工程信息技术，2011(4)：9-15.

[13] 曹国，高光林，丘衍航，等. 基于IFC标准的建筑对象配筋属性架构的扩展应用[J]. 土木建筑工程信息技术，2013，5(4)：24-28.

[14] 周亮，吕征宇，邓雪原，等. 一种基于IFC的输变电工程GIS设备模型扩展方法(CN 105488306 A)[P]. 2016.

[15] Yu K，Froese T，Grobler F. A development framework for data models for computer-integrated facilities management[J]. Automation in Construction，2000，9(2)：145-167.

[16] 余芳强,张建平,刘强. 基于IFC的BIM子模型视图半自动生成[J]. 清华大学学报(自然科学版),2014,(8):987-992.

[17] buildingSMART . IFC4 documentation [OL] . https://technical. buildingsmart. org/ifc/IFC4/Add2/html/. 2020-5-20.

[18] 刘照球,李云贵,吕西林. 基于IFC标准结构工程产品模型构造和扩展[J]. 土木建筑工程信息技术,2009,1(1):47-53.

[19] Rio J,Ferreira B,Martins J P P. Expansion of IFC model with structural sensors[J]. Informes de la Construccion,2013,65(530):219-228.

[20] Akanmu A,Anumba C J. Cyber-physical systems integration of building information models and the physical construction[J]. Engineering Construction & Architectural Management,2015,22(5):516-535.

[21] Akanmu A,Anumba C J,Messner J. Scenarios for cyber-physical systems integration in construction[J]. Electronic Journal of Information Technology in Construction,2013,18(1):240-260.

[22] Azimi R,Lee S H,Abourizk S M,et al. A framework for an automated and integrated project monitoring and control system for steel fabrication projects[J]. Automation in Construction,2011,20(1):88-97.

[23] Lee J,Jeong Y,Oh Y S,et al. Anintegrated approach to intelligent urban facilities management for real-time emergency response[J]. Automation in Construction,2013,30(4):256-264.

[24] Taneja S,Akinci B,Garrett J H,et al. CEC:Sensing and field data capture for construction and facility operations[J]. Journal of Construction Engineering & Management,2015,1(10):870-881.

[25] Chen K,Lu W,Peng Y,et al. Bridging BIM and building:From a literature review to an integrated conceptual framework[J]. International Journal of Project Management,2015,33(6):1405-1416.

[26] Borrmann A,Konig M,Koch C,et al. Building Information Modeling:Technology Foundations and Industry Practice[M]. Berlin:Springer,2015.

[27] Chen P. The entity-relationship model—Toward a unified view of data[J]. ACM Transactions on Database Systems,1976,1(1):9-36.

[28] Codd E F. The Relational Model for Database Management[M]. 2nd Ed. Boston:Addison-Wesley,1990.

[29] Lee E A. Cyber physical systems:Design challenges[C]. Proceedings of International Symposium on Object-Oriented Real-Time Distributed Computing,Orlando,2008:363-369.

[30] Sastry S. S. Networked embedded systems:From sensor webs to cyber-physical systems[C]. Proceedings of the 10th International Conference on Hybrid Systems:Computation and Control. Berlin:Springer,2007.

[31] Lee I,Chen S,Hatcliff J,et al. Challenges and research directions in medical cyber-

physical systems[J]. Proceedings of IEEE, 2012,100(1):75-90.

[32] Bestavros A,Kfoury A,Lapets A,Ocean M. Safe compositional network sketches: formal framework [C]. Proceedings of the 13th ACM International Conference on Hybrid Systems:Computation and Control. New York:ACM, 2010:231-241.

[33] Chen A Y,Chu J C. TDVRP and BIM integrated approach for inbuilding emergency rescue routing[J]. Journal of Computing in Civil Engineering,2016,30(5):75-83.

[34] Lin Y H,Liu Y S,Gao G,et al. The IFC-based path planning for 3D indoor spaces[J]. Advanced Engineering Informatics,2013,27(2):189-205.

[35] Wang B,Li H J, Rezgui Y, et al. BIM based virtual environment for fire emergency evacuation[J]. The Scientific World Journal,2014:589016.

[36] Cheng M Y,Chiu K C,Hsieh Y M,et al. BIM integrated smart monitoring technique for building fire prevention and disaster relief[J]. Automation in Construction,2017,84:14-30.

[37] Li N, Becerik-Gerber B, Krishnamachari B, et al. A BIM centered indoor localization algorithm to support building fire emergency response operations[J]. Automation in Construction,2014,42:78-89.

[38] Li N,Becerik-Gerber B,Soibelman L. Iterative maximum likelihood estimation algorithm: leveraging building information and sensing infrastructure for localization during emergencies [J]. Journal of Computing in Civil Engineering,2014,29(6):04014094.

[39] Wang S H,Wang W C, Wang K C, et al. Applying building information modeling to support fire safety management[J]. Automation in Construction,2015,59:158-167.

[40] Isikdag U,Underwood J, Aouad G. An investigation into the applicability of building information models in geospatial environment in support of site selection and fire response management processes[J]. Advanced Engineering Informatics,2008,22(4):504-519.

[41] Chen L C,Wu C H,Shen T S,et al. The application of geometric network models and building information models in geospatial environments for fire-fighting simulations[J]. Computers Environment & Urban Systems,2014,45(5):1-12.

[42] 张建平. BIM 在工程施工中的应用[J]. 中国建设信息,2012(20):18-21.

[43] 张立宁,安晶,张丽华. 高层建筑火灾精确报警的无线复合信号系统[J]. 中国安全科学学报,2017,27(11):13-17.

[44] 丁承君,赵泽羽. 基于多传感器数据融合的火灾探测系统[J]. 河北工业大学学报,2018,47(5):17-22.

[45] Liang Y H,Tian W M. Multi-sensor fusion approach for fire alarm using BP neural network [C]. International Conference on Intelligent Networking and Collaborative Systems. Ostrava:IEEE,2016:99-102.

[46] 黄翰鹏,李柏林,欧阳,等. 融合模糊神经网络与时序模型的火灾预警算法[J]. 计算机工程与设计,2020,41(6):1639-1644.

[47] 段锁林,王朋,朱益飞,等. 粒子群-小波神经网络火灾预警算法[J]. 计算机工程与设计,2018,39(5):1467-1473.

[48] 祝锡永，韩会平. 基于 CEP 的消防物联网火警误报监测[J]. 计算机系统应用，2015，24(3)：57-62.

[49] Sowah R A, Apeadu K, Gatsi F, et al. Hardware module design and software implementation of multisensor fire detection and notification system using fuzzy logic and convolutional neural networks(CNNs)[J]. Journal of Engineering，2020，2020：1-16.

[50] 中华人民共和国国家质量监督检验检疫总局，中国国家标准化管理委员会. 建筑材料及制品燃烧性能分级(GB 8624—2012)[S]. 北京：中国标准出版社，2013.

[51] 米红甫，张小梅，杨文璟，等. 城市地下综合管廊电缆舱火灾概率分析方法[J]. 中国安全科学学报，2021，31(1)：165-172.

[52] 疏学明，颜峻，胡俊，等. 基于 Bayes 网络的建筑火灾风险评估模型[J]. 清华大学学报(自然科学版)，2020，60(4)：321-327.

[53] 中华人民共和国国家质量监督检验检疫总局，中国国家标准化管理委员会. 点型感烟火灾探测器(GB 4715—2005). 北京：中国标准出版社，2005.

[54] EIA. Monthly Energy Review[J]. U. S. Energy Information Administration，2016，1-12.

[55] Huo T, Ren H, Zhang X, et al. China's energy consumption in the building sector: a statistical yearbook-energy balance sheet based splitting method[J]. Journal of Cleaner Production，2018，185：665-679.

[56] Zhang Y, He C Q, Tang B J, et al. China's energy consumption in the building sector: a life cycle approach[J]. Energy Build，2015，94：240-251.

[57] Maile T, Fischer M, Bazjanac V. Building energy performance simulation tools—A life, cycle and interoperable perspective[R]. Stanford：Stanford University，2007，CIFE Working Paper ＃WP107.

[58] Naji S, Keivani A, Shamshirband S, et al. Estimating building energy consumption using extreme learning machine method[J]. Energy，2016，97：506-516.

[59] 赵艳玲. 基于数据的建筑能耗预测与优化[D]. 济南：山东建筑大学，2015.

[60] Beausoleil-Morrison I, Kummert M L, MacDonald F, et al. Demonstration of the new ESP-r and TRNSYS co-simulator for modelling solar buildings[J]. Energy Procedia，2012，30：505-514.

[61] Amasyali K, El-Gohary N M. A review of data driven building energy consumption prediction studies[J]. Renewable and Sustainable Energy Reviews，2018，81：1192-1205.

[62] Rahman A, Srikumar V, Smith A D. Predicting electricity consumption for commercial and residential buildings using deep recurrent neural networks[J]. Applied Energy，2018，212：372-385.

[63] Banihashemi S, Ding G, Wang J. Developing a hybrid model of predicyion and classification algorithms for building energy consumption[J]. Energy Procedia，2017，110：371-376.

[64] Fan C, Wang J, Gang W, et al. Assessment of deep recurrent neural network based strategies for short term building energy predictions[J]. Energy，2019，236：700-710.

[65] Muzaffar S, Afshari A. Short-term load forecasts using LSTM networks[J]. Energy

Procedia, 2019, 158: 2922-2927.

[66] Wang Z, Wang Y, Srinivasan R S. A novel ensemble learning approach to support building energy use prediction[J]. Energy Build, 2018, 159: 109-122.

[67] Ahmad A S, Hassan M Y, Abdullah M P, et al. A review on applications of ANN and SVM for building electrical energy consumption forecasting [J]. Renewable and Sustainable Energy Reviews, 2014, 33: 102-109.

[68] Bai S, Kolter J Z, Koltun V. An empirical evaluation of generic convolutional and recurrent networks for sequence modeling[J]. arXiv preprint arXiv: 1803. 01271, 2018.

[69] Long J, Shelhamer E, Darrell T. Fully convolutional networks for semantic segmentation [C]. Proceedings of the IEEE Conference on Computer Vision and Pattern Recognition, 2015: 3431-3440.

[70] Yuan S, Luo X, Mu B, et al. Prediction of North Atlantic Oscillation index with convolutional LSTM based on ensemble empirical mode decomposition[J]. Atmosphere, 2019, 10(5): 252.

[71] Sun Z, Di L, Fang H. Using long short-term memory recurrent neural network in land cover classification on landsat and cropland data layer time series [J]. International Journal Remote Sensing, 2019, 40: 593-614.

[72] Qiu Q, Xie Z, Wu L, et al. Dgeosegmenter: A dictionary-based chinese word segmenter for the geoscience domain[J]. Computers & Geosciences, 2018, 121: 1-11.

[73] Zhang K, Zuo W, Chen Y, et al. Beyond a gaussian denoiser: Residual learning of deep CNN for image denoising[J]. IEEE Transactions on Image Process, 2017, 26: 3142-3155.

[74] Lea C, Flynn M D, Vidal R, et al. Temporal convolutional networks for action segmentation and detection[C]. Proceedings of the IEEE Conference on Computer Vision and Pattern Recognition, 2017: 156-165.

[75] Lea C, Vidal R, Reiter A, et al. Temporal convolutional networks: A unified approach to action segmentation[C]. European Conference on Computer Vision. Cham: Springer, 2016: 47-54.

[76] Yan J N, Wang L Z, Ranjan R, et al. Temporal convolutional networks for the advance prediction of ENSO[J]. Scientific Reports, 2020, 101: 1-15.

[77] Dai R, Xu S K, Gu Q, et al. Hybrid spatio temporal graph convolutional network: Improving traffic prediction with navigation data [C]. Proceedings of the 26th ACM SIGKDD International Conference on Knowledge Discovery & Data Mining. New York: Association for Computing Machinery, 2020: 3074-3082.

[78] Guirguis K, Schorn C, Guntoro A, et al. SELD-TCN: Sound event localization & detection via temporal convolutional networks[C]. 2020 28th European Signal Processing Conference (EUSIPCO), 2021: 16-20.

[79] Chen Y, Kang Y, Chen Y, et al. Probabilistic forecasting with temporal convolutional neural network[J]. Neurocomputing, 2020, 399: 491-501.